# Mauro Natt

# OPERAZIONE BERILLIO

*Questo libro è opera di fantasia anche se, a beneficio del lettore, cerca di presentare una storia che appaia verosimile e sia la più coinvolgente possibile. Pur prendendo spunto da notizie di cronaca o comunque di dominio pubblico, avvenimenti, trama, luoghi, nomi e personaggi del romanzo sono immaginari o vengono usati in modo fittizio, così che ogni riferimento a persone, cose o fatti reali è puramente casuale.*

# OPERAZIONE BERILLIO

*Per una cittadinanza civile e responsabile*

Mauro Natt

# Sommario

Commissariato di Corniano Marina ................................... 7
Attraversando la Maremma ....................................... 19
Punta Falconiere ................................................ 24
La pista del contrabbando nucleare ............................ 28
Riunione all'Eneam ............................................. 36
Il problema delle scorie nucleari ............................. 44
All'Ilvatom di Saluggia ....................................... 58
L'uranio e il mistero del DC9 ................................. 63
Uno stabilimento sospetto ..................................... 70
All'Alfa Computer ............................................. 80
Blitz informatico ............................................. 90
Sulle tracce di Carlo Iorio ................................... 97
Scoperta l'intrusione ........................................ 101
Un hacker di nome Mills ...................................... 109
Risolto l'enigma ............................................. 114
A bordo della Portoria ....................................... 124
Gli archivi criptati ......................................... 136
Si apre la caccia ............................................ 140
Sodalizio pericoloso ......................................... 146
Una visita sgradita .......................................... 150
Trappola mortale ............................................. 154
L'Ilvatom corre ai ripari .................................... 162
Scovato il berillio a Punta Falconiere ....................... 166
Una telefonata sospetta ...................................... 171
I segreti delle carte nautiche ............................... 179
Senza via d'uscita ........................................... 186
Sciogliete gli ormeggi! ...................................... 193
L'Ilvatom alla resa dei conti ................................ 205
Incendio in sala macchine! ................................... 215
Scatta la trappola ........................................... 222
Un comunicato salva vita ..................................... 234
Il filo d'Arianna ............................................ 241
Tirate le somme .............................................. 246
Una lama d'argento ........................................... 256
Altri romanzi dell'autore .................................... 263

# 1

## *Commissariato di Corniano Marina*
## *mercoledì 24 maggio*

C'è sempre una prima volta, in tutte le cose.

Anche quando per un sussulto della vita, un malaugurato incidente di percorso, d'un tratto ti rendi conto d'aver perso la tua occasione e non ti sarà data una seconda possibilità. E allora, ecco quel senso di smarrimento che s'impossessa di te e ti svuota, e ti annebbia la mente, e ti manca il cuore.

Così si sentiva Enrico Fiorani da una decina di giorni a questa parte, sotto la gragnola di avvenimenti che gli avevano sconvolto la vita: la sua Simona l'aveva abbandonato, tragicamente e in apparenza senza una ragione, lasciandolo con quel vuoto incolmabile che d'improvviso gli si era spalancato nell'animo. E come se non bastasse la pena per l'irrimediabile perdita, ora doveva anche subire questa specie di terzo grado da parte di due individui che sembravano del tutto indifferenti al suo dolore.

"Lei sa, signor Fiorani, che il decesso di sua moglie è stato causato da una contaminazione nucleare?" chiese senza tanti preamboli il magistrato a un certo punto dell'interrogatorio, con gli occhi puntati dritti dritti nei suoi.

"Contaminazione nucleare?" esclamò incredulo Enrico. "Com'è possibile?"

"Contaminazione da berillio radioattivo, per l'esattezza" precisò Malpigi. "Può spiegarci come mai sua moglie aveva a che fare con sostanze del genere?"

Convocato in commissariato alle nove di quella mattina nell'ambito delle indagini avviate per far luce sulla morte della moglie Simona, già dopo i primi minuti Enrico Fiorani mal sopportava il tono inquisitorio e le domande sempre più pressanti da parte di quei due, il sostituto procuratore di Grosseto, dottor Bruno Malpigi, e il commissario di Pubblica Sicurezza di Corniano Marina, Antonio Caputo. Aveva atteso trepidante quell'incontro nella speranza di ricevere qualche risposta ai suoi molti interrogativi ma ora che gli avevano sbattuto in faccia la verità in così malo modo, anziché sentirsi rasserenato, andò ancor più in confusione e una miriade di nuove domande gli si accalcarono in mente.

"Ci dev'essere per forza uno sbaglio!" insistette Enrico dopo un attimo di perplessità. "Simona non ha mai avuto a che fare con la radioattività, tanto meno con quel vostro berillio... come avrebbe potuto contaminarsi?"

"Come abbia fatto se lo stanno chiedendo in molti, soprattutto da quando il medico legale che ha eseguito l'autopsia ha confermato la causa del decesso, senza possibilità di errore. E visto che non le stiamo parlando di un estraneo ma di sua moglie, pensiamo che lei dovrebbe saperne almeno qualcosa." Nel pronunciare quelle parole il sostituto procuratore estrasse dal fascicolo alcuni referti medici e, agitandoli nervosamente davanti a sé, insinuò: "Oppure, per qualche motivo a noi ignoto, è possibile che sia stato lei stesso a maneggiare il berillio radioattivo che l'ha contaminata?"

"Assolutamente no!" ribatté Enrico con veemenza, agitandosi sulla sedia sempre più scomoda. Almeno di questo era sicuro: Simona era una semplice segretaria in una piccola azienda vitivinicola della zona; lui stesso, poi, svolgeva lavori d'ufficio come consulente informatico e non si era mai interessato più di tanto ad argomenti del genere. Respingendo l'insinuazione, protestò: "Come può venirvi in mente un'idea del genere... cosa volete che ne sapessimo noi di radioattività!"

"Comunque sia, cerchiamo però di non sprecare altro tempo" tagliò corto Malpigi, spazientito per quello che riteneva un atteggiamento di scarsa collaborazione. Si appoggiò al cigolante schienale della poltroncina di finta pelle nera un po' sdrucita, di cui si era temporaneamente appropriato a spese del commissario Caputo, a sua volta seduto taciturno a lato della scrivania metallica, e in tono di attesa aggiunse: "Veda di raccontarci tutto quello che sua moglie ha fatto il giorno prima del ricovero in ospedale."

Durante la pausa che ne seguì gli occhi azzurri e penetranti di Malpigi scrutavano Enrico da sopra un paio di occhialetti tondi, che poco s'intonavano col suo faccione quadrato da mastino napoletano. Piuttosto tarchiato, collo taurino trattenuto a stento dentro il colletto sbottonato della camicia e dal nodo di cravatta allentato, Malpigi compensava la bassa statura con una corporatura da lottatore, a cui corrispondeva una notevole forza fisica. La sua stretta di mano era come una morsa d'acciaio e restava a lungo impressa nella memoria di quei malcapitati che, ignari delle conseguenze, nel salutarlo gli porgevano la propria senza prendere le dovute precauzioni. E pari fermezza, e rudezza, usava nei panni dell'inquisitore.

Gli eventi recenti lo avevano catapultato da Grosseto, dove era nato quarantadue anni prima e lavorava, fin qui a Corniano Marina, dove era avvenuto quello strano decesso. Era la prima volta che accadeva qualcosa del genere nella zona e doveva trovare al più presto una spiegazione plausibile per quell'evento fuori del normale, dato che il suo superiore, incalzato a sua volta da più parti, lo aveva vivamente pregato di farlo. Corniano Marina era infatti fuori della sua normale zona operativa, ma il procuratore capo di Grosseto, il dottor Iannacci, aveva insistito che fosse lui a seguire le indagini finché questa dannata faccenda del berillio radioattivo non fosse stata chiarita. Perciò si vedeva costretto a pazientare più del suo consueto con Fiorani, convinto che potesse raccontargli qualcosa di utile ad indirizzare più concretamente le indagini.

Da parte sua Enrico restava zitto, ad arrovellarsi coi nuovi interrogativi. Com'era possibile che la sua Simona fosse caduta vittima di radiazioni nucleari tanto potenti da ucciderla in pochi giorni, e per di più senza che lui si accorgesse di nulla? E che cos'era, e da dove poteva esser sbucato fuori quel maledetto berillio di cui stavano parlando? Domande che lo incalzavano e si accavallavano, ma che per ora restavano tutte senza risposta.

"Suvvia, signor Fiorani, si decida una buona volta!" intervenne il commissario Caputo che s'era accorto della crescente irritazione di Malpigi per il prolungato silenzio di

9

Enrico. "Mi rendo conto che per lei è una circostanza dolorosa, ma il dottor Malpigi è venuto apposta da Grosseto per ascoltarla e non può star qui tutto il giorno aspettando che lei si decida a parlare! Non le stiamo chiedendo la luna, ma solo di descriverci per filo e per segno quello che fece sua moglie quel lunedì 15 maggio."

Sui quarantacinque anni, Caputo era cresciuto nelle campagne intorno a Follonica, sebbene il cognome ne tradisse le origini meridionali. Entrato in Polizia ed assegnato al commissariato di Corniano Marina aveva poi fatto una rapida carriera, fino a diventarne il commissario. Da buon maremmano, anche se solo d'adozione, affrontava i problemi con risolutezza, pur mantenendo quelle caratteristiche tipiche del sud, come l'innata propensione all'empatia verso chi si trova a tu per tu con le traversie della vita. Al tempo stesso possedeva quell'intraprendenza contadina che alla fine lo aveva reso vincente. Nel suo ambiente era stimato proprio perché non demordeva facilmente, anzi, di fronte a quello che per altri poteva sembrare un vicolo cieco, da buon segugio di campagna sapeva fiutare anche la minima traccia con risultati spesso insperati.

"Il 15 maggio?" ripeté Enrico, trasalendo.

"Cioè il giorno prima che sua moglie finisse in ospedale, dato che il ricovero è avvenuto poi martedì 16" intervenne Malpigi, dopo aver verificato la data sui fogli che teneva in mano. "Secondo l'Istituto Superiore di Fisica Nucleare consultato dal medico legale che ha eseguito l'autopsia, la rapidità con cui è subentrata la morte è diretta conseguenza dell'aver ingerito minuscole quantità di polveri di berillio radioattivo. E l'ingestione dev'essere avvenuta nelle ventiquattro ore antecedenti la comparsa dei primi sintomi. Per queste ragioni è di fondamentale importanza sapere cosa fece, e soprattutto quello che mangiò e bevve, quel lunedì sua moglie. Ovviamente qualcosa di diverso da lei, signor Fiorani... altrimenti avrebbe subito la stessa triste sorte."

"Sono forse accusato di qualcosa?" chiese di rimando Enrico, turbato da quella velata allusione. L'ultima frase gli era suonata sospetta, quasi un'insinuazione di colpe nascoste, considerato il tono con cui il magistrato l'aveva pronunciata e l'occhiata lanciata in tralice a Caputo da sopra quei suoi occhialetti. Era solo un'impressione oppure, per colmo di sventura, stavano sospettando di lui?

"Ma no, non la stiamo accusando di niente, signor Fiorani" finse di rassicurarlo il sostituto procuratore. Leggendogli tuttavia l'allarme in volto, non resistette alla tentazione di lasciarlo nel dubbio e precisò: "Se veramente lei non ha mai avuto a che fare con sostanze radioattive non ha nulla da temere: il resoconto che le stiamo chiedendo non potrà che confermare la sua estraneità ai fatti. Mi pare un'altra buona ragione perché finalmente si decida a raccontarci tutto quello che sa."

Così Enrico si trovò costretto suo malgrado a rivivere le ultime ore trascorse con Simona consapevole che ne avrebbe ricavato ulteriore sofferenza, come accadeva ogni volta che senza pietà la mente lo riportava indietro nei ricordi e lui la rivedeva esangue, oltre i vetri del reparto isolamento di terapia intensiva, spegnersi lentamente in quel letto d'ospedale.

"Quel lunedì per noi doveva essere un giorno di vacanza" iniziò, sforzandosi di distogliere la mente dalle immagini dolorose. Si sentiva come svuotato, sopraffatto dallo stesso angoscioso senso d'impotenza che l'aveva assalito il giorno prima al cimitero sul ciglio della tetra fossa che aveva ingoiato senza pietà la sua Simona. Con lo sguardo perso lontano nell'azzurro del cielo, oltre la finestra spalancata alle spalle del magistrato, riuscì a proseguire il racconto: "Avevamo deciso di prenderci un po' di tempo tutto per noi e quella era una giornata perfetta per andare al mare. Così scegliemmo un posto tranquillo per il nostro primo bagno della stagione."

"Esattamente dov'è che siete andati?" lo incalzò Malpigi impaziente. "Non ce l'ha ancora detto."

"Veramente l'ho già ripetuto almeno due volte alla Polizia, incluso il commissario qui presente!" sbottò di rimando Enrico con l'indice puntato verso Caputo, offeso dall'evidente insensibilità del magistrato nei confronti del suo dolore.

Il commissario Caputo aveva effettivamente interrogato Enrico alcuni giorni prima, secondo la prassi seguita ogni qualvolta si verifica un decesso per cause non naturali.

11

Faccenda del tutto insolita questa della radioattività, l'aveva subita con notevole fastidio considerandola un attentato alla proverbiale tranquillità del posto. Da quando infatti era commissario a Corniano Marina, ormai quasi tre anni, le cose erano sempre filate lisce: gente pacifica, pesce buono, poca delinquenza... finché Simona Fiorani era piombata nella sua vita, ricoverata d'urgenza al Pronto Soccorso alle quattro di mattina di quel martedì 16 maggio. E per lui era finita la pace.

A seguito del decesso avvenuto il venerdì seguente, il capitano del posto fisso di Polizia presso l'ospedale aveva redatto un primo verbale, dopo aver sommariamente interrogato Enrico. Quando la successiva autopsia aveva confermato al di là di ogni dubbio la causa della morte, Caputo lo aveva di nuovo interrogato per stilare una relazione più dettagliata da inviare alla Magistratura la quale, data la particolarità della situazione, aveva a sua volta immediatamente informato gli organi di controllo della Protezione Civile presso il Ministero degli Interni.

Come c'era da aspettarsi si era alzato subito un gran polverone. Al Ministero si erano messi in agitazione e la patata bollente era tornata alla Magistratura competente per territorio, cioè quella di Grosseto, dove il procuratore capo Iannacci aveva pensato bene di incaricare il suo più fidato e solerte collaboratore di portare avanti le indagini, così da accertare la dinamica della contaminazione e rassicurare quelli al Ministero che non c'era il pericolo che potesse ripetersi qualcosa di simile.

Già arrivavano interrogazioni e pressioni da più parti e Malpigi non poteva prendersela comoda. C'era urgente bisogno di scoprire qualcosa di utile prima che la notizia divenisse pubblica e, amplificata dai mass media, creasse chissà quali allarmismi nella popolazione. E poi gli serviva una spiegazione plausibile da fornire a tutti quei giornalisti ficcanaso che di lì a poco lo avrebbero assediato con le domande più strane.

Ignorando questi retroscena, Enrico non riusciva a spiegarsi perché doveva ripetere tutto daccapo per la terza volta. "Proprio non capisco perché devo raccontare sempre le stesse cose!" protestò. "Non vi rendete conto che per me è una tortura ogni volta che ci ripenso?"

"Cerchi di capire, signor Fiorani" intervenne bonariamente il commissario. "Anche il minimo dettaglio può essere determinante per aprire uno spiraglio e far luce su questa dannata faccenda. Sono convinto che lei per primo desidera vederla chiarita... o no?"

"Sicuro che lo voglio! E potete star certi che non avrò pace finché i responsabili non avranno pagato per quello che hanno fatto alla mia Simona.

"Comprendiamo il suo stato d'animo" lo rassicurò Malpigi cambiando atteggiamento e sforzandosi di usare anche lui un tono meno formale. "Tuttavia le ripeto che per noi è di fondamentale importanza conoscere tutti i particolari di quello che sua moglie fece quel lunedì, quindi la prego di continuare."

Dopo un'ulteriore pausa che ai suoi interlocutori sembrò interminabile, Enrico riprese il racconto: "Come stavo dicendo, con Simona avevamo programmato di trascorrere l'intera giornata al mare... così decidemmo di andare a Punta Falconiere."

"Come mai proprio laggiù?" chiese Malpigi. "Non mi pare sia una zona frequentata dai bagnanti."

"Ci sono sempre piaciuti i posti solitari" spiegò Enrico. "E poi volevo vedere se c'erano ancora i saraghi di una volta... da ragazzo ci andavo spesso a fare pesca subacquea."

Malpigi annuì a testa bassa, intento a cercare nell'incartamento la precedente deposizione. "Continui, la prego."

"Giunti sul promontorio parcheggiammo l'auto dove finisce la strada asfaltata e proseguimmo a piedi, giù per il sentiero che taglia la macchia mediterranea e scende al mare. Ci sistemammo sulla spiaggia, più o meno di fronte a un isolotto che sta poche decine di metri al largo."

"Quanto siete rimasti laggiù?"

"Praticamente tutto il giorno. Simona era affascinata dal posto e poi, come dicevo, la giornata lo meritava."

"Cerchi di descriverci nei minimi dettagli come trascorreste il tempo: sua moglie fece qualcosa di strano?"

"Di particolare non direi proprio, a parte un veloce bagno in mare. Io stesso, nonostante avessi indossato una muta subacquea, tornai presto a riva: l'acqua era ancora gelata e poi di pesci non c'era neppure l'ombra."

"E sua moglie?" chiese Malpigi. "Cosa fece nel frattempo?"

"Niente di particolare. Dopo il bagno si era messa a gironzolare curiosando fra gli scogli. Dal mare la osservavo di tanto in tanto per assicurarmi che non arrivasse qualche malintenzionato a darle fastidio… ma non mi pare abbia fatto cose strane."

Con il riaffiorare dei dolci ricordi, Enrico riavvertì tutta la nostalgia per quel tempo felice che sapeva irrimediabilmente perduto: la sua compagna non c'era più, quei suoi occhioni neri e scintillanti non avrebbero più riso alla vita, l'ebano dei suoi capelli non avrebbe più ondeggiato al ritmo del maestrale profumato di salsedine. A ventinove anni la sua giovane vita era stata recisa, come un fiore strappato senza pietà da una mano capricciosa. E sentì impellente il bisogno di dare risposte ai suoi dubbi, di mettere a tacere il tarlo che s'era impossessato della sua mente e senza tregua aveva ripreso a rodergli il cervello con domande prive di speranza: "Perché proprio a me? Quale male ho fatto per meritarmi questo destino?" Enrico avrebbe brancolato per molto tempo prima di trovare una risposta soddisfacente.

"Cerchi di rammentare anche i minimi dettagli, signor Fiorani" insisté Malpigi, riportandolo di colpo alla realtà. "Se siete rimasti laggiù tutto il giorno è probabile che la chiave del mistero si trovi proprio là."

"Non saprei cos'altro aggiungere…" quasi si scusò Enrico, rientrando in sé. "A parte il fatto che ad un certo punto Simona si era messa a raccogliere dei molluschi fra gli scogli affiorati per la bassa marea."

"Molluschi?" ripeté incuriosito Malpigi. Anche al commissario Caputo questo sembrò un particolare nuovo, che non era emerso dalle deposizioni precedenti. "Che genere di molluschi?"

"Delle normali cozze" precisò Enrico. "La bassa marea aveva fatto affiorare una secca dove ce n'erano parecchie. Simona ne aveva raccolto abbastanza da riempire il cavo del suo cappello di paglia: ne andava così ghiotta che volle mangiarsele subito."

"Crude?" domandò perplesso Malpigi, che evidentemente non aveva dimestichezza con simili abitudini.

"Oh, per lei non era un problema: crude o cotte faceva lo stesso. Al contrario di me, che sono allergico a tutti i tipi di molluschi e devo starne alla larga" ribatté Enrico con un'alzata di spalle. "Dovetti insistere che almeno le cuocesse. Anche se l'acqua di Punta Falconiere è pulita, con tutti i casi di epatite che si leggono sui giornali era meglio non fidarsi. Le avevo suggerito di portarle a casa e cucinarsele con comodo l'indomani a pranzo, quando io sarei stato al lavoro, ma ormai s'era messa in testa di mangiarle sulla spiaggia come faceva da bambina con suo padre quando andavano al mare, e non c'è stato modo di farle cambiare idea.

"Allora le ha mangiate solo sua moglie?" chiese il magistrato, teso come un segugio che ha fiutato la preda. "Lei quindi quei molluschi non li ha neppure assaggiati?"

"Ci mancherebbe altro! Come ho detto sono allergico e se mi azzardo a mangiarne anche uno soltanto, poi sì che sono guai" rispose Enrico scuotendo il capo con decisione. "Così, mentre sonnecchiavo al sole per riscaldarmi dopo quel bagno gelato, Simona trovò un barattolo da qualche parte della scogliera e se ne servì a mo' di pentola per sbollentare le cozze sopra un fuoco improvvisato dietro le rocce, al riparo del maestrale che cominciava a tirare. E dato che a me dà fastidio anche solo l'odore, me ne sono rimasto tutto il tempo a debita distanza."

A queste parole i due inquirenti si guardarono perplessi: questa novità forse poteva essere determinante. Interpretando i comuni pensieri fu lo stesso Enrico a trarne l'ovvia conclusione: "Ora che ci penso, quelle cozze sono probabilmente l'unica cosa che mia moglie ha mangiato di diverso da me quella giornata... anche se non vedo che relazione potrebbero avere col vostro berillio."

"Se un nesso c'è lo scopriremo presto, signor Fiorani" l'assicurò Malpigi mentre annotava il particolare sulla precedente deposizione. "Ora però, continui."

"Non c'è molto altro da dire. Cozze a parte, abbiamo poi mangiato le stesse cose portate da casa, cioè frutta e alcuni tramezzini. Poi siamo rimasti ancora qualche ora sulla spiaggia finché, verso le cinque del pomeriggio, siamo tornati a casa. Tutto qui."

"E a cena?"

"La sera già Simona non si sentiva bene, così ci limitammo entrambi a mangiare una minestra. Speravamo che qualcosa di caldo la facesse star meglio. Poi andammo a dormire presto, subito dopo il telegiornale."

"E dopo… cos'è successo?"

Rispondere significava per Enrico rivivere gli avvenimenti di quella terribile notte. Sebbene si sentisse rabbrividire al semplice ricordo, trovò la forza di continuare: "E' stata una notte da incubo. Simona mi svegliò intorno alle tre di notte: aveva conati di vomito e sudava freddo, mentre terribili spasmi la facevano letteralmente torcere dal dolore. Cominciò a vomitare ripetutamente, anche sangue. Avrei voluto aiutarla, ma non sapevo proprio cosa fare…"

Sospirando profondamente Enrico chinò il capo fra le mani sforzandosi di trattenere le lacrime. Quante volte si era colpevolizzato per non aver saputo alleviare le pene della sua compagna, per non aver saputo darle l'aiuto che avrebbe voluto. Quando poi rialzò la testa, asciugandosi mesto gli occhi lucidi col dorso della mano, proseguì: "Quando però mi resi conto che la situazione stava precipitando mi decisi a chiamare il Pronto Soccorso. Nel giro di una ventina di minuti l'autoambulanza l'aveva trasportata all'ospedale... il resto, poi, lo sapete meglio di me."

Annuendo pensieroso, il sostituto procuratore si sollevò dalla poltrona su cui era scivolato un po' troppo, estrasse alcuni fogli dall'incartamento e, dopo una veloce scorsa, riassunse lui stesso l'evolversi degli avvenimenti.

"Al Pronto Soccorso dell'ospedale di Corniano Marina il medico di guardia comprese la gravità del caso anche se, comprensibilmente, lì per lì non riuscì ad identificarne la causa" proseguì Malpigi spulciando dal fascicolo. "Solo dopo i successivi accertamenti diagnostici i medici compresero che si trattava di sindrome da contaminazione nucleare. Date le condizioni critiche della donna non tentarono neppure il trasporto presso un centro specializzato. Purtroppo la paziente, come avevano temuto, poi è deceduta nel giro di pochi giorni."

"Ma come si può essere così sicuri che ad uccidere Simona sia stato il berillio radioattivo? Non potrebbe esserci un'altra spiegazione...che ne so... magari era solo un'ulcera perforata che per errore non è stata riconosciuta in tempo?" Enrico azzardò la domanda perché in quei giorni angosciosi, fra le tante ipotesi, gli era frullata in testa anche questa. Non sarebbe stata di certo la prima volta che in un ospedale accadeva qualcosa di simile.

"Non diciamo sciocchezze!" ribatté l'altro, seccato che si mettessero in dubbio le poche certezze che avevano. "Guardi che se c'è una cosa sicura in questa indagine è proprio la causa del decesso. L'autopsia non ha fatto che confermarla fornendocene le prove, dato che nei residui gastrointestinali della deceduta sono stati trovati corpuscoli di berillio radioattivo. Quindi oltre alla contaminazione esterna, che difficilmente avrebbe avuto un effetto tanto nefasto e repentino, sono state soprattutto queste polveri radioattive ingerite a causare la morte, innescando il processo degenerativo riscontrato in molti organi vitali della poveretta. Su questo non c'è quindi possibilità di errore."

Malpigi sfilò un foglio dall'incartamento, lo studiò per alcuni attimi, quindi proseguì: "L'esame necroscopico effettuato a seguito dell'autopsia ha infatti evidenziato danni a carico soprattutto di stomaco, intestino, fegato e pancreas, come conseguenza della massiccia quantità di radiazioni diffuse dalle polveri di berillio ingerite, che hanno scatenato processi devastanti nell'organismo."

Gli occhi di ghiaccio del magistrato fissarono impietosi quelli lucidi di Enrico: "E' quindi proprio sicuro di non sapere come sua moglie sia venuta a contatto con tale sostanza?"

"Ma quante volte ve lo devo dire!" esplose a voce alta Enrico ancor più esasperato dopo i macabri particolari appena uditi, che la dicevano lunga sulle sofferenze patite dalla sua compagna. "Ve lo ripeto: non so neppure cosa sia questo vostro stramaledetto berillio! Chiedetelo piuttosto ai vostri cervelloni da dove può essere sbucato fuori. Non l'ho di certo dato io a mia moglie, se è questo che state insinuando."

"Signor Fiorani, cerchi di controllarsi" tentò di calmarlo Caputo, accompagnando l'invito con un gesto delle mani. "Qui nessuno sta accusandola di qualcosa del genere…"

"E allora perché accidenti non volete credermi?" ribatté Enrico. "Simona è stata con me l'intera giornata e l'unica cosa che quel lunedì ha mangiato di diverso da me sono quelle cozze."

"D'accordo, signor Fiorani, vediamo allora di verificare questa possibilità" tagliò corto Malpigi, sebbene poco convinto. "Dovrà farci da guida a Punta Falconiere e farci vedere dove sua moglie le ha raccolte."

"Anche subito, se volete."

"Restiamo d'accordo per domani. Prima dobbiamo fare qualche preparativo."

Detto ciò il magistrato si voltò verso Caputo e, come se fosse la cosa più normale di questo mondo, diede alcune precise disposizioni: "Commissario, bisogna urgentemente trovare una squadra equipaggiata per rilevare i livelli di radioattività sia di superficie che subacquea. Per i tecnici e le attrezzature può rivolgersi a mio nome alla sede regionale dell'Eneam. Veda di farli venire qui tutti per domattina e dica loro che si tratta di un caso che richiede la massima riservatezza. Per il momento evitiamo di coinvolgere anche la Protezione Civile, almeno fino a quando non avremo qualche elemento più consistente… non voglio rischiare figuracce con questa faccenda delle cozze."

Ripose quindi i fogli nella solita cartellina rossa e, rivolgendosi sbrigativamente ad Enrico, concluse: "Anche lei, signor Fiorani, si faccia trovare qui domattina alle nove. Andremo tutti a dare un'occhiata a Punta Falconiere."

# 2

## *Attraversando la Maremma*

Dopo un inverno con poca pioggia finalmente erano arrivati gli acquazzoni primaverili a ridar vigore alla vegetazione e ora la Maremma era tutta in fiore. Carlo Iorio canterellava alla guida del suo autotreno a cinque assi lungo la superstrada SS1 Aurelia, che da Roma si snoda verso nord attraversando la maremma toscana. Si sentiva particolarmente di buon umore perché l'indomani sarebbe andato in vacanza, per una ventina di giorni spensierati in giro col camper.

Partito alle prime luci dell'alba dal centro ricerche dell'Eneam alle porte di Roma, stava tornando alla base col consueto carico. Quante volte aveva fatto quella strada! E ogni volta che la percorreva non smetteva di sperare che un giorno anche lui sarebbe vissuto lassù, in cima ad uno di quei poggi immersi nel verde profumato della Maremma.

Guardò l'orologio sul cruscotto: mancava qualche minuto alle sette. Aveva calcolato di arrivare allo stabilimento entro le due del pomeriggio, giusto in tempo per consegnare il carico al capo magazziniere e squagliarsela prima che in Direzione rientrassero dalla pausa pranzo. Con tutti quei preparativi da completare prima della partenza, non voleva correre il rischio che all'ultimo minuto s'inventassero qualche altra cosa da fargli fare.

Oltrepassate le uscite per Grosseto proseguì verso Follonica. Gli piaceva la Maremma, soprattutto per le distese silenziose e gli ampi spazi poco abitati. Da lontano alcuni cavalli al pascolo gli rammentarono quel sogno che sembrava sempre più prossimo a realizzarsi: acquistare un vecchio casale da ristrutturare, dove poter vivere beato gli anni della vecchiaia. Da tempo lo inseguiva come una chimera, ma ora sembrava finalmente arrivata la volta buona: il gruzzolo messo da parte non era male e lui aveva già un mezzo accordo con un contadino della zona, intenzionato a disfarsi di un vecchio casolare. Glielo aveva fatto conoscere sua sorella, che da quando s'era sposata abitava a Ribolla, un paesino sulle colline dell'entroterra poco distante da Follonica. Aveva deciso di non lasciarsi sfuggire una simile occasione, più unica che rara, visto che era prossimo alla pensione e stava per ricevere una liquidazione piuttosto consistente.

Tutto sommato Carlo si considerava un uomo fortunato. Dopo gli anni della gioventù, perlopiù vissuti senza il becco di un quattrino nel costante assillo di come riuscire a sbarcare il lunario, gli era capitata l'occasione della sua vita e lui non se l'era di certo fatta scappare. Ancor oggi ripensandoci, a molti anni di distanza, si sentì percorso da un fremito di intima soddisfazione ed un sorriso gli illuminò il faccione rubicondo.

La svolta per lui era avvenuta in concomitanza con l'apertura in Italia delle prime centrali nucleari ad uso civile. Grazie a quello che aveva sempre considerato un colpo di fortuna era riuscito ad entrare all'Ilvatom, un'industria specializzata in tecnologie energetiche avanzate situata alla periferia di Saluggia, a meno di trenta chilometri dalla centrale nucleare Enrico Fermi di Trino Vercellese.

L'azienda, che inizialmente operava nel settore dei rivestimenti interni per le centrali termoelettriche, ai primi degli anni ottanta si era specializzata nel trattamento con radiazioni alfa di componenti per reattori nucleari di nuova generazione. Aveva inoltre saputo sfruttare l'opportunità creata dalla crescente produzione di rifiuti radioattivi: tramite interposto buon ufficio di alcuni pezzi grossi dell'Eneam, l'Ente nazionale per le nuove tecnologie e l'ambiente, l'Ilvatom era riuscita ad ottenere l'autorizzazione ministeriale per gestire anche un consistente deposito di stoccaggio per le scorie, sia di produzione propria che provenienti da altri siti.

Iorio era stato assunto nello stesso periodo grazie alla patente di guida di livello CE che aveva, eredità del trascorso servizio militare alla Laurentina. All'Ilvatom gli avevano poi pagato vari corsi per conseguire la certificazione di formazione professionale per il trasporto di merci pericolose, il cosiddetto CFP per merci ADR, e quando l'aveva ottenuto era stato assegnato al trasporto delle scorie radioattive.

Ben presto però il settore del nucleare era entrato in crisi, e le centrali avevano dovuto chiudere i battenti a seguito del referendum abrogativo del 1987. La conseguente dismissione dei quattro impianti attivi dislocati a Latina, Garigliano, Trino Vercellese e Caorso, aveva ridotto drasticamente la produzione di scorie, fatta eccezione per le poche ancora prodotte nei centri sperimentali nazionali. Sporadicamente l'Eneam ancora commissionava limitate forniture di materiali trattati con radiazioni alfa, nell'ambito dei programmi di ricerca sui reattori a fissione, ma se Iorio era riuscito a conservare il posto era soprattutto grazie alle scorie radioattive provenienti ormai da mezza Europa e stoccate nei bunker sotterranei dell'Ilvatom. E poiché anche questi erano ormai pieni zeppi, di tanto in tanto parte delle scorie doveva essere trasferita altrove.

Era già in fase avanzata di progetto l'ampliamento del deposito di Saluggia quando arrivarono improvvise le alluvioni: le più tragiche nel 1994 e poi di nuovo nel 2000. Le prime, a novembre, avevano colpito tutta l'Italia nord occidentale accanendosi col Piemonte, dove le acque straripate dai molti fiumi stracolmi avevano coperto la città di Alessandria e altri 720 comuni. La piena del fiume Dora aveva allagato anche Saluggia, inclusi i magazzini delle scorie dell'Ilvatom maldestramente costruiti sulla pianura alluvionale a poche centinaia di metri dall'alveo, e quello che era diventato il più grande deposito di rifiuti radioattivi d'Italia finì sott'acqua. Stessa sorte gli toccò nell'ottobre del 2000, quando un'altra esondazione sommerse sia Saluggia che Trino Vercellese, inclusa la centrale dimessa ma ancora zeppa di materiale fissile.

Le varie organizzazioni ambientaliste erano insorte denunciando, e riuscendo a far bloccare, quello che consideravano un progetto folle, cioè il raddoppio dell'area di stoccaggio delle scorie previsto nel nuovo piano regolatore. Così, nell'attesa che la situazione si normalizzasse, l'Ilvatom aveva pensato bene di sopperire alla mancanza di spazio dirottando oltremare buona parte delle scorie in giacenza. Un

21

movimento che, sottobanco, serviva però anche ad altri fini.

E qui entrava in gioco Carlo Iorio, addetto al trasporto su e giù per l'Italia. Faceva normalmente la spola fra Saluggia, il porto di Corniano Marina e le centrali dismesse, ad ogni viaggio gongolante per la busta paga rimpinguata dalle indennità aggiuntive dovute per il trasporto di merci pericolose in regime ADR.

"Quello è un lavoro pericoloso… devi smetterla finché sei in tempo" continuava a ripetergli sua moglie Luisa. Non perdeva occasione per rammentargli che le radiazioni potevano fargli venire il cancro, come aveva anche detto un tizio in un programma televisivo non meglio identificato. Ma Carlo minimizzava: lo pagavano bene e questo era ciò che contava, se voleva realizzare il suo progetto maremmano. E poi le scorie erano ben sigillate in appositi contenitori e non c'era nessun pericolo per la salute, gli avevano assicurato.

Questa volta stava rientrando a Saluggia con un carico prelevato dal centro ricerche della Casaccia, dove montagne di fusti e container di scorie nucleari erano da anni accumulate anche all'aperto, in attesa di trovare un posto sicuro in cui metterle. Il carico era come di consueto costituito da doppi fusti di ferro farciti di cemento, contrassegnati all'esterno dal caratteristico disco a settori gialli e neri. Quella mattina ne aveva prelevati un'ottantina, tutti stipati nello speciale rimorchio che era stato agganciato alla motrice. Il vano di carico aveva la carrozzeria schermata con spesse lastre di piombo, quindi ben protetto contro eventuali fuoriuscite di materiale dai fusti, ed era stato attrezzato per il trasporto di materiali radioattivi in regime ADR secondo le più rigide normative comunitarie. Non c'era quindi alcun pericolo di contaminarsi stando nella cabina di guida, come sua moglie temeva tanto.

Ignara di tutto, la Maremma scorreva placida e rigogliosa lungo la superstrada, tanto che a Carlo sembrava di attraversare la tavolozza di un estroso pittore. A contristare però quell'idilliaca serenità, alla sua mente riaffiorò improvviso uno spiacevole ricordo: riguardava un fatto accaduto ormai da diverse settimane, ma a ripensarci gli si stringeva lo stomaco. Non che fosse stata tutta colpa sua, ma come avrebbe fatto a spiegarlo a quelli dell'Ilvatom? In tempi di crisi come questi rischiava il licenziamento, proprio ora che gli mancava così poco ad andare in pensione. Poi però la cosa si era risolta e Corniano Marina non era diventata la bara dei suoi sogni. Ripensando con sollievo allo scampato pericolo si rianimò e prese a canterellare ancora più forte, quasi a scacciare ogni residua apprensione per un incidente che voleva a tutti i costi dimenticare.

Oltrepassò lo svincolo di Gavorrano e scrutò i poggi in lontananza. Lassù, nascosti tra boschetti di eucalipti, pini e cipressi, sonnecchiavano i vecchi casali in pietra e legno di castagno, oggetto dei suoi desideri. Purtroppo ne restavano ormai ben pochi disponibili ad un prezzo accessibile per le sue tasche: la maggioranza se li erano comprati i tedeschi. L'idea che si fossero già comprati mezza Maremma lo irritava non poco, alla faccia dei discorsoni dei politici sui vantaggi di un'Europa unita. E sebbene i colleghi dell'Ilvatom lo tacciassero di gretto nazionalismo, per lui era una pura e semplice questione matematica: tutti questi stranieri calati dal nord alla ricerca di un casolare per le vacanze avevano fatto lievitare a dismisura i prezzi, a danno dei suoi sudati risparmi.

Assorto in tali diatribe mentali, solo all'ultimo s'accorse delle indicazioni per Genova e dovette rallentare bruscamente per riuscire a imboccare lo svincolo ed immettersi nell'autostrada.

Il resto del viaggio trascorse poi in fretta, preso com'era a ripassare mentalmente i preparativi da ultimare in vista dell'imminente partenza per le ferie.

A Casale Monferrato uscì dall'A26 e percorse l'ultima quarantina di chilometri sulla statale 31 bis, costeggiando distese di risaie a perdita d'occhio. Giunto in prossimità della zona industriale di Saluggia svoltò sulla sinistra e, dopo un altro chilometro, si fermò davanti alla sbarra che impediva ai non autorizzati l'accesso all'Ilvatom.

# 3

## *Punta Falconiere*

Per non mancare all'appuntamento quella mattina Enrico uscì di casa piuttosto presto. La notte quasi non aveva chiuso occhio, nel dubbio che la soluzione potesse davvero trovarsi a Punta Falconiere. E dato che presto l'avrebbe saputo con certezza, l'agitazione gli aveva impedito di dormire. Più ci pensava, più il sospetto su quei molluschi diveniva consistente, nonostante lo scetticismo degli inquirenti. Non vedeva l'ora di dimostrare a Malpigi e Caputo che lui con la morte della povera Simona non c'entrava affatto.

Dopo un lungo giro a piedi per far arrivare l'ora dell'appuntamento, si presentò in commissariato pochi minuti prima delle nove. Pensava di essere in anticipo e dover attendere chissà quanto l'arrivo di Malpigi da Grosseto, invece erano tutti pronti da un bel pezzo e stavano aspettando solo lui.

Fu fatto salire sulla volante della Polizia insieme a Malpigi e Caputo, mentre due sommozzatori ed un tecnico del laboratorio di analisi nucleare presero posto sul furgone messo appositamente a disposizione dall'unità epidemiologica ambientale dell'Eneam. Altri due agenti chiudevano il piccolo convoglio su una seconda volante e avrebbero dato una mano nel trasporto delle attrezzature.

"Signor Fiorani, ci indichi lei la strada, quella che fece con sua moglie quel lunedì" esordì Malpigi appena l'auto si avviò.

"D'accordo" annuì Enrico. Quindi rivolgendosi all'autista disse: "Segua le indicazioni per Punta Falconiere."

Quando furono in vista del promontorio svoltarono per l'osservatorio imboccando l'ultimo tratto asfaltato della salita. Arrivati in cima, parcheggiarono i tre automezzi sulla piazzola polverosa e cominciarono subito a scaricare le attrezzature. Il sole faceva di tanto in tanto capolino dietro le nuvole basse, mentre un vento appiccicoso di scirocco rinforzava da sud est e gonfiava le onde di pari passo. Era necessario sbrigarsi, prima che il mare ingrossasse troppo e rendesse impossibile il lavoro subacqueo.

Fu il commissario Caputo a rivolgersi per primo ad Enrico appena gli uomini furono pronti: "Ora deve condurci dove sua moglie raccolse quei famosi molluschi di cui ci ha parlato. Se davvero sono radioattivi, non ci vorrà molto a scoprirlo."

Dal tono usato era evidente che nutriva parecchi dubbi al riguardo. Enrico se ne risentì ma evitò di ribattere: al punto in cui erano sarebbero stati i fatti a dargli ragione, o almeno così sperava.

"Dobbiamo scendere fino al mare lungo quel sentiero" rispose, indicando con la mano un viottolo seminascosto dai cespugli, che s'incuneava nella macchia mediterranea e serpeggiava lungo il fianco del promontorio fin giù alla scogliera.

Il gruppo si avviò per la scoscesa. Il percorso era ostacolato dalle voluminose borse con l'equipaggiamento che frequentemente s'impigliavano nei cespugli. Dopo aver proceduto faticosamente per una decina di minuti, finalmente il gruppetto giunse sulla stessa spiaggia sassosa dove Enrico era stato con Simona quel fatidico lunedì.

Indossate le speciali mute subacquee, schermate contro eventuali radiazioni, i due sub s'immersero di fronte alla spiaggia muniti di appositi rilevatori Geiger, mentre il tecnico Burzi, bardato come un astronauta, procedeva con le rilevazioni a terra.

Enrico da parte sua, tallonato da Malpigi e Caputo, tentava di individuare lo scoglio dove Simona aveva raccolto i molluschi. L'alta marea ed il mare irrequieto gli rendevano alquanto difficile raccapezzarsi e ritrovare il punto esatto, finché la sua attenzione fu attratta da uno spumeggiare d'acqua pochi metri al largo.

"Vedete quella schiuma, là sulla destra?" chiese indicando con la mano. "E' su una di quelle secche sommerse che mia moglie ha raccolto i molluschi contaminati."

"Che siano contaminati lo dobbiamo ancora verificare" precisò Malpigi col solito scetticismo. Poi, rivolto a Caputo, aggiunse: "Commissario, dica ai sommozzatori di sondare la zona di mare indicata dal signor Fiorani. Che verifichino se c'è radioattività e raccolgano dei campioni di molluschi."

Saltellando a fatica di sasso in sasso, nel tentativo di evitare gli spruzzi delle onde che s'infrangevano sugli scogli circostanti, Caputo arrivò a portata di voce e gridò ai sub qualcosa che Enrico non riuscì a capire, parole confuse nel rumore della risacca.

Malpigi, da parte sua, chiamò l'altro tecnico: "Burzi, veda di verificare il livello di radioattività della zona di scogliera davanti alle secche." Poi, presagendo l'esito negativo, chiese conferma ad Enrico: "Siamo proprio sicuri che sia quello il posto?"

"Sicurissimo. Non mi posso sbagliare."

"Bene, signor Fiorani" replicò. "Allora aspettiamo i risultati."

Così dicendo, Malpigi si sedette alla meglio sopra un grosso sasso piatto e aprì un quotidiano tirato fuori dalla borsa, in attesa che i suoi collaboratori portassero a termine il lavoro.

Nel giro di un'ora Burzi aveva sondato tutta la zona indicata e annotato sopra una mappa improvvisata il livello di radioattività dei vari punti. Porgendo il foglio a Malpigi, commentò: "Ho esaminato la scogliera davanti alla secca ma non ho trovato niente di allarmante. C'è solo una leggera alterazione della radioattività di fondo laggiù, alla base di quel contrafforte in fondo alla spiaggia, ma niente di preoccupante."

"La ringrazio" rispose Malpigi con poco entusiasmo. I risultati stavano dandogli ragione e confermavano che erano purtroppo ancora lontani dalla soluzione. "Mi faccia comunque pervenire un rapporto completo, non appena le sarà possibile."

Di lì a poco rientrarono anche i sub, ma neppure le loro misurazioni sostenevano la teoria di Enrico.

"Abbiamo esaminato tutto il fondale qua davanti, come ci ha chiesto" spiegò a Caputo uno dei sub, appena si fu tolta maschera e boccaglio. "La radioattività dell'acqua rientra nella norma: c'è qualche alterazione qua e là, forse causata dai minerali vulcanici presenti negli scogli, ma niente che possa causare la morte di qualcuno."

"E di quei molluschi, ne avete trovati?" chiese Caputo.

"Certo, commissario" rispose l'altro sub mostrando un contenitore di plastica trasparente che ne conteneva una ventina. "Anche questi rientrano nella norma. Hanno solo un livello lievemente superiore alla radioattività di fondo, ma è abbastanza normale per delle cozze: filtrando grandi quantità d'acqua è comprensibile che la concentrazione di elementi inquinanti sia maggiore."

"Consegnateli comunque al Burzi" ordinò Malpigi, che nel frattempo si era avvicinato. "Magari ne sapremo di più dopo gli esami di laboratorio."

A questo punto, Enrico non sapeva più cosa pensare. Possibile che la sua ipotesi fosse completamente sbagliata? E se non erano stati quei molluschi, cos'altro era stato?

Quasi ignorando Enrico e la sua profonda delusione, Malpigi si alzò e laconicamente concluse: "Commissario, sarà meglio rientrare. Qui non abbiamo altro da fare."

# 4

## *La pista del contrabbando nucleare*

Dopo un'altra nottata trascorsa faticosamente a digerire la delusione di Punta Falconiere, la mattina seguente Enrico uscì prima del solito a comprare i quotidiani locali. L'edicolante si stupì nel vederlo così presto: non erano ancora le otto e già stava in giro.

Seduto a un tavolino dello stesso bar dove fino a pochi giorni prima era solito far colazione con Simona prima di recarsi ciascuno al suo lavoro, cominciò come di consueto a sfogliare i giornali. Stava ancora sorseggiando il cappuccino quando la tazza gli si fermò a mezz'aria. In cronaca un articolo su tre colonne del Corriere Toscano titolava:

"**MORTA UNA DONNA CONTAMINATA DA BERILLIO RADIOATTIVO**".

La notizia era evidentemente trapelata dopo il sopralluogo del giorno precedente a Punta Falconiere, dato che fino a quel momento i giornali non ne avevano parlato. Il cronista raccontava gli avvenimenti relativi al ricovero in ospedale di Simona Bianchi in Fiorani e si dilungava, con un certo gusto per il macabro e dovizia di particolari, a descrivere le varie sofferenze che accompagnano una morte del genere. A quanto già Enrico sapeva il solerte redattore aggiungeva solo che dello strano caso si stava interessando anche l'unità di crisi antinucleare del Ministero degli Interni, che comunque aveva accertato la totale mancanza di pericolo per gli abitanti di Corniano Marina. I livelli di radioattività, assicurava il portavoce del Ministero, rientravano infatti nei parametri normali e tutto era quindi sotto controllo.

Ma intanto Simona era morta.

Enrico si chiedeva se le analisi di laboratorio effettuate

dall'Eneam in qualche modo avrebbero potuto ribaltare i deludenti risultati del sopralluogo a Punta Falconiere e così confermare le sue supposizioni. L'unico modo per saperlo era di chiederlo direttamente al commissario Caputo, che ormai doveva aver ricevuto il responso definitivo dei test. Decise quindi di tornare al commissariato.

Il piantone di guardia all'ingresso gli si parò davanti e lo interrogò sospettoso. Dopo l'avvenuta identificazione, chiese al collega di accompagnare Enrico nella saletta di attesa al piano superiore, dato che il commissario sarebbe rientrato di lì a poco. Fu quindi scortato fino alla squallida anticamera adiacente all'ufficio del commissario e lasciato lì da solo, ad attendere l'arrivo di Caputo.

Trascorsa una buona mezz'ora seduto su una scomoda panca di metallo a rileggere per l'ennesima volta l'articolo sulla morte di Simona, e di tanto in tanto a passeggiare su e giù per la stanza disadorna a scrutare le stampe sbiadite appese alle pareti a mo' di quadri, ancora non si vedeva anima viva. L'unico tavolo, evidentemente abitato di tanto in tanto da qualche impiegato non troppo solerte, giaceva desolato sotto un mucchio di fascicoli accatastati alla rinfusa.

"Saranno andati a prendere il caffè", malignò fra sé. Se c'era una cosa che gli dava sui nervi, era sprecare il tempo aspettando qualcuno che non si sapeva quando sarebbe arrivato.

Passate le undici ancora non si vedeva nessuno. Innervosito, uscì nel corridoio e si diresse verso l'ufficio attiguo, quello del commissario. La porta era chiusa. Provò ad origliare, ma dall'interno non proveniva alcun rumore.

Bussò una prima, ed una seconda volta: nessuna risposta. Aprì la porta e fece capolino all'interno: nessuno. Superati i primi attimi d'esitazione, si fece più ardito ed entrò, lasciandosi dietro la porta spalancata. L'intuito gli diceva che doveva approfittare di questa inaspettata opportunità.

Si avvicinò alla scrivania dove due giorni prima aveva subito l'interrogatorio di Malpigi e Caputo e notò subito una cartellina rossa, con sopra la scritta a pennarello "Operazione Berillio".

Il cuore prese a battergli forte. "E se vi dessi un'occhiata?" si chiese. "Forse contiene i risultati dei test dell'Eneam...

magari riesco a scoprire qualche particolare sulla morte di Simona che mi hanno taciuto." Pur temendo che qualcuno arrivasse all'improvviso a coglierlo in fallo, decise ugualmente di rischiare: un'occasione così non si sarebbe ripresentata.

Aperta la cartella, un foglio separato dal resto del fascicolo attirò subito la sua attenzione: era una fotocopia del fax del Ministero degli Interni spedito quella stessa mattina alla Procura della Repubblica di Grosseto. Poche righe stringate, ma che non lasciavano dubbi. Ribadivano che ogni incidente nucleare, nella fattispecie l'episodio di contaminazione denunciato a Corniano Marina, andava considerato "segreto di Stato". Per cui, per motivi di sicurezza nazionale, si doveva imporre il silenzio stampa sull'intera vicenda e gli inquirenti avrebbero dovuto riferire i risultati delle indagini esclusivamente alla Unità di Crisi del Ministero degli Interni.

All'improvviso Enrico udì un vocio in lontananza. Col cuore in gola s'affrettò a rimettere a posto la cartella e tentò di guadagnare l'uscita, ma l'appressarsi delle voci lo convinsero che se fosse uscito nel corridoio non avrebbe fatto in tempo a dileguarsi senza essere visto. Perciò si costrinse ad assumere un'apparenza di innocente attesa e rimase fermo in prossimità della porta, giusto pochi istanti prima che sulla soglia comparisse il commissario in compagnia del sostituto procuratore Malpigi.

"E lei cosa ci fa nel mio ufficio?" lo apostrofò Caputo, chiaramente irritato per l'intrusione.

"Scusi, ma è più di mezz'ora che sto in sala d'aspetto" ribatté Enrico con serafico candore. "Non vedendo nessuno ho pensato di entrare, nel caso lei arrivasse senza che di sotto l'agente di guardia l'avvertisse della mia presenza."

La spiegazione dovette sembrare abbastanza convincente a Caputo, che disse: "Comunque sia, signor Fiorani, abbiamo molto da fare, quindi venga subito al motivo della sua visita."

"Volevo solo sapere se ci sono novità su quei molluschi che avete fatto esaminare. Sono risultati contaminati, oppure no?"

"No. Fortunatamente sono del tutto commestibili." rispose Malpigi mentre prendeva posto dietro alla scrivania, seguito da Caputo che si accontentava della consueta postazione laterale.

Poi, indicandogli la solita poltroncina di finta pelle screpolata, lo invitò a sedersi ed aggiunse: "Quindi la sua ipotesi è da scartare. Comunque, Signor Fiorani, vorrei approfittare della sua visita per chiedere la sua collaborazione."

"Sono a sua disposizione" replicò Enrico. "Spero solo che non mi farà di nuovo il terzo grado dell'altro giorno."

"No, stia tranquillo" sorrise di rimando Malpigi mentre apriva la cartellina rossa e la poggiava obliquamente sul bordo della scrivania, in modo che l'interlocutore non potesse vederne il contenuto. "Come certo si renderà conto, signor Fiorani, il caso è molto delicato. Le indagini iniziate a Corniano Marina ci stanno conducendo altrove, anche se al momento non abbiamo ancora ben chiara la dinamica di questo increscioso incidente. La natura del problema ci induce anche a mantenere il più stretto riserbo... anche per evitare inutili allarmismi fra la popolazione della zona."

"Capisco" annuì Enrico. "Ma ancora non mi avete detto come posso collaborare. Cosa dovrei fare?"

"Proprio qui sta il punto, signor Fiorani. Lei non deve fare proprio niente." L'atteggiamento di Malpigi si era di colpo fatto meno accomodante. Sollevò gli occhi azzurri dall'incartamento e li piantò dritti in faccia all'interlocutore, ammonendo: "Visto che l'altro giorno ci ha detto che non avrà pace fintanto che non sarà stata fatta giustizia... vorrei invitarla caldamente a non intraprendere indagini di alcuna sorta per suo conto. Lasci a noi il compito di sbrogliare la faccenda, altrimenti potrebbe intralciare il nostro lavoro."

Enrico dapprima rimase perplesso, cercando di afferrare il senso del rimprovero. Poi lo collegò al fax che aveva appena sbirciato a loro insaputa nell'incartamento e ne capì il motivo: a qualcuno nelle alte sfere conveniva tener segreta la faccenda magari per poterla poi insabbiare, coprendo chissà quali interessi e responsabilità.

"In poche parole mi state dicendo che non devo preoccuparmi di capire come sia morta mia moglie."

"Non è questo che intendiamo, Fiorani. Le ho già detto che le indagini stanno proseguendo a tutto campo e finora non possiamo escludere alcuna ipotesi..." Malpigi fece volutamente

31

una pausa mentre lo fissava coi suoi occhi di ghiaccio, come per dire: "Capito cosa intendo?"

Enrico afferrò al volo l'allusione: non doveva dimenticare che faceva ancora parte della rosa dei sospettati e quindi doveva stare attento a come si muoveva.

"Comunque le prometto che la informeremo sugli sviluppi e le eventuali responsabilità dell'incidente."

"Eventuali? Incidente?" sbottò Enrico. "Se neppure siete convinti che ci siano dei responsabili, allora non mi stupirei affatto se alla fine finirà tutto in una bolla di sapone."

"Si calmi, signor Fiorani" intervenne Caputo, stanco di restare all'angolo. "Per questa volta faremo finta di non aver sentito, perché comprendiamo la sua frustrazione. Si fidi di noi: se le diciamo che le indagini stanno proseguendo e che la terremo informata sugli sviluppi che la riguardano, non vedo perché non debba crederci."

"Perché a me tutta questa segretezza puzza di bruciato, ecco perché!" ribatté Enrico. "Io dico che un colpevole dovrà pur esserci da qualche parte... ma se non volete trovarlo voi, lo troverò io, con o senza il vostro permesso."

"Vorrei avvertirla che il suo atteggiamento potrebbe essere considerato un comportamento da codice penale" minacciò seccato Malpigi. "Ostacolare le indagini delle autorità competenti è una violazione della legge."

"Io non ostacolo proprio un bel niente" insisté Enrico. "Semmai io le indagini le incoraggio, altro che ostacolarle!"

"Comunque sia, faccia come le ho detto e veda di non intromettersi. Lasci a noi l'onere di chiarire le cose" tagliò corto Malpigi, gettando nervosamente la cartellina chiusa sopra la scrivania. Quindi il magistrato si alzò e concluse irritato: "Io l'ho avvertita."

"Lei mi ha avvertito, certo" annuì Enrico, alzandosi a sua volta. "Di questo la ringrazio. Ora almeno so come devo comportarmi."


Scendendo la rampa di scale del commissariato, Enrico si sentiva ribollire il sangue. Guadagnò velocemente l'uscita, scrutato con diffidenza dal piantone di guardia.

Una volta in strada accelerò il passo per smaltire più in fretta la rabbia, finché giunse al Piazzale della Marina, che dal centro storico di Corniano Marina si protende a picco sul mare come la prua di una nave in rotta per l'Arcipelago Toscano.

Da lassù, appoggiato al robusto parapetto di calcestruzzo, lo sguardo a spaziare lungo l'arco dell'orizzonte, tremolante sotto la calura del mezzogiorno, si chiedeva cosa avrebbe potuto fare per dar risposta alle domande inquietanti che gli si affollavano in mente.

Che Simona fosse inconsapevolmente incappata in qualche oscuro intrigo? Oppure era stata solo l'ignara vittima di un malaugurato incidente? E perché tutta questa segretezza da parte degli inquirenti? Comunque stessero le cose, era giunto il momento di scuotersi dall'inerzia paralizzante che lo attanagliava e cominciare a darsi da fare in maniera concreta.

Per diversi minuti rimase affacciato sullo strapiombo col vento in faccia, respirando a pieni polmoni il Libeccio che gonfiava le onde, teso e saturo di salsedine, finché gradualmente l'irritazione dentro di lui si attenuò e riprese il pieno controllo delle proprie emozioni. Quando dal vicino campanile arrivarono i rintocchi di mezzogiorno aveva già preso un'importante decisione: d'ora in poi se la sarebbe sbrigata da solo.

Ma ragionò che, tanto per cominciare, doveva trovare una fonte attendibile di informazioni sul berillio radioattivo. Solo comprendendo con che cosa aveva a che fare avrebbe avuto qualche possibilità di risalire alla causa della contaminazione di Simona. Così tornò a casa e trascorse il pomeriggio alla ricerca di tutto ciò che aveva attinenza col nucleare. Di enciclopedie ne possedeva un paio, oltre ad una multimediale su CD per computer, e poi c'era il web, vero pozzo senza fondo di notizie da tutto il mondo.

Fu infatti Internet ad aprirgli gli occhi su un aspetto che finora non aveva minimamente preso in considerazione: il contrabbando di materiali nucleari e l'enorme massa di denaro che vi gravita attorno. Una raccolta di articoli di cronaca riepilogava i principali episodi avvenuti a cavallo del nuovo millennio e legati a tale traffico.

Lo colpì in particolare un articolo che parlava di quattro chili di plutonio 239, il cosiddetto weapons-grade impiegato nelle testate atomiche, sequestrati nell'aeroporto di Monaco ad alcuni trafficanti nell'agosto 1994. E quattro chili sono circa la metà di quanto ne occorre per fare una bomba atomica più devastante di quella di Nagasaki, veniva spiegato da un esperto.

Inoltre l'articolo precisava che il valore di mercato di una fornitura del genere era stratosferico: ben duecentocinquanta milioni di dollari, pari ad oltre sessantadue milioni di dollari per ogni chilo di plutonio. Anche se la somma pagata alla fonte era stata notevolmente inferiore, anche di mille volte rispetto al prezzo finale di mercato, si trattava comunque di una somma che avrebbe fatto gola a molti, soprattutto in rapporto al reddito pro capite dei paesi di provenienza. Duecentocinquantamila dollari, quanto probabilmente valeva quel plutonio al momento del suo furto in Russia, erano infatti una cifra da capogiro se rapportati allo stipendio di circa duecento dollari che ricevevano, quando tutto andava bene, gli scienziati e gli specialisti russi del settore.

Il ministro della Giustizia tedesco aveva collegato gli arresti di Monaco ad una possibile pista pachistana racchiusa entro l'area geografica di maggior preoccupazione: quella islamica di tipo integralista, compresa fra il Marocco ad ovest e la provincia cinese del Sinkiang ad est. Se nazioni come Libia e Iran fossero riusciti a dotarsi di armamenti atomici, gli equilibri politici mondiali ne sarebbero risultati pericolosamente compromessi. "Quando fra non molto ciò accadrà" concludeva l'articolo "i paesi europei che si affacciano sulla sponda settentrionale del Mediterraneo, Italia compresa, avranno finito di dormire sonni tranquilli".

Enrico provò una spiacevole sensazione di impotenza e di solitudine. Se per qualche malaugurata circostanza fosse incappato in un traffico del genere, c'era poco da illudersi. Troppi interessi economici e politici s'intrecciavano perché lui riuscisse a cavare un ragno dal buco.

Ma alla sola idea di arrendersi, sentì prepotente un moto di ribellione dentro il petto e rammentò di aver promesso a sé stesso, sulla tomba della sua compagna, che avrebbe fatto di tutto perché giustizia fosse fatta. E non si sarebbe tirato indietro proprio ora che cominciava a capirci qualcosa.

# 5

## *Riunione all'Eneam*

Non appena i giornali del mattino erano usciti con la notizia della morte di Simona Fiorani, all'Eneam, l'Ente per l'Energia e l'Ambiente, si erano messi in agitazione.

Proprio ora che il Governo sembrava sul punto di riaprire la questione del nucleare, e lo aveva dimostrato affidando il dicastero dell'ambiente ad un convinto sostenitore dell'energia atomica, questa pubblicità negativa rischiava di rovinare tutto. Da anni infatti all'Eneam tessevano pazientemente le fila per promuovere un ripensamento circa il referendum antinucleare del 1987. E le cose sembravano andare nella direzione giusta, tanto che anche la gerarchia ecclesiastica si era di recente espressa a favore del nucleare. Ma ora questo spiacevole imprevisto rischiava di vanificare tutti i loro sforzi.

All'ultimo piano dell'edificio dirigenziale presso la sede romana dell'Eneam, erano convenuti i cinque principali dirigenti della Società, convocati d'urgenza per una riunione straordinaria presieduta dall'amministratore delegato Emilio Capaldo, che alle cinque del pomeriggio di quello stesso venerdì diede inizio ai lavori.

Alla sua sinistra, da un lato dell'ampio tavolo di mogano lucidato a specchio, sedeva pensieroso il presidente e direttore generale della società, Giuliano Ballardin. Di fronte si trovavano invece il responsabile del Dipartimento Ambiente e i due direttori operativi dei centri di ricerca Eneam della Casaccia e di Frascati, dove erano localizzati gli unici reattori ancora attivi in Italia, sopravvissuti al referendum abrogativo perché dedicati alla sperimentazione.

"Siete stati convocati per discutere un avvenimento che rischia di rivelarsi disastroso per i nostri programmi di sviluppo" esordì Capaldo in tono grave. Guardò ad uno ad uno i tre all'altro lato del tavolo, quindi aggiunse: "Immagino sia superfluo rammentare che dovrete considerare l'oggetto di questa riunione di natura strettamente confidenziale."

L'espressione del volto era preoccupata. La pausa che seguì, diede ulteriore enfasi alle sue parole: "Mi riferisco alla notizia apparsa questa mattina su un giornale della Toscana in relazione alla morte di una donna per contaminazione da berillio irradiato."

Osservò con attenzione le espressioni facciali dei suoi interlocutori e cercò di capire se erano già al corrente della faccenda. Vedendoli annuire perplessi, proseguì: "La notizia ci è stata confermata in via riservata dagli inquirenti che coordinano le indagini a Corniano Marina, dove la donna è morta la settimana scorsa. Purtroppo siamo venuti a conoscenza dell'accaduto solo ieri, dopo che la nostra unità epidemiologica ambientale è dovuta intervenire su richiesta del commissariato di Polizia di Corniano Marina. Questa mattina il nostro tecnico, il Burzi, che ha verificato il livello di radioattività nella zona, mi ha consegnato una copia del rapporto richiesto dal sostituto procuratore Malpigi, il magistrato che dirige le indagini."

I tre dall'altra parte del tavolo erano palesemente ansiosi di conoscere i risultati di quelle rilevazioni, così continuò: "Sono state effettuate diverse misurazioni nella zona di Punta Falconiere, sia a terra che in mare, dov'era sospettata la presenza di fonti radioattive. Tuttavia sembrerebbe un falso allarme, dato che non si è riscontrato nulla di anormale, a parte una leggera alterazione della radioattività di fondo. Al momento quindi non si conosce la dinamica della contaminazione di quella donna. Tuttavia l'incidente rischia di mandare all'aria i nostri piani. Se la notizia dovesse diffondersi l'opinione pubblica verrebbe sensibilizzata negativamente e noi ci vedremmo costretti a rimandare il rilancio del nucleare per parecchi anni ancora."

I due direttori operativi, Corrado Rondelli e Giorgio Ruggeri, si scambiarono un'occhiata preoccupata. Indirettamente si stava parlando del loro futuro dato che, se il programma per il ripristino del nucleare ad uso civile si fosse nuovamente arenato, i primi a rimetterci sarebbero stati proprio loro.

"Non possiamo correre un rischio del genere" sentenziò Rondelli, visibilmente contrariato. "Dobbiamo immediatamente far qualcosa per impedire che la notizia si diffonda."

Rondelli teneva fede alla sua reputazione di individuo ambizioso e determinato. Laureato in fisica nucleare all'università di Roma, aveva fatto in breve tempo una carriera a dir poco invidiabile, anche grazie ai suoi agganci in certi ambienti politici. A quarantacinque anni era il direttore operativo del più grande centro di ricerca dell'Eneam, quello della Casaccia alla periferia di Roma, con oltre duemila dipendenti. Alto circa un metro e settantacinque, una calvizie incipiente che tentava di camuffare pettinando i pochi capelli residui di traverso sul capo, vestiva in maniera inappuntabile abiti confezionati su misura dal sarto personale, come lui stesso amava precisare. Piuttosto vanitoso, era solito ostentare un Rolex d'oro massiccio che con ricercata noncuranza spuntava da sotto il polsino ingemellato della camicia di seta. Per opportunismo calpestava senza pietà chiunque ardisse ostacolarlo: di lui si malignava dicendo che per far carriera avrebbe venduto anche sua madre.

Bisognava però riconoscergli doti organizzative di tutto rispetto. Per lui i risultati, soprattutto in termini di tornaconto personale, erano la cosa principale. Scaltro come una volpe, sapeva gestire il comando con efficienza e determinazione, riuscendo a conseguire gli obiettivi stabiliti senza farsi troppi scrupoli. Una capacità che l'alta Direzione gli riconosceva, ma che non lo rendeva particolarmente amato.

"Una cosa per volta, Corrado. Di come evitare altra pubblicità negativa discuteremo fra breve" replicò Capaldo. "Prima vorrei sapere se avete qualche idea di come sia potuto accadere un fatto del genere."

La domanda era semplice, ma non altrettanto la risposta. Se lo erano chiesto un po' tutti, nelle ultime ore, da dove poteva esser sbucato fuori quell'accidente di berillio radioattivo.

"Posso intanto aggiornarvi sugli ultimi sviluppi delle nostre ricerche?" intervenne l'ingegner Flavio Ferrari, dirigente responsabile del Dipartimento Ambiente dell'Eneam.

"Sentiamoli" rispose l'amministratore delegato.

"Come lei stesso ha appena riferito, ieri mattina i nostri tecnici hanno effettuato un monitoraggio lungo un tratto di scogliera del promontorio di Punta Falconiere e nella zona di mare antistante. Il marito della morta aveva insistito con l'idea un po' stramba che sua moglie fosse stata contaminata da certi molluschi da lei raccolti nella zona. Ma le cose non stanno così, dato che le misurazioni hanno rilevato livelli di radioattività di fondo più o meno normali. Solo alla base di un contrafforte della scogliera c'è qualche alterazione, probabilmente per la presenza di rocce vulcaniche, ma niente di allarmante." Poi, sorridendo, fece la battuta: "Quei campioni di molluschi ce li potremmo mangiare tranquillamente a pranzo..."

"Ci mancava solo che fossero contaminati per davvero" intervenne Rondelli, per niente divertito. "Comunque la domanda di come sia potuta accadere una cosa simile rimane ancora senza risposta: il berillio radioattivo non si trova mica dappertutto."

"Ho riflettuto a lungo sulle diverse ipotesi possibili" continuò Ferrari, ignorando l'interruzione del collega. "Alla fine sono giunto alla conclusione che il quesito potremmo anche formularlo in maniera diversa."

"Sarebbe a dire?" chiese il presidente dell'Eneam, Giuliano Ballardin, che fino a quel momento aveva ascoltato senza intervenire nella discussione.

"Ritengo che come punto di partenza dovremmo innanzitutto chiederci chi in Italia può disporre di materiale del genere. Poi forse troveremo anche un nesso con la contaminazione."

"L'osservazione mi sembra sensata" concordò Capaldo riprendendo le redini della conversazione. "Almeno questo non dovrebbe essere difficile da scoprire. Lei ha qualche idea in proposito?"

"Una ce l'avrei io" intervenne Ruggeri, inserendosi nella conversazione e togliendo dall'imbarazzo l'altro, che non avrebbe saputo cosa rispondere.

Tutti rivolsero un'occhiata interrogativa al direttore del centro ricerca di Frascati, fino a quel momento rimasto in silenzio con la solita espressione un po' sorniona stampata sul volto. Giorgio Ruggeri era da un paio d'anni alla direzione del secondo centro sperimentale per grandezza, subentrato a Rondelli quando questi era stato messo a capo di quello più prestigioso della Casaccia.

Oltre la cinquantina, Ruggeri era nell'aspetto e nei modi l'esatto contrario del suo più illustre e antipatico collega. Sempre gioviale e gentile con tutti, una capigliatura folta e prematuramente canuta che accentuava il suo aspetto paterno, era molto stimato anche sul piano professionale e in poco tempo si era fatto benvolere dai suoi collaboratori.

"Allora la dica anche a noi" lo invitò Capaldo, stizzito per quella perenne parvenza di spensieratezza che non perdeva neppure davanti ai problemi più seri. "Quale sarebbe questa idea?"

"Mi spiego. Come sapete, nel nostro centro di ricerca di Frascati è in funzione un reattore sperimentale del tipo BWR, cioè ad acqua bollente e con potenza efficiente lorda pari a mille megawatt. Il nocciolo del reattore è costituito da circa seicento elementi di combustibile, ciascuno formato da un reticolo di barrette contenenti ossido di uranio arricchito al due e mezzo per cento, sotto forma di pastiglie sinterizzate."

"Non potrebbe saltare questi dettagli e andare subito al punto?" l'interruppe l'amministratore delegato. "Non abbiamo mica tutto il giorno a disposizione."

"Ci arrivo subito" rispose bonario Ruggeri, ignorando il sarcasmo del superiore. "Vorrei solo ricordarvi che, per accrescere l'efficienza del processo di fissione nucleare all'interno del nocciolo del reattore, quelle barrette di combustibile fissile sono rivestite di polveri di berillio irradiato con particelle alfa."

Ruggeri fece volutamente una pausa, certo che all'uditorio non sarebbe sfuggita la piena portata di quella precisazione, nonché le relative implicazioni. Si raddrizzò lentamente sulla poltrona di pelle marrone e, mentre gli occhi dei colleghi erano fissi su di lui, aggiunse: "Ora in Italia c'è un solo stabilimento in grado di trattare a quel modo il berillio: l'Ilvatom di Saluggia."

"Ottimo, ingegnere!" esclamò il presidente Ballardin

battendo la mano aperta sopra il tavolo e lasciandovi impresso un alone di sudore, che si poteva scorgere nel riflesso in controluce. "Questa è la prima notizia positiva della giornata."

"Vorrei aggiungere" proseguì Ruggeri fingendo di ignorare il complimento "che l'Ilvatom, se non ricordo male, ha curato il processo di irraggiamento anche per il nostro reattore di Frascati. Ritengo che loro dovrebbero saperne qualcosa."

"Mi pare una buona pista da seguire, Emilio" commentò il presidente Ballardin rivolgendosi all'amministratore delegato alla sua destra. Avere finalmente una traccia da seguire lo rincuorava.

Rassicurato a sua volta, Capaldo si rivolse a Rondelli: "Se ben ricordo, Corrado, fosti tu a seguire i contratti di fornitura per la costruzione del reattore di Frascati, vero?"

"Esatto" rispose l'altro, a denti stretti. A malapena riusciva a nascondere il disappunto per non aver avuto lui quell'idea, ma anche la preoccupazione che l'ipotesi di un'implicazione dell'Ilvatom gli aveva d'un tratto suscitato. "Ora che ci è stato rammentato questo particolare dall'amico Ruggeri, prenderò immediatamente contatti con la direzione dello stabilimento. E se sanno qualcosa, state certi che riuscirò a farmelo dire.

Non sarà così semplice" intervenne saggiamente Ballardin. "C'è di mezzo un morto e non sarà facile far sbottonare qualcuno, soprattutto se sono coinvolti. Comunque sia, mi raccomando di usare cautela. Non vogliamo in alcun modo restare compromessi nella vicenda."

"Osservazione molto opportuna, Giuliano" concordò pensieroso l'amministratore delegato. "Non vorremmo trovarci invischiati nel bel mezzo di uno scandalo, ma neppure che in futuro possano accusarci di aver tenuto nascosto qualche segreto compromettente, caso mai Rondelli venisse a sapere qualcosa. Quindi la prima regola è quella di tenercene ufficialmente fuori e lasciar fare alla Magistratura, senza interferire in alcun modo. Tu come suggerisci di muoverci?"

"Innanzitutto, non deve risultare alcuna indagine da parte nostra" ribadì il direttore generale. "Qualora Rondelli, o qualcun altro di voi, venisse a conoscenza di altri particolari, non dovrà farne parola con nessuno e riferirli solo a uno di noi due."

"Mi pare un buon suggerimento" commentò Capaldo. Poi, rivolgendosi al direttore del Dipartimento Ambiente: "Lei che ne pensa, ingegner Ferrari?"

"Sono d'accordo. Al momento mi sembra la cosa più prudente. Eviteremo un coinvolgimento diretto, col rischio di peggiorare le cose."

"Molto bene, signori" concluse Capaldo, soddisfatto per la piega positiva presa dalla riunione. Seguì una breve pausa, necessaria a Capaldo per scribacchiare qualche appunto sull'agenda.

"Veniamo ora al nostro secondo problema: evitare altra pubblicità negativa." Capaldo fece un ampio sorriso per rassicurare i presenti, poi aggiunse, guardando Rondelli: "Abbiamo già fatto alcune buone mosse, quindi almeno su questo potete stare tranquilli."

Rondelli, ignorando l'allusione alla sua precedente esternazione, prontamente ribatté: "Non per sfiducia, Emilio, ma penso farebbe piacere a tutti i presenti conoscere quali sono queste mosse, visto che qui si corre il rischio di vedere azzerato il futuro del nucleare per molti anni ancora."

"Ieri abbiamo sollecitato, e già ottenuto, l'intervento del Ministero degli Interni" rispose Ballardin, aprendo il fascicolo che aveva davanti ed estraendone una fotocopia. Diede una sbirciata al foglio, quindi aggiunse: "Ci hanno assicurato di aver dato precise disposizioni affinché le indagini siano portate avanti nella massima segretezza, ufficialmente per evitare inutile panico fra la popolazione. Questa mattina il Ministero ha inviato un fax alla Procura di Grosseto, di cui ho qui una copia, con l'invito a imporre il silenzio stampa su tutta la faccenda. D'ora in poi le indagini saranno gestite come un caso di sicurezza nazionale, coperte dal segreto di Stato."

"Speriamo che basti" commentò Rondelli con un certo scetticismo.

"Per il momento non si può fare di più, Corrado" aggiunse Capaldo di rimando mentre riponeva i fogli nella cartella di cuoio, ad indicare che la riunione volgeva al termine. "Seguiremo comunque l'evolversi degli avvenimenti. Al

Ministero mi hanno assicurato che ci terranno costantemente aggiornati."

"Per ora è tutto, signori" concluse il presidente Ballardin alzandosi, imitato da Capaldo. "Possiamo tornare al nostro lavoro."

# 6

## *Il problema delle scorie nucleari*

Nonostante avesse trascorso molte ore davanti al video a navigare attraverso il web, a mezzogiorno di sabato Enrico non aveva ancora capito che attinenza poteva esserci fra il berillio, la radioattività e ciò che era accaduto alla povera Simona. Gli avrebbe fatto comodo l'aiuto di qualcuno esperto in materia, ma dove trovarlo?

A questo punto si rammentò di un certo Davide Cortis, un professore da poco in pensione che aveva insegnato fisica nucleare all'università di Pisa. L'aveva conosciuto l'inverno precedente quando gli aveva installato sul computer di casa alcuni programmi informatici e pensò che sarebbe di certo stato in grado di spiegargli la materia. Così trovò in agenda il numero di telefono di casa e all'ora di pranzo riuscì a contattarlo senza intoppi.

Sulle prime Cortis non fu particolarmente propenso a un incontro ma, appena Enrico accennò alla sua disavventura col berillio radioattivo, cambiò atteggiamento e si mostrò più disponibile. Disse che nel tardo pomeriggio non aveva impegni e l'avrebbe volentieri ricevuto per dargli le informazioni che voleva. Poiché il professore abitava in campagna, a una trentina di chilometri da Corniano Marina, stabilirono di incontrarsi verso sera.

Enrico ne approfittò per schiacciare un pisolino pomeridiano e così recuperare un po' del sonno perduto. Poi, verso le cinque, partì in auto diretto all'appuntamento. Oltrepassato il bivio di Scarlino, lasciò la provinciale e imboccò sulla sinistra un viale privato che si inerpica su per un poggio coltivato a olivi. Giunto sulla sommità posteggiò di fianco al casolare, all'ombra di una siepe di oleandri in fiore.

Al di là degli oleandri rosa s'intravedeva l'azzurro di una piscina a sfioro, incastonata come un'ametista nel bel mezzo del prato all'inglese. Oltre la piscina si apriva uno scorcio di Maremma, fra dolci pendii, filari di viti, e olivi che vibravano argentei alla brezza marina. Più in basso si scorgeva Follonica, placidamente distesa lungo il golfo omonimo. Oltre ancora baluginava il mare, sfumato all'orizzonte nella foschia pomeridiana.

Enrico si soffermò alcuni attimi ad ammirare il panorama che si godeva dal casale, un bel rustico in pietra faccia a vista restaurato da poco. E non poté fare a meno di stupirsi all'idea che il mestiere di professore universitario potesse rendere così bene.

Davide Cortis, un omone alto più di un metro e ottanta, gli venne incontro sul vialetto ghiaioso e lo accolse amichevolmente con una poderosa stretta di mano, invitandolo a entrare.

Dopo essersi accomodati in veranda, scambiati alcuni brevi convenevoli andarono subito al motivo della visita.

Enrico spiegò quanto gli era accaduto riassumendo i principali avvenimenti legati alla morte di Simona, inclusa la recente delusione per il fallito sopralluogo a Punta Falconiere. Nonostante quello che gli avevano intimato gli inquirenti si disse comunque determinato a proseguire le indagini per proprio conto, ma per poterlo fare aveva bisogno di informazioni sul berillio radioattivo.

"Deve innanzitutto sapere che il berillio non è di per sé un elemento radioattivo" precisò subito Cortis, cominciando la sua spiegazione. "Allo stato naturale non è affatto pericoloso."

"Come sarebbe a dire?" lo interruppe perplesso Enrico, che si era fatto tutt'altra idea.

"Mi spiego meglio. Il berillio è un metallo piuttosto raro, ricavato da un minerale di base chiamato berillo, un alluminosilicato. Dallo stesso materiale si estraggono anche gemme di grande bellezza, come le acquemarine e gli smeraldi, costituiti dalla parte più nobile di questo minerale. Il berillio è un metallo simile all'alluminio, traslucido, e di solito ha un colore che va dal biancastro al verde, mentre la parte utilizzata come gemma è quella trasparente, ovviamente più rara."

"Non riesco a capire che relazione ha con la radioattività. Sicuro che stiamo parlando della stessa cosa?"

"Ci arrivo subito" continuò pazientemente l'altro. "Deve sapere che per le sue proprietà l'isotopo naturale del berillio trova specifica applicazione all'interno dei reattori nucleari ed è quindi molto importante nella tecnologia connessa alla loro costruzione. Infatti l'ossido di berillio è dotato di una piccola sezione di cattura nei confronti dei neutroni termici e ha un elevato punto di fusione, intorno ai 2500°C, caratteristiche che lo rendono particolarmente adatto come moderatore nelle reazioni nucleari."

"Reattori nucleari? Intende le centrali atomiche?"

"Esattamente. Viene impiegato nei reattori nucleari in quanto è un eccellente riflettore e moderatore di neutroni. Il berillio, quando viene bombardato con radiazioni alfa, emette un gran numero di neutroni e tale proprietà lo rende molto utile nei processi di fissione all'interno dei reattori."

Cortis fece una pausa, notando l'espressione perplessa del suo ascoltatore. Poi chiese: "Ha qualche idea di come funziona un reattore?"

"Poco o niente" ammise Enrico scuotendo il capo. In effetti non si era mai interessato un gran che al problema, soprattutto dopo che il referendum popolare del 1987 aveva affondato il programma del nucleare in Italia e le poche centrali adibite alla produzione di energia ad uso civile erano state dismesse.

"Cercherò allora di sintetizzarne il funzionamento" disse Cortis, cambiando posizione sulla poltroncina di vimini che sorreggeva a stento il suo notevole peso, sicuramente oltre il quintale.

"Il reattore nucleare è un sistema entro il quale viene controllata la reazione di fissione, cioè di scissione di un combustibile fissile come l'uranio. Oltre al combustibile, nel reattore trovano posto anche elementi moderatori di controllo della reazione nucleare. Fra questi, per le proprietà che abbiamo già visto, possono esservi il berillio o l'ossido di berillio, preventivamente irradiato con radiazioni alfa per accrescerne la funzionalità. Un terzo elemento fondamentale è poi costituito da una sostanza di raffreddamento, ad esempio l'acqua, che assorbe il calore sviluppato nella fissione e, producendo vapore, permette di trasformarlo tramite turbine in energia elettrica."

"Sta dicendo che il berillio radioattivo che ha ucciso mia moglie viene da una centrale nucleare?" l'interruppe ansiosamente Enrico.

"Tutt'altro. Anzi, questa è l'ipotesi meno probabile.

"Non capisco…"

"L'ipotesi è da scartare per la natura stessa della contaminazione, almeno in base a come lei me l'ha descritta."

"Cosa vuol dire?

"Come ho detto, il berillio viene utilizzato all'interno del nocciolo di un reattore per controllarne il processo di fissione. Quindi una centrale nucleare è, per così dire, un utilizzatore di berillio irradiato, non un produttore."

"Mi pare stiamo trascurando il problema della dismissione dei vecchi reattori" puntualizzò Enrico. "Il materiale radioattivo potrebbe provenire dallo smantellamento di qualche vecchia centrale…oppure dalle scorie di una centrale, magari dirottate nel nostro Paese da qualche altra nazione che impiega il nucleare…"

"Non nel nostro caso" lo interruppe Cortis. "In un reattore le scorie residue dei processi di fissione contengono sempre vari prodotti secondari, che possiedono differenti livelli di radioattività. Durante il tempo in cui il combustibile atomico brucia, per così dire, all'interno del nocciolo, si producono isotopi instabili di vario tipo, il cui livello di radioattività decade in diversa misura. Alcuni isotopi, come il kripton e il rubidio, decadono in tempi brevi, riducendo così la loro pericolosità, ma altri impiegano di più. Lo stronzio ad esempio dimezza le sue emissioni radioattive ogni ventotto anni circa…"

"Ventotto anni… soltanto? Ma le scorie radioattive non restano pericolose per molte migliaia di anni?

"Per alcuni tipi è effettivamente come dice lei… il plutonio, ad esempio, un sottoprodotto della combustione nucleare dell'uranio. Di solito si tenta di recuperarlo dalle scorie, ma non ci si riesce mai al cento per cento. Così nelle scorie rimane sempre una certa quantità di plutonio 239, un isotopo che continuerà ad emettere radiazioni alfa con un periodo di decadimento, cioè dimezzamento delle emissioni radioattive, intorno ai ventiquattromila anni."

"Ventiquattromila anni? C'è di che stare allegri!" commentò Enrico. "Significa che per tutto quel tempo, e anche molto più in là, potrebbe capitare a qualcun altro di fare la fine della mia povera Simona?"

"Almeno finché non si riuscirà a trovare un modo per neutralizzare la radioattività delle scorie... e del plutonio in particolare, che è il prodotto più pericoloso che sia stato mai realizzato. Inspirandone un decimillesimo di grammo, cioè una particella praticamente invisibile, si morirebbe di cancro ai polmoni nel giro di poco."

"Allora credo di aver capito perché possiamo escludere che a contaminare Simona siano state le scorie di un reattore" rifletté Enrico rivolto al padrone di casa. "In tal caso l'autopsia avrebbe riscontrato nei residui gastrici la presenza anche di altri elementi radioattivi, mentre gli esami sulla povera Simona hanno rinvenuto solo corpuscoli di berillio, senz'ombra dei vari isotopi d'uranio che normalmente sono presenti nelle scorie."

"Esatto. Vedo che la mia spiegazione è stata chiara."

Enrico si alzò pensieroso e andò a fermarsi davanti alla grande vetrata ad arco della veranda. Da lassù la vista spaziava sul Golfo di Follonica, disteso placido lungo la pianura costiera nel crepuscolo della sera, mentre il sole già basso striava di rosso l'orizzonte e inesorabile divorava le ultime luci del giorno. Un panorama in cinemascope, da cartolina

Mentre guardava il mare in lontananza Enrico rifletteva sulle possibili alternative, finché trasse la sua conclusione: "Allora quella polvere di berillio deve per forza essere venuta fuori da qualche stabilimento che lo produce."

"Chi lo può dire?" commentò esitante il professore mentre un'espressione enigmatica e preoccupata attraversava il suo volto. "Mi pare piuttosto improbabile..."

"A me sembra invece l'unica alternativa possibile" ribatté Enrico guardandolo negli occhi con convinzione. "Che quel berillio possa provenire da chi lo tratta abitualmente, che poi si è sbarazzato dei residui di lavorazione in maniera poco ortodossa, mi pare invece un'ipotesi piuttosto credibile."

Enrico tornò a sedere al suo posto, mentre il padrone di casa s'era di colpo fatto serio e pensieroso. Proseguendo nel ragionamento fece un'ulteriore deduzione: "Immagino che di aziende specializzate nei processi di irraggiamento del berillio ce ne saranno ben poche, quindi non dovrebbe essere difficile trovarle. Lei ha qualche suggerimento in proposito, professore?"

"Mi spiace, ma proprio non saprei" rispose titubante l'altro. "Comunque ritengo che prima sarebbe meglio capire dove e come è avvenuta la contaminazione, non crede?"

Rimasero entrambi taciturni per un po', ognuno a rimuginare sui propri pensieri. A questo punto, ripensando al contenuto del fax che aveva sbirciato in Commissariato fra le carte di Malpigi, Enrico decise di cambiare argomento.

"Un'altra cosa che non riesco proprio a capire è perché il Ministero degli Interni ha imposto il silenzio stampa" disse Enrico, rivolto al padrone di casa. "Hanno cercato di convincermi che è per non creare allarmismi fra la popolazione, ma secondo me c'è sotto ben altro."

"Lo penso anch'io" concordò Cortis, accompagnato dal cigolio della poltroncina di vimini che ad ogni minimo movimento guaiva sotto il suo considerevole peso. "Stanno per presentare in Parlamento un progetto di legge per riaprire le centrali nucleari e fra le due cose potrebbe esserci un nesso."

"Se davvero è così, allora si spiegano molte cose!" esclamò Enrico sorpreso dalla novità. "Qualche pezzo grosso avrà pensato che parlare proprio ora di contaminazione nucleare potrebbe mettere i bastoni fra le ruote al progetto, e si sarà dato da fare perché la cosa passi in sordina. Chissà che interessi ci sono in ballo dietro un programma del genere."

"Più di quanti lei possa immaginare" annuì il professore con enfasi. Dopo essersi meglio assestato sulla cigolante poltroncina, spiegò: "Per questo il programma nucleare ha sia sostenitori che altrettanti detrattori. Quelli favorevoli sono ovviamente i grandi gruppi industriali e i loro sostenitori politici, i quali ragionano solo in termini di profitto e premono per la costruzione di centrali atomiche, così da svincolarsi dai combustibili tradizionali sempre più costosi e destinati a esaurirsi..."

"Già, come se le scorte di uranio fossero invece inesauribili" commentò Enrico. "Ho letto che anche l'uranio è destinato a finire entro pochi decenni... ma in compenso ci resteranno per ere geologiche delle micidiali scorie, che non si sa più dove mettere."

"Insieme alla paura di incidenti queste sono le motivazioni popolari, quasi un luogo comune quando si parla di nucleare. Ma non sono le uniche, né quelle determinanti a livello di politica mondiale."

"Resta però il fatto che anche la declamata sicurezza dei reattori è piuttosto opinabile" ribatté Enrico. "Basterebbe ricordare quello che è successo a Chernobyl..."

"Se è per questo, di incidenti e fughe radioattive ce ne sono continuamente nei circa 550 reattori attivi nel mondo. Solo in Francia, che ha una sessantina di centrali in esercizio, ogni anno l'Authority classifica centinaia di malfunzionamenti, per fortuna non gravi come quello di Chernobyl. Pensi che solo fra il 7 e il 23 luglio 2008 si sono verificati ben quattro incidenti in tre diversi impianti nucleari francesi, che hanno contaminato più di un centinaio di persone, per non parlare dell'ambiente" commentò Davide Cortis con un'alzata di spalle, quasi il problema fosse trascurabile. E aggiunse: "La questione del nucleare a livello di politica mondiale è molto più complessa. Ci sono di mezzo diversi fattori di importanza strategica."

"Cioè... quali?"

"C'è chi teme che la proliferazione del nucleare a scopo civile, col conseguente accumulo di scorie radioattive, potrebbe favorire attentati terroristici di proporzioni senza precedenti."

"E cosa ci farebbe mai un terrorista con delle scorie?"

"Potrebbe usarle per atti di sabotaggio su vasta scala, tanto per dirne una. Già alcuni anni fa i governi europei, dopo l'arresto di un gruppo di estremisti a Francoforte, avevano temuto qualcosa del genere. Gli arrestati erano in possesso di duecento grammi di cesio radioattivo e dalle indagini risultò che volevano immetterlo nel circuito idrico della città."

"A quale scopo?"

"Non lo capisce? Se ci fossero riusciti, avrebbero avvelenato l'acqua potabile dell'intera città causando migliaia di vittime. E un risultato simile si potrebbe ottenere con qualsiasi altro tipo di scorie ad alto tasso di radioattività."

"Un'ipotesi terrificante!" esclamò Enrico, non potendo fare a meno di pensare alla tragica fine che aveva fatto la sua Simona per qualcosa del genere.

"Soprattutto dopo il disfacimento del blocco comunista, i sequestri di materiale radioattivo non sono più una rarità. La carenza di controlli nell'ex Unione Sovietica dopo la caduta del muro, sommata alla precarietà economica di molti ex operatori del settore, hanno fatto crescere a dismisura la disponibilità di materiale nucleare sul mercato clandestino" continuò Cortis. Quindi facendosi serio, aggiunse: "Inoltre perdura la contrarietà dei governi occidentali al fatto che i popoli arabi costruiscano centrali atomiche per uso civile."

"E perché mai?"

"Glielo spiego subito." Cambiò posizione, accompagnato dal solito guaito irritante della poltroncina, e proseguì: "Abbiamo già detto che il plutonio è un sottoprodotto dei reattori nucleari a fissione. Di conseguenza, più numerose sono le centrali in esercizio, più saranno le scorie prodotte... ma anche il plutonio disponibile."

"Ma non ha detto che le scorie sono un agglomerato di diversi tipi di isotopi?"

"Vero. Però il plutonio può essere estratto dal resto delle scorie con tecniche chimiche e meccaniche, più semplici dei processi fisici necessari per separare gli altri isotopi."

Cortis rimase qualche istante in attesa delle reazioni di Enrico. Vedendolo titubante, anticipò lui stesso l'ovvia conclusione: "Sarebbe quindi abbastanza facile costruire testate atomiche in qualunque nazione dotata di reattori nucleari, utilizzando appunto il plutonio prodotto nelle scorie. Ma dato che le attuali potenze nuclearizzate non sono disposte a rinunciare al loro monopolio mondiale, soprattutto sul piano militare, assistiamo all'ennesima manifestazione di sciovinismo politico di matrice occidentale volto a preservare la loro supremazia militare nel mondo."

"Non pensa invece che una proliferazione indiscriminata di arsenali atomici porterebbe a pericolose tensioni politiche e, soprattutto, aumenterebbe il rischio di una catastrofe nucleare? Pensi ad esempio cosa poteva accadere se l'Iraq di Saddam Hussein avesse avuto per davvero gli armamenti atomici che si diceva. Per non parlare degli odierni gruppi di estremisti islamici di tipo fondamentalista..."

"Ecco, vede? La solita mentalità sciovinista di voi occidentali!" sbottò Davide Cortis in un moto d'ira che colse di sorpresa il suo interlocutore. "Partite sempre dal presupposto che voi siete i buoni, e gli altri sono tutti cattivi. Non riuscite per qualche volta a pensare che le cose potrebbero stare diversamente?"

Enrico non s'aspettava una simile reazione e sulle prime rimase interdetto. Quasi scusandosi, disse: "Veramente non avevo intenzione di fare dello sciovinismo... ma, scusi, perché se la prende tanto?"

"Perché nelle mie vene scorre sangue arabo, ecco perché!" rispose l'altro con voce ancora alterata. "Anche se mio padre era italiano, mia madre è berbera. Io stesso sono nato e cresciuto a Tripoli. I miei si trasferirono in Italia quando ero giovane, al tempo in cui gli emigrati italiani furono espulsi dalla Libia, dopo il colpo di stato di Gheddafi del 1969. Quindi quel vostro luogo comune, secondo cui tutti gli arabi sarebbero dei potenziali estremisti rivoluzionari, non mi va proprio a genio."

Enrico si rese conto della gaffe e cercò di rimediare: "Le chiedo scusa, ma davvero non avevo intenzione di offendere nessuno... e poi, l'assicuro, non prediligo una razza più di un'altra e non m'interesso di politica: l'unica cosa che ora mi sta veramente a cuore è trovare i responsabili della morte di mia moglie."

"D'accordo allora, non parliamone più. Vediamo di riprendere il nostro argomento da dove eravamo rimasti" commentò rabbonito il padrone di casa. "Stavamo parlando della relazione che potrebbe esserci fra i reattori nucleari e il plutonio necessario a costruire le tanto temute bombe atomiche."

"Tipo quelle lanciate sul Giappone nella seconda guerra

mondiale?"

"Una di quelle due, per la precisione" puntualizzò il professore. "La bomba su Hiroshima era all'uranio 235, ma quella sganciata su Nagasaki il 9 agosto 1945 era in effetti al plutonio. Oggi sarebbe piuttosto facile costruirne di ben più potenti semplicemente utilizzando il plutonio ottenuto come sottoprodotto dei processi di fissione in una qualsiasi centrale nucleare."

"Ma questa avversione al nucleare non dovrebbe valere anche nei confronti dell'Italia, vista l'intenzione del Governo di rilanciare il programma nucleare" rifletté Enrico. "Non dovrebbero osteggiare anche il nostro progetto?"

"Da noi la situazione è diversa... e poi oggi il panorama politico non è più quello del 1987, quando fu indetto il referendum abrogativo sulla scia emotiva del dopo Chernobyl. Da parte delle potenze che gestiscono gli equilibri mondiali non c'è più la stessa contrarietà di una volta nei confronti dell'Italia, quando invece temevano l'insorgere di governi filo-comunisti."

"Molto dipenderà allora da quanti black out avremo questa estate..." commentò Enrico con una battuta. Poi, ritornando serio, aggiunse: "Se ha ragione lei, c'è poco da stare allegri: faranno sicuramente di tutto per insabbiare il mio caso."

"Non vedo d'altronde come lei possa impedirlo" concluse Cortis alzandosi a fatica e stiracchiandosi. Fatti alcuni passi per sgranchirsi le gambe, si fermò al limite della veranda e aggiunse: "Tutto sommato, penso che farebbe bene a seguire il consiglio che le ha dato quel Malpigi e lasciar perdere."

La notevole mole del professore si stagliava in controluce e sembrava ancora più imponente. C'era però qualcosa di impercettibile in lui, un moto dell'animo che a tratti gli guizzava negli occhi e suscitava in Enrico una sensazione di disagio. Tuttavia, attribuendola a qualche sorta di atavico pregiudizio nei confronti dei geni berberi del suo ospite, non gli diede troppo peso.

All'orizzonte il cielo turchese, a tratti sfumato in bagliori d'ametista, già si confondeva col mare che incupiva nel crepuscolo della sera. Presto l'oscurità avrebbe avuto il sopravvento e le luci di Follonica, ancora tenui in lontananza, avrebbero illuminato il litorale come una collana di diamanti.

Enrico stava per obiettare allo sgradito suggerimento del suo ospite di lasciar perdere con le sue indagini private, che la signora Ivana Cortis fece capolino dalla porta della sala da pranzo affacciata sulla veranda e annunciò: "La cena è pronta, Omar."

Rivolgendosi poi a Enrico, aggiunse con un sorriso di circostanza: "Potrete continuare più tardi la vostra dotta conversazione: ho appena sfornato il pesce e spero vorrà unirsi a noi…"

Enrico rimase interdetto. Nessuno prima d'ora gli aveva parlato di invito a cena. Il padrone di casa se ne rese conto e rimediò alla mancanza con una battuta: "Fiorani, deve avermi così tanto coinvolto con la sua storia che neppure mi sono ricordato di dirle che ci farebbe molto piacere se si fermasse a cena da noi. Spero che non vorrà fare torto a mia moglie, rifiutando il suo invito a gustare una meravigliosa spigola in crosta di sale…

"Ci mancherebbe altro che ricambiassi la sua premura facendole un torto simile, signora" accondiscese Enrico rivolgendosi alla donna con un ampio sorriso. "Oltretutto, sarebbe il mio primo pasto decente da due settimane a questa parte."

"Un altro buon motivo per andare subito a tavola, prima che il pesce si freddi" aggiunse, facendo segno ad Enrico di precederlo. "Vedrà che nessuno cucina la spigola meglio di mia moglie."

Dalla veranda passarono direttamente nella zona pranzo, un'ampia sala in stile rustico ristrutturata con buon gusto. Gli spessi muri in pietra erano stati intonacati ad altezza uomo e lasciati faccia a vista nella parte superiore. L'alto soffitto era costituito da robuste travi in legno di castagno che sostenevano le campate e la copertura in stile toscano. L'illuminazione, distribuita in più punti lungo le pareti, faceva risaltare le sfumature delicatamente dorate delle mezzane in terracotta di Siena, risultato di un sapiente trattamento conservativo a base di cera d'api.

La cena fu servita dalla moglie stessa. Dopo un piatto di

spaghetti alle vongole al profumo di mare, arrivò il secondo tanto atteso. Il ripiano del carrello portavivande era interamente occupato da un enorme vassoio ovale. Quando la signora Cortis sollevò il pesante coperchio in maiolica siciliana di Caltagirone e comparve la grande spigola in crosta di sale, spiegò con soddisfazione: "Il pescatore mi ha assicurato di averla pescata questa notte davanti a Punt'Ala. Quindi è freschissima."

Il pasto procedette fra un apprezzamento per il sapore delicato del pesce e un altrettanto positivo commento sul vino bianco servito per l'occasione, un prosecco di Valdobbiadene presentato in una caraffa in cristallo di Murano.

Avendo più volte udito la donna rivolgersi al marito chiamandolo Omar, mentre lui lo conosceva invece come Davide, ad un certo punto della cena Enrico ritenne di aver abbastanza confidenza per chiedere: "Mi permetta la curiosità, professore: ma lei si chiama Davide o Omar?"

"Per l'anagrafe italiana sono Davide, ma Omar è il mio secondo nome fin da bambino. Mia madre ha continuato a chiamarmi così perché le ricorda la sua terra, ma sono in pochi a usarlo... giusto i più intimi. Quindi non se ne faccia un problema e continui pure a chiamarmi Davide."

Enrico afferrò al volo l'allusione: per quanto cordiale si mostrasse il suo ospite, non lo considerava parte della ristretta cerchia dei suoi amici. Per evitare ulteriore imbarazzo lasciò cadere l'argomento e tornò a quello che più gli premeva, mentre la signora Ivana ne approfittava per svignarsela in cucina con la scusa di andare a preparare il caffè.

"Tornando al problema delle scorie radioattive, dov'è che vanno a finire quelle attualmente prodotte? Mi pare di aver sentito parlare di un progetto a livello europeo per creare un centro di stoccaggio superprotetto..."

"Si, ma è ancora tutto da concretizzare: non è facile trovare una nazione disposta a prendersi in casa tutta la robaccia degli altri" ribatté Cortis scettico. "Quindi al momento ognuno si arrangia come può. Negli Stati Uniti le tengono ammassate sotto stretta sorveglianza, dato che ne hanno letteralmente delle montagne e nessun posto sicuro in cui metterle. Più di un milione di barili sono stipati in depositi sotterranei provvisori…uno si trova presso l'Hanford Plant di Richard nello Stato di Washington… un altro è vicino ad Aiken, nella Carolina del Sud."

"Ma non è pericolosa una simile concentrazione di materiali radioattivi, che fra l'altro lo resteranno per migliaia di anni?" domandò perplesso Enrico. "Se è bastato un po' di berillio radioattivo a far morire Simona, figuriamoci cosa potrebbero fare milioni di barili!"

"Certo, il problema è notevole. La difficoltà maggiore sta proprio nel riuscire ad isolare completamente dalla biosfera gli isotopi a lunga vita, così da proteggere aria, acqua e terra dal rischio di contaminazione, e questo non per qualche decina di anni ma per i prossimi secoli… oltre a dover custodire le scorie per scongiurare la possibilità di atti terroristici."

"Comunque l'assoluta sicurezza non potrà mai esserci" protestò Enrico. "Basterebbe un terremoto nella zona dei depositi per causare una catastrofe ambientale inimmaginabile."

"Terremoti e alluvioni sono eventi che purtroppo nessuno può prevedere, soprattutto quando si parla di ere geologiche, cioè periodi proiettati nei millenni avvenire" ammise stoicamente l'altro, mentre sorseggiava l'ultimo dito di prosecco rimasto nel bicchiere. "Imprevisti del genere si sono d'altronde già verificati, anche qui da noi."

"A quali si riferisce?"

"Le alluvioni in Piemonte per esempio, quando finì sott'acqua il più grande deposito di scorie radioattive d'Italia, a Saluggia. Qualche anno dopo lo straripamento del Po sommerse poi Trino Vercellese, inclusa buona parte della centrale nucleare dismessa con tutti i suoi materiali radioattivi. A tutt'oggi nessuno sa quali conseguenze a lungo termine potrebbero esserci per gli abitanti di quelle zone."

"Vuol dire che i danni potrebbero non vedersi subito, come invece è stato per la povera Simona?"

"Certo... proprio così. Non sempre si riesce a capire perché si sviluppa un tumore, o una malformazione nell'embrione, soprattutto se la causa è stata un'esposizione a radiazioni di entità relativamente moderata avvenuta anni prima. Nel caso di sua moglie è stato subito evidente perché la contaminazione era di elevata entità, ma non sempre la correlazione è così lampante e immediata" concluse il professore. Infine, in tono paterno aggiunse: "Comunque Fiorani, visto che gli inquirenti l'hanno avvertita di non immischiarsi in questi problemi, forse è meglio fare come le hanno detto."

"Su questo non sono d'accordo, professore" dissentì Enrico scuotendo il capo energicamente. "Forse non riuscirò a concludere molto, ma questo non significa che mi rassegni a restare con le mani in mano aspettando che insabbino la faccenda. Hanno fatto male i conti se pensano che mi arrenda così facilmente."

"Cos'ha in mente di fare, allora?"

"Andare avanti e smascherare i responsabili della morte di Simona. Così le ho promesso e così farò... costi quel che costi."

"Fiorani, se posso darle un consiglio spassionato... lasci perdere. Non si faccia coinvolgere in problemi più grandi di lei. Potrebbe diventare pericoloso ficcarci il naso. Devo avvertirla che quei pochi che ci hanno provato in passato non sono venuti a capo di nulla, anzi... qualcuno ci ha anche lasciato le penne."

"Correrò il rischio" tagliò corto Enrico, irritato nel constatare che neppure il suo ospite era d'accordo con lui.

Anche se da solo, era comunque deciso a non demordere.

# 7

## *All'Ilvatom di Saluggia*

Il polverone sollevato dalla morte di Simona Fiorani non faceva presagire niente di buono. All'Ilvatom erano ormai convinti che le indagini avviate dalla Procura di Grosseto avrebbero presto portato gli inquirenti anche qui a Saluggia.

Per colmo della sfortuna Carlo Iorio era appena andato in ferie e ci sarebbe rimasto altre due settimane. Se c'era la possibilità che quel berillio fosse il loro, l'unico in grado di spiegare come aveva fatto a contaminare quella donna a Corniano Marina era proprio lui, l'autista che da anni effettuava i trasporti di scorie radioattive. Purtroppo negli ultimi giorni l'avevano cercato dappertutto, ma inutilmente: Iorio a quest'ora se ne stava in Spagna in giro col camper, praticamente irreperibile.

Sebbene fosse domenica mattina i tre soci e dirigenti dell'Ilvatom si erano dati appuntamento per decidere il da farsi. Nella saletta riservata, al piano attico della palazzina a tre piani adibita ad uffici, la riunione era in corso da circa mezz'ora e la discussione si stava facendo piuttosto animata.

"Anche se fosse come dici tu, non possono dimostrare che quel berillio radioattivo sia il nostro" aveva appena detto il direttore tecnico, Vito Boriani, in un tono che si sforzava di essere rassicurante. "Quindi non vedo la ragione di allarmarsi tanto."

"Non ne vedi la ragione?" ribatté stupefatto Giovanni Maltese, da anni in carica come amministratore delegato. "Ma non ti rendi conto che anche nella migliore ipotesi, cioè che noi non c'entrassimo per niente, il solo fatto di trovarci la Magistratura tra i piedi sarebbe comunque un pasticcio?"

"Purtroppo Giovanni ha ragione" gli fece eco il terzo socio,

Mauro Bevilacqua, direttore amministrativo dell'azienda. "Prova a metterti nei panni degli inquirenti, Vito. In Italia ci siamo solo noi a trattare il berillio con radiazioni alfa. Facendo due più due, non ci vorrà molto prima che arrivino qui. E allora cominceranno a fare un mucchio di domande ai dipendenti, per non parlare dei sopralluoghi nei bunker di stoccaggio, dei controlli sulle spedizioni... una situazione, a dir poco, rischiosa."

"Soprattutto se a qualcuno venisse in mente di guardare dentro i fusti del numero due" continuò Maltese rivolgendo un'occhiataccia a Vito Boriani, come un padre che rimprovera il figlioletto per qualche marachella. "Sai bene a cosa mi riferisco, vero?"

"Certo, certo. Non ti arrabbiare" rispose quello alzando le mani in segno di resa. "Lo dicevo solo per sdrammatizzare..."

"Non è proprio questo il momento, Vito. Assicurati invece che quando ispezioneranno i depositi sotterranei non corriamo il rischio di insospettirli... questo vale sia per i sigilli che per il processo di recupero."

"D'accordo, ricontrollerò personalmente tutto. Anche Mauro però dovrebbe assicurarsi che la documentazione questa volta sia in ordine. Non vorrei che ci beccassimo di nuovo una bella multa, come è successo all'ultimo controllo della Finanza..."

"Cercate un po' di piantarla, voi due" sbuffò Maltese, stanco di assistere all'ennesima scaramuccia fra i suoi litigiosi soci. "E diamoci piuttosto da fare."

"Ok, non ti agitare, Giovanni" ribatté Vito Boriani, accompagnando l'invito con un cenno della mano. "Come ci regoliamo col processo di recupero in corso?"

"Interrompiamo tutto. A proposito, a che punto siamo con l'ultimo arrivo dall'Eneam?"

"E' tutto a posto, non ti preoccupare. Gli ultimi ottanta fusti arrivati da Roma mercoledì non li abbiamo ancora lavorati. Al momento sono nel bunker numero uno, con tutti i sigilli originali."

"Bene, per il momento sarà bene lasciar calmare le acque." Dopo una breve riflessione, l'amministratore delegato aggiunse: "Sarà più prudente sospendere per un po' anche le spedizioni di scorie, così che quando gli inquirenti arriveranno la situazione sia la più normale possibile."

"Stavo pensando se non sarebbe meglio trasferire nel bunker numero due una parte dei fusti dell'ultimo arrivo" intervenne Bevilacqua.

"E perché mai?" chiese Boriani, indispettito dalle continue puntualizzazioni del collega. "I fusti sono stati sistemati come al solito: nel bunker uno quelli in entrata, e nel due quelli già lavorati e pronti per la spedizione in Africa. Non vedo perché dovremmo cambiare sistema proprio ora."

"Mi stupisco proprio che tu non lo capisca, Vito" rispose l'altro, con la solita aria di autosufficienza che tanto dava sui nervi al collega. "Proprio per non correre il rischio che chi svolge le indagini si accorga di questa differenza. Se invece ne trasferiamo metà dall'uno al due, e li mettiamo bene in mostra davanti agli altri, qualora verificassero i sigilli non avrebbero sospetti, dato che sono quelli originali. Dubito che vorranno spostare una quarantina di pesanti fusti di materiale radioattivo per esaminare anche quelli che sono accatastati dietro."

"Mi sembra un'ottima idea" esclamò Maltese, rincuorato dalla trovata. "In questa maniera riduciamo il rischio che sospettino manomissioni da parte nostra."

"D'accordo, allora farò così" rispose l'altro, riconoscendo che il suggerimento era buono. "Domani stesso provvederò al trasferimento."

"Bene, Vito. Tu invece cosa ci dici della documentazione?" chiese Maltese rivolto a Bevilacqua. "Sei sicuro che sia tutto in ordine, soprattutto i documenti della movimentazione delle scorie?"

"Tutto a posto, stai tranquillo. Dopo l'ultima grana con la Tributaria per quella registrazione mancante, abbiamo spulciato i registri e potete star certi che non ci saranno altri guai."

"Anche la documentazione dell'ultimo carico imbarcato a Corniano Marina per la Somalia? Guarda che sarà la prima cosa che vorranno controllare."

"Devo solo accertarmi che dall'Africa ci abbiano restituito la ricevuta del contratto di stoccaggio e verificare che la quantità indicata sopra corrisponda a quella d'imbarco. I documenti di carico dei trecentocinquanta fusti sono a posto. Li ho verificati personalmente la settimana scorsa, prima di firmare i mandati di pagamento per l'armatore."

Ci fu una pausa, rotta infine da Maltese che diede voce alla seconda preoccupazione che lo assillava da venerdì: "Sicuramente ci chiederanno come spieghiamo la faccenda del berillio radioattivo che ha contaminato quella donna..."

"Possiamo suggerire l'ipotesi che sia di provenienza francese o tedesca, dove di stabilimenti come il nostro ce ne sono più d'uno. Non sarebbe la prima volta che ci spediscono sottobanco residui di lavorazione di questo tipo" azzardò il direttore tecnico. "Magari le scorie erano inizialmente destinate a La Spezia, ma dopo lo scandalo sulla discarica di Pitelli qualcuno potrebbe averle dirottate altrove, sbarazzandosene in maniera poco ortodossa. Ricordo che un caso analogo accadde anni fa in Francia, dove una donna morì sulle Alpi francesi, contaminata proprio da polveri di berillio radioattivo scaricate in un bosco."

"Vorranno di sicuro interrogare l'autista che ha fatto gli ultimi trasporti a Corniano Marina" aggiunse Maltese, per niente convinto che la spiegazione del socio potesse convincere gli inquirenti. "Speriamo che non saltino fuori spiacevoli sorprese..."

"Comunque io mi sentirei più tranquillo se prima ci potessimo parlare noi con Iorio" commentò Bevilacqua, contrariato dall'irreperibilità dell'autista. "Possibile che non si riesca a rintracciarlo?"

"Abbiamo provato in tutti i modi, ma finora non c'è stato niente da fare" si giustificò Maltese, rammaricato per i tentativi andati a vuoto. "Ieri ho anche provato a contattare i parenti, ma da quando è partito con la moglie non ne sanno più niente. Domani vedrò di riprovarci."

"Questo è compito vostro" borbottò il direttore tecnico, alzandosi. "Io ho già abbastanza grattacapi per domani. Se dobbiamo spostare quei quaranta fusti è meglio sbrigarsi, prima che arrivi il magistrato a metterci il suo bel naso."

L'orologio alla parete segnava mezzogiorno e Vito Boriani aveva promesso alla moglie di passare a prenderla a casa per portarla al ristorante. Salutò quindi i soci e uscì in tutta fretta, lasciandoli a discutere su come rintracciare l'autista.

I due decisero che l'indomani avrebbero rifatto un giro di telefonate fra i parenti e gli amici di Iorio ricordando loro di dire a Carlo di contattare immediatamente l'ufficio, casomai si fosse fatto vivo.

Non potevano sapere che Iorio aveva effettivamente telefonato alla madre la sera prima e che, per non rischiare di essere richiamato al lavoro, l'aveva convinta a non farne parola.

"Stai tranquilla… possono pure aspettare qualche altro giorno" l'aveva rassicurata. "Non morirà nessuno se mi godo in pace questo po' di vacanza che ancora mi resta."

Quindi aveva proseguito il viaggio senza telefonare, senza rendersi conto di quanto si stava sbagliando.

# 8

## *L'uranio e il mistero del DC9*

La domenica mattina per prima cosa Enrico tentò di mettere un po' d'ordine nel caos dentro casa, dopo giorni di completo abbandono. Ripensando alla cena della sera prima con Davide Cortis e alle parole del professore circa il pericolo di restare coinvolto in qualche intrigo di vasta portata, con tutti i rischi connessi, decise che era il caso di approfondire l'argomento. Così andò nello studio, accese il computer e si collegò a internet.

In pochi secondi il motore di ricerca gli mise a disposizione migliaia di pagine in formato elettronico che in qualche modo trattavano l'esponente richiesto, cioè il contrabbando di materiali radioattivi. Enrico non ci mise molto a convincersi che si trattava di una vera e propria trama a livello internazionale, come attestavano molte intercettazioni effettuate dalle varie Polizie di Stato.

Una delle intercettazioni riferite sul web, ad esempio, aveva condotto all'arresto di tre contrabbandieri a Glasov, nella repubblica autonoma di Udmurtia, circa mille chilometri a est di Mosca. La polizia russa li aveva trovati con oltre cento chili di uranio che stavano per immettere sul mercato clandestino, e la televisione aveva anche trasmesso tutta l'operazione. In un'altra occasione gli arresti avevano portato al recupero di centotrentasette chili di uranio, che con tutta probabilità proveniva dalla produzione di combustibile per centrali nucleari russe ed era stato rubato in qualche stabilimento.

La stampa collegava l'aumento di questo traffico all'anarchia venutasi a creare nei sistemi di sicurezza dell'ex blocco sovietico, poiché le sottrazioni di materiale radioattivo erano aumentate in maniera allarmante dopo la dissoluzione dell'Unione Sovietica. L'escalation avvenuta in pochi anni dopo la caduta del muro di Berlino lo confermava: a fronte di una quarantina di casi scoperti nel 1991, se ne erano riscontrati centocinquantotto l'anno seguente e ben duecentoquarantuno nel 1993, con una progressione costante negli anni a seguire. Solo nella prima metà del 2008 l'AIEA aveva denunciato 250 casi di furto o smarrimento di materiali atomici.

In un'altra occasione il controspionaggio russo aveva ammesso il furto di quasi dieci chili di uranio 238 dalla super segreta città atomica denominata Arzamas-16. A detta della Tass che ne aveva pubblicato notizia, il fatto non era tanto grave in se stesso, dato che il materiale non poteva essere usato direttamente per armamenti atomici, quanto perché evidenziava le falle di un sistema di sicurezza in crisi. Era inoltre evidente che il problema ormai travalicava i confini iniziali, dato che gli arresti non erano avvenuti solo nel territorio dell'ex Unione Sovietica ma anche in diverse nazioni dell'Europa occidentale, Italia inclusa.

E in effetti una parte considerevole di quel traffico sembrava svolgersi proprio in territorio italiano, crocevia per il contrabbando diretto verso l'Africa.

Alcuni episodi di sangue ne confermavano la recrudescenza a partire dal 1995, quando l'uccisione di un uomo nel veronese fu per la prima volta collegata dalla Procura della Repubblica di Vicenza al traffico di plutonio proveniente dall'est europeo. Dopo l'arresto, l'omicida aveva confessato di aver gettato nell'Adige due cassette contenenti del plutonio, sebbene le ricerche avessero poi dato esito negativo. Naturalmente questo non garantiva che il plutonio nell'Adige non ci fosse per davvero e, in caso affermativo, prima o poi una catastrofe ambientale l'avrebbe reso anche fin troppo manifesto.

Sul web Enrico scovò poi un fascicolo dell'AIEA, l'Agenzia Internazionale per l'Energia Atomica, che riferiva le principali notizie pubblicate intorno al traffico internazionale di materiale atomico illegale, in transito sul territorio italiano. Una era particolarmente significativa perché parlava di alcuni sequestri di osmio, il cosiddetto mercurio rosso, un esplosivo usato oggi nei detonatori delle testate nucleari per renderle ancora più distruttive. Nel giugno 1996 ne era stata scoperta un'ampolla custodita niente meno che dentro una cassetta di sicurezza di un istituto bancario italiano!

Ragionando che quegli episodi poco c'entravano con la morte di Simona, Enrico cercò di scacciare l'apprensione che cresceva in lui man mano che prendeva coscienza del problema.

Si alzò per sgranchirsi le gambe con l'intenzione di prepararsi un buon caffè. Quando però fu in cucina e s'accorse dall'orologio alla parete che erano già le due del pomeriggio, decise che era meglio mangiare prima qualcosa. Un paio di uova al tegamino e un'insalata di pomodori, con un panino ormai raffermo, non erano un grande pranzo ma bastarono a fermargli lo stomaco.

Quindi tornò nello studio e riattivò il collegamento internet. Navigando fra le pagine web di una rete televisiva nazionale, relative sempre al contrabbando di materiale nucleare, incappò nella registrazione di un programma dossier trasmesso in tv qualche anno prima. Riguardava la caduta in mare di un DC9 passeggeri e una delle ipotesi avanzate dagli intervistati era che l'aereo fosse stato volutamente abbattuto.

Uno di loro affermava infatti che il DC9 era stato colpito da un missile aria-aria perché trasportava segretamente, insieme agli ignari passeggeri, materiale nucleare strategico proveniente dalla Francia, a quel tempo in società con l'Italia nel progetto di costruzione di reattori nucleari per l'Iraq. Il carico clandestino era probabilmente destinato alla Libia e secondo lui questo spiegava la presenza sui tracciati radar di mig libici con la funzione di scorta.

Un'ipotesi sconvolgente, soprattutto alla luce dei possibili mandanti. Alla domanda per ordine di chi sarebbe stato abbattuto il DC9, uno specialista del settore, che aveva chiesto di restare anonimo per timore di ritorsioni, aveva fatto chiaramente intendere che c'era solo una potenza occidentale tanto contraria all'idea che Libia e Iraq si dotassero di arsenali nucleari da giustificare un'azione del genere. Davanti all'eventualità di vedersi sganciare di lì a poco una bomba atomica su qualche città con milioni di abitanti, l'alternativa di sacrificare un centinaio di vittime innocenti sarebbe parsa agli strateghi militari un prezzo accettabile.

Altre morti eccellenti, avvenute in concomitanza con quella tragedia aerea, infittivano il mistero e parevano confermare l'ipotesi del complotto. Prima fra tutte quella dell'allora Ministro dell'Industria, trovato cadavere sulla sua barca insieme al fratello in circostanze alquanto strane. Il sospetto che ci fosse un nesso con l'abbattimento del DC9 era suffragato dal fatto che, in qualità di titolare del Ministero dell'Industria, era stato lui il principale supervisore nei rapporti commerciali coi paesi mediorientali. E poi, quasi in contemporanea, l'inspiegabile morte di un ingegnere nucleare, evidentemente a conoscenza di qualche scomodo segreto.

Enrico rammentò a questo punto un episodio più recente, ma per alcuni versi simile: quello dello scienziato inglese trovato nell'estate del 2003 con le vene tagliate in un bosco inglese vicino ad Oxford. Gli inquirenti ne avevano attribuito la morte al suicidio, ma a questa versione ufficiale non erano in molti a credere.

Curioso di saperne di più, Enrico inserì il nome dello scienziato in un motore di ricerca inglese e nel giro di pochi istanti si ritrovò a spulciare a video gli articoli del Times relativi a quell'episodio, il cui intreccio aveva cominciato a dipanarsi dopo l'invasione dell'Iraq nel 2003 da parte americana.

Affermando che Saddam Hussein possedeva armi di distruzione di massa e stava dotandosi di armamenti nucleari, l'allora presidente americano, nel discorso con cui aveva dichiarato guerra all'Iraq, per giustificare la sua decisione aveva citato un brano di 16 parole prese da un dossier segreto della CIA, a riprova di un contrabbando di uranio in corso dal Niger verso l'Iraq.

A invasione compiuta, però, non si era trovata traccia di armamenti nucleari ed era saltato fuori che quel dossier sull'uranio all'Iraq era stata tutta una montatura. La BBC inglese aveva dovuto chiedere pubblicamente scusa per aver diffuso notizie non veritiere, ammettendo di aver ricevuto quelle informazioni dallo scienziato inglese in questione. Questi era stato a sua volta interrogato ed accusato dal governo inglese di aver gonfiato il caso, passando alla BBC informazioni fuorvianti.

66

I mass media avevano dato fiato alle trombe e gli oppositori politici, cavalcando lo scontento popolare, erano arrivati a chiedere le dimissioni del premier inglese. Ad un certo punto, a difesa della CIA, erano stati coinvolti anche i servizi segreti italiani, accusati di essere intervenuti su pressioni esterne per avvalorare l'attendibilità del dossier, fatto ovviamente subito smentito dal Governo italiano.

Finché, nel bel mezzo di quello scarica barile generale, in un anonimo boschetto di Oxford era stato rinvenuto il cadavere "suicidato" dello scienziato inglese, con buona pace di tutti.

Si disse subito che il poveretto non aveva retto allo scandalo e aveva deciso di porre così fine ai suoi sensi di colpa. Di fatto la sua morte aveva di colpo fatto sgonfiare il caso: l'unico che poteva spiegare come veramente erano andate le cose aveva tolto il disturbo.

L'ansietà di Enrico cresceva di pari passo con la lettura di questi fatti. Forse aveva ragione Cortis a dirgli che stava per cacciarsi in un mare di guai. Tuttavia quel conflitto interiore irrisolto, combattuto fra il desiderio di conoscere il perché della tragica morte di Simona e l'incapacità di trovare una risposta, lo tormentava più del timore per le conseguenze, così che decise di andare avanti lo stesso.

Per fare progresso, però, doveva localizzare lo stabilimento da cui proveniva quel famigerato berillio radioattivo. Rammentando che nel fascicolo dell'AIEA pubblicato sul web c'erano diversi rimandi ad altri indirizzi, pensò che valeva la pena vedere dove conducevano. Erano per lo più collegamenti ai vari centri di ricerca universitaria, ma uno rimandava alla directory pubblica del CERN di Ginevra, messa a disposizione sul web a beneficio delle facoltà di fisica nucleare. Iniziando da quello, dopo un ulteriore zapping multimediale, fu visualizzato l'elenco di tutte le centrali nucleari europee.

"Proviamo questo" mormorò, cliccando il riferimento ipertestuale relativo al reattore di tipo BWR di Frascati. "Forse ci siamo!" esclamò rincuorato quando, scorrendo la sfilza di pagine web che ne descrivevano le componenti, finalmente vide comparire sul monitor un riferimento al berillio irradiato. Il suo sesto senso gli diceva che era sulla buona strada.

E infatti, tramite quel collegamento ipertestuale non gli ci volle molto per arrivare a visualizzare anche un elenco di aziende che in qualche modo avevano a che fare col berillio irradiato. In Italia solo un'industria, l'Ilvatom di Saluggia, era sulla lista. Con un click aprì trepidante il relativo sito web e, dopo aver scorso a video la presentazione dell'azienda, esultò: "Ti ho beccato!"

Tutto d'un tratto l'apprensione sopita riprese a scalpitare dentro di lui: forse aveva fatto centro, forse era là che doveva cercare una risposta all'origine della sua tragedia.

Vincendo la tendenza a ricadere nel sentimentalismo paralizzante, Enrico stampò subito le pagine del sito che descrivevano lo stabilimento e le sue attività industriali, inclusa una cartina semplificata della zona con tanto di indirizzo e recapiti telefonici. Sezioni in diverse lingue la presentavano come azienda all'avanguardia sia nella produzione dei rivestimenti interni per centrali termoelettriche, sia specializzata nei trattamenti con raggi alfa del berillio impiegato nelle centrali nucleari. L'ultima sezione descriveva l'Ilvatom anche come il più grande deposito in Italia abilitato allo stoccaggio di scorie e residui industriali radioattivi.

"Chissà come ci rimarrà il professor Davide Cortis quando glielo dirò" sogghignò Enrico. Più ci rifletteva, però, più gli sembrava strano che uno come lui, con tutta la conoscenza che aveva in materia, non sapesse dell'esistenza dell'Ilvatom. Ma non vedendo perché mai avrebbe dovuto tacerglielo, con un'alzata di spalle accantonò il problema.

"Per essere domenica ho lavorato abbastanza" borbottò, alzandosi e stiracchiandosi tutto. Dopo tanta immobilità, sentiva le spalle doloranti e le gambe indolenzite. Così infilò la giacca a vento e uscì, dirigendosi verso il mare, a smaltire tutte quelle ore sedute e riflettere sul da farsi.

Erano quasi le otto e stava calando la sera, incupita dalle nuvole che si accavallavano sospinte dallo scirocco. Sebbene stanco a causa della tensione accumulata, era soddisfatto per il progresso fatto.

Quando giunse in punta al piazzale sopravvento e si affacciò al parapetto a respirare il mare, mentre sotto le onde s'infrangevano sugli scogli spargendo nuvole di vapore, aveva già deciso: l'indomani sarebbe cominciata la sua avventura.

# 9

## *Uno stabilimento sospetto*

Dal piazzale esterno adibito a parcheggio per i dipendenti dell'Ilvatom sarebbe stato difficile scorgere, dentro l'abitacolo di una delle numerose auto in sosta, un binocolo che scrutava oltre la recinzione.

Partito da Corniano verso le cinque di lunedì, Enrico Fiorani era arrivato a Saluggia prima delle dieci. Trovare l'Ilvatom era stato facile: era bastato seguire la cartina del sito web e percorrere la provinciale che da Crescentino va verso Saluggia. Posteggiata l'auto davanti allo stabilimento, aveva fatto colazione con cappuccino e cornetto nel bar vicino, dove era anche riuscito a scambiare quattro chiacchiere con alcuni funzionari dell'Ilvatom che si trovavano lì per la consueta pausa caffè.

Poi era tornato nell'auto parcheggiata, aveva tirato fuori il suo binocolo da marina e con quello si era messo a scrutare oltre la recinzione dell'Ilvatom. In lontananza, dentro un secondo spiazzo a sua volta protetto da un'alta recinzione, alcuni robusti mezzi meccanici stavano spostando decine di grossi contenitori che, a giudicare dalle tute protettive degli addetti alla movimentazione, dovevano contenere materiale pericoloso. Col pesante binocolo appoggiato sul vetro semiaperto del finestrino, Enrico dedusse che stavano trasferendo i pesanti fusti da un deposito sotterraneo ad un altro, dato che in superficie c'erano solo due piccole costruzioni quadrate, l'una distante una ventina di metri dall'altra, da cui gli addetti entravano e uscivano col carico.

"Quelle devono essere le famose scorie radioattive" mormorò incollato al binocolo, riconoscendo il caratteristico disco a settori gialli e neri stampigliato sui contenitori. "Forse sono le stesse che hanno fatto morire la mia Simona..."

Le operazioni proseguirono per oltre un'ora finché, ad un certo punto, gli uomini bardati con quella specie di scafandro giallo sparirono alla vista, come inghiottiti sottoterra. Poco dopo l'ululato di una sirena proveniente dalla fabbrica vicina suonò, annunciando la pausa del mezzogiorno.

Quasi nello stesso tempo sopraggiunse il fattorino dell'Ilvatom, di rientro dopo le commissioni della mattinata. Enrico lo osservò oltrepassare la sbarra d'ingresso alla guida di un furgone bianco, posteggiare vicino alla palazzina direzionale, e uscire nuovamente a piedi dopo aver salutato il custode affacciato all'angusta guardiola.

Quando Enrico vide che si dirigeva verso il bar, decise di sfruttare l'occasione propizia e s'affrettò a seguirlo. Il bar a quell'ora era zeppo di avventori affluiti dalle fabbriche vicine per la pausa pranzo, così che dovette farsi strada sgusciando fra la gente. Lungo il bancone un folto gruppo di operai sghignazzanti commentavano rumorosamente i risultati sportivi della domenica, mentre alcuni pallidi impiegati mangiucchiavano tramezzini e discutevano compitamente, seduti intorno ad un tavolino di ferro smaltato. Indifferente a tanto affollamento una coppietta sedeva sull'unico divanetto d'angolo e, più che a mangiare, sembrava intenta a perdersi l'uno negli occhi dell'altra.

Scorse il fattorino seduto in fondo al locale, tutto preso a divorare un panino formato bracciante agricolo e a sorseggiare un grosso boccale di birra schiumosa. Enrico ordinò al banco un panino e una birra, quindi, con quelli, s'avvicinò al suo uomo.

"Ti spiace se mi siedo qui?" gli chiese con un sorriso amichevole, mostrando il frugale pasto che reggeva in mano. "Detesto mangiare in piedi."

"Fai pure" rispose bonario l'altro, mentre scostava piatto e bicchiere per fargli posto sopra il minuscolo tavolino tondo. "Il servizio non è di prima classe, ma se t'accontenti..."

"Grazie, sei molto gentile." Enrico si accomodò e gli si sedette di fronte. Dopo un paio di morsi al panino farcito con uova e prosciutto, aggiunse in tono confidenziale: "Oggi non me ne va bene una. Dovevo presentarmi all'Ilvatom per un colloquio di lavoro, ma al Personale mi hanno rimandato l'appuntamento al pomeriggio. Spero solo che oggi non trovino qualche altra scusa."

"Davvero?" chiese l'altro incuriosito. "Io all'Ilvatom ci lavoro da anni e mi pareva invece che volessero licenziare... dicono che c'è crisi."

"Dipenderà dal tipo di lavoro che uno fa" ribatté Enrico con un'alzata di spalle. "Tu di cosa ti occupi?"

"Fattorino tuttofare" biascicò l'uomo a bocca piena. "Non è il posto più importante, ma ha i suoi vantaggi."

"Immagino di sì" concordò Enrico. "Almeno avrai una certa libertà di movimento."

"L'hai detto" confermò l'altro con una strizzatina d'occhio, sempre a bocca piena. "All'inizio non è stato facile, ma ora che ho guadagnato la fiducia dei padroni, faccio un po' come mi pare. Tu invece che lavoro devi fare, se ti prendono?"

"Servizio di sicurezza" improvvisò Enrico con una certa fantasia. "Stanno cercando qualcuno per riorganizzare il servizio di vigilanza, così mi sono fatto avanti."

"Capito." commentò l'altro rabbuiandosi. Evidentemente non gli andava a genio l'idea di dover cominciare a render conto dei propri spostamenti al nuovo ficcanaso. Così si riempì la bocca con un boccone fuori misura e divenne taciturno.

Enrico sembrò leggergli nel pensiero e si affrettò a tranquillizzarlo: "Se mi assumono, spero che diverremo amici. Avremo certamente bisogno l'uno dell'altro" e così dicendo ricambiò la strizzata d'occhio. Quindi aggiunse: "Ma non ci siamo ancora presentati. Io mi chiamo Enrico... e tu?"

"Giuseppe" rispose l'altro rassicurato, mentre gli tendeva la mano robusta al di sopra del tavolo. Al confronto con quella di Enrico, la sua mano sembrava una pala. Quando gliela strinse, sorrise e aggiunse: "Pino, per gli amici."

"Molto piacere, Pino. Sono sicuro che ci capiremo, naturalmente se riesco a farmi assumere..." Un altro sorso di birra, una pausa per studiare la reazione del suo interlocutore, che si era rilassato e sembrò favorevole all'idea. Enrico si sporse verso di lui, quasi a volergli fare una confidenza, e sussurrò: "Anzi, se tu potessi farmi un favore e darmi una mano... ti sarei già debitore."

"Sarebbe a dire?" chiese l'altro sospettoso. "Che favore dovrei farti?

"Una cosa molto semplice, Pino, non temere. Come ti dicevo, oggi alle quattro ho quel colloquio al Personale. Fra le altre cose penso mi chiederanno come organizzerei il servizio di vigilanza... tanto per mettermi alla prova. Se quindi potessi prima dare un'occhiata in giro per rendermi conto di com'è strutturata l'azienda, come si svolgono le attività produttive, dove lavora il personale, e via dicendo, sarei avvantaggiato. Potrei abbozzare un piano di massima su come penso di organizzare il lavoro e presentarlo al colloquio di oggi. Mi aiuterebbe a far bella figura ed è più probabile che scelgano me, anziché qualcun altro."

"Può essere" commentò il fattorino con poco entusiasmo. "Ma non vedo come io potrei aiutarti."

"Per te è una cosa piuttosto facile. Di sicuro conosci bene come funzionano le cose in azienda, e tutto il resto... se quindi tu potessi dedicarmi un po' di tempo per farmi fare un giro dentro lo stabilimento, potrebbe venirmi qualche buona idea sul servizio da proporre."

Vedendo il suo interlocutore alquanto perplesso, si affrettò ad aggiungere: "Comunque, se ti sto chiedendo troppo, lasciamo perdere... mi rendo conto che neppure a te sarà permesso andare in giro con un estraneo nello stabilimento senza un'autorizzazione. Non voglio certamente che qualcuno ti trovi da dire..."

Come Enrico aveva immaginato, queste parole furono sufficienti a sbloccarlo dall'indecisione. Colpito nel suo amor proprio, l'uomo era determinato a dimostrare che quanto aveva affermato era tutto vero: "Ti faccio vedere io se ho bisogno di autorizzazioni! Non ti ho detto che sono l'uomo di fiducia del direttore e posso muovermi come mi pare?"

"Non te la prendere, Pino. Non volevo offenderti..."

"Allora, dai, sbrighiamoci... abbiamo meno di un'ora a disposizione" lo interruppe l'altro guardando l'orologio al polso. "Se vuoi fare questo giro, dobbiamo andare subito:

all'una e mezza mi aspettano in Direzione per un lavoro urgente. Nel frattempo ti posso fare da Cicerone, sempre che ti vada di interrompere il tuo bel pranzo."

"Per quel che vale posso benissimo fare a meno di prendere un altro panino. Anche se mi resta la fame, almeno risparmierò il mal di fegato… dentro ci sono uova di dinosauro, tanto sono fresche."

Mentre l'altro sorrideva per la battuta, Enrico scolò l'ultimo sorso di birra e gli fece cenno di fermarsi, dicendo: "Oggi offro io, Pino."

Quello non se lo fece ripetere due volte e, soddisfatto per l'inaspettata generosità, attese che il suo mecenate se la sbrigasse alla cassa. Quindi uscirono insieme e attraversarono il piazzale diretti all'Ilvatom.

Giunti davanti alla guardiola, il fattorino disse due parole al custode per rassicurarlo che lo sconosciuto era con lui. Poi, superata la barriera, proseguirono per un'altra ventina di metri, fino al furgone posteggiato davanti agli uffici.

"Salta su" disse Pino, montando a sua volta. "Il giro è piuttosto lungo e il tempo è poco. Non ci conviene andare a piedi."

Non appena il veicolò si avviò, Enrico estrasse dalla tasca un notes e cominciò a prendere brevi appunti. "Hai detto che questa è la palazzina degli uffici, vero?"

"Giusto. Gli impiegati sono concentrati tutti là, una ventina in tutto. All'ultimo piano ci sono i tre direttori, che sono poi anche i padroni della baracca. Al piano terra c'è l'Amministrazione e sul retro il CED."

"Vuoi dire il Centro Elaborazione Dati?"

"Chiamalo un po' come vuoi. Io non ne capisco un'acca di computer, ma quelli che se ne intendono dicono che qui usiamo tecnologie d'avanguardia. L'ufficio del Personale è invece al secondo piano: vedi di non sbagliarti."

"Lo terrò presente. Dove stiamo andando ora?"

"Prima ti porto a fare un giro lungo il perimetro del recinto esterno" rispose l'altro innestando la terza. "Vedrai che non sarà uno scherzo mettere tutto sotto sorveglianza."

Mentre procedevano lungo la recinzione, l'autista riassunse

le attività principali dell'Ilvatom nel corso del tempo. "All'inizio era uno stabilimento che produceva materiali per le centrali termoelettriche. Poi negli anni ottanta ci siamo specializzati anche nel trattamento di componenti per reattori nucleari... sai cosa sono?"

"Quelli delle centrali atomiche, mi pare."

"Proprio quelli. Ma da quando l'Italia ha rinunciato al nucleare, i proprietari hanno riconvertito parte degli impianti adattandoli alle nuove esigenze del mercato."

"Quindi adesso cosa producete?"

"Facciamo soprattutto materiali refrattari per il rivestimento interno delle centrali termoelettriche. Di tanto in tanto capita ancora di trattare materiali speciali che hanno a che fare col settore del nucleare, come il berillio, ma al momento abbiamo un solo cliente del genere, l'Eneam."

"Eneam?" ripeté Enrico, incuriosito. "Chi è?"

"Non lo sai? L'Eneam è il nostro cliente più importante, soprattutto per lo stoccaggio di rifiuti nucleari nei nostri bunker sotterranei. Quando non sanno più dove mettere le scorie, le portano qui da noi. E noi a nostra volta, le mandiamo in Africa."

"In Africa? Come mai così lontano?"

"Perché è uno dei pochi posti al mondo disposti a prendersele... Ogni tanto dobbiamo alleggerire i nostri depositi, altrimenti nel giro di poco tempo non avremmo più posto. Nuovi permessi per allargarli non ce li danno, così ogni tanto ne spediamo un certo quantitativo in Somalia. Là non vanno troppo per il sottile... basta conoscere le persone giuste e pagare in dollari. Qui da noi, invece, con tutte quelle leggi sull'inquinamento, è diventato impossibile trovare altri posti dove metterle."

"Buon per voi. Il lavoro così ce l'avete assicurato!" commentò Enrico. Poi, dopo una breve pausa, chiese candidamente: "E come fate a spedirle in Somalia?"

"Per nave. Le ultime le abbiamo imbarcate ai primi di maggio sulla Portoria, una nave mercantile che batte bandiera liberiana. Ogni tanto va a Corniano Marina a scaricare e noi abbiamo un accordo con l'armatore per sfruttare il viaggio di ritorno... a prezzi stracciati, naturalmente. L'ultima volta se ne sono portati via trecentocinquanta di quei fusti, pieni zeppi di scorie radioattive e altra robaccia simile. Così abbiamo fatto un bel po' di spazio nei bunker sottoterra."

"Corniano Marina?" chiese Enrico, stupito per una notizia tanto inaspettata, che dava però concretezza alle sue ipotesi. Fingendo di rammentare qualcosa finora sfuggita, aggiunse: "Non avrete mica a che fare con la morte di quella donna per del berillio radioattivo?"

"Su questo, non so proprio che dirti" rispose l'altro con un'alzata di spalle. "Anche qui da noi se lo sono chiesto in molti, visto che il berillio radioattivo in Italia lo produciamo solo noi. Ma finora nessuno è riuscito a spiegarsi come è potuta accadere una cosa simile... di certo quella poveretta non è mai entrata nei nostri bunker sotterranei. Può darsi che sia successo qualcosa a Corniano con l'ultimo imbarco delle scorie, ma finché non riusciamo a parlare con l'autista, non si riesce a saperne di più."

"Perché, non sei tu ad occuparti del trasporto delle scorie?"

"Ci mancherebbe altro!" esclamò Pino, sollevando le mani dal volante. "Quella è roba che scotta, pericolosa al massimo. Abbiamo un autista appositamente per questo e un mezzo attrezzato per il trasporto del materiale radioattivo, con tanto di rimorchio rivestito di lastre di piombo contro le radiazioni. Solo Carlo Iorio è abilitato, e pagato, per quei trasporti eccezionali."

"Sarebbe possibile fare due parole anche con lui?"

"Magari un'altra volta, ora non c'è. Si è preso una vacanza e sembra sia andato in Spagna col camper insieme alla moglie. Tornerà fra un paio di settimane. Se gli vuoi parlare, però, devi metterti in fila: in Direzione lo stanno cercando come disperati, proprio per la faccenda del berillio. A quest'ora starà in qualche ristorantino caratteristico dell'Andalusia seduto davanti ad un piatto di paella fumante. Alla faccia nostra, che ci ingozziamo con quei panini schifosi..."

"Vorrà dire che me lo presenterai quando torna."

"Vedi quel capannone sulla sinistra? È il magazzino" spiegò il fattorino cambiando discorso e facendo cenno con la mano in direzione di un enorme prefabbricato in cemento.

"Allora è là dentro che tenete le vostre famose scorie?"

"Vuoi scherzare!" ribatté l'altro con un'occhiata di stupita incredulità per l'evidente incompetenza dell'interlocutore. "Là teniamo solo le materie prime per produrre i refrattari, oltre ai pallet pronti per la consegna ai clienti. I depositi per le scorie sono più avanti, tutti sotto terra."

Oltrepassarono la costruzione, lasciandosi alle spalle anche l'attigua abitazione del custode. Il furgone proseguì attraverso l'enorme spiazzo in terra battuta e si diresse verso una seconda recinzione interna più piccola, situata nella metà posteriore dell'area dell'Ilvatom.

"Quello cos'è?" domandò Enrico mentre si avvicinavano al secondo sbarramento. Era dentro quel recinto che in mattinata aveva osservato il trambusto attorno ai misteriosi contenitori. Ma di questo ovviamente non fece parola.

"Stiamo arrivando al settore superprotetto di cui ti parlavo prima. Si tratta di una zona dedicata esclusivamente al nucleare, dove facciamo il trattamento del berillio con le radiazioni alfa e lo stoccaggio delle scorie. Vedi quei cartelli?"

"Mi sembra il tipico segnale che avverte del pericolo da radiazioni. Il disco a settori neri in campo giallo mi pare si usi per avvertire del rischio di contaminazione nucleare."

"Esatto. Sia i laboratori che i depositi scorie sono all'interno di bunker sotterranei, là sotto, e come vedi la zona è off limits: questo è l'unico ingresso ed è dotato di una sofisticata stazione elettronica che effettua il riconoscimento. Solo chi ha uno speciale pass magnetico riceve il permesso di entrare, dopo aver superato anche il controllo delle impronte digitali. Inoltre, vedi lassù in alto, su quei pali? Sono installate delle telecamere, così che ogni accesso autorizzato via computer può essere seguito anche visivamente dal centro controllo situato nella palazzina degli uffici."

"Un servizio efficiente, non c'è che dire" ammise Enrico. Poi chiese: "Lavorano in molti là sotto?"

"No, solo una ristretta equipe di ingegneri e tecnici nucleari: una dozzina in tutto. Si dice effettuino ricerche sui materiali speciali, come il berillio, ma cosa facciano tutto il giorno là sotto non lo so proprio. Di tanto in tanto arriva da fuori anche una squadra specializzata nella movimentazione delle scorie, come stamattina, soprattutto se c'è qualche carico in arrivo o in partenza. Ci lavora spesso anche uno dei soci, l'ingegner Vito Boriani, il nostro direttore tecnico e operativo. Ci tiene a controllare tutto personalmente."

Il fattorino arrestò il furgone in prossimità della recinzione, proprio di fronte al cancello, compiaciuto di sfoggiare tutto il suo sapere.

"I depositi sotterranei dove sono esattamente?" chiese Enrico scendendo.

"Vedi quelle due costruzioni quadrate in cemento? Accedono ai sotterranei grazie a dei montacarichi, che usiamo per le operazioni di carico e scarico dei fusti. Dentro c'è anche un ascensore per i dipendenti. E poi, vedi quelle specie di maniche a vento che spuntano dal terreno?" chiese col braccio teso verso alcune tubature di acciaio inossidabile che scintillavano al sole. "Sono le prese d'aria dell'impianto di aerazione. Là sotto ci sono due piani di magazzini interamente costruiti in cemento armato, con muri spessi un metro. Le scorie dormono là sotto."

A fianco del robusto cancello una cabina di vetro, simile a quella dei telefoni pubblici, conteneva il sofisticato automatismo per l'abilitazione all'ingresso, collegato al centro di controllo tramite un sistema televisivo a circuito chiuso.

"Immagino che per un intruso sia praticamente impossibile entrare" commentò Enrico, mentre si avvicinavano alla cabina. Osservandola all'interno, aggiunse: "Con tutti questi marchingegni elettronici penso che non apriranno la porta facilmente."

"Proprio così. L'autorizzazione viene concessa solo dopo aver superato una serie di controlli: l'accettazione della tessera personale inserita nel lettore magnetico, seguita dalla digitazione di una password individuale sulla tastiera, quindi il confronto dell'impronta digitale dell'indice della mano destra, che va appoggiato su quello scanner a raggi infrarossi. Altrimenti non solo non si apre il cancello automatico, ma viene anche allertata una squadra di vigilanza armata. Inoltre ogni richiesta di accesso attiva il circuito TV che riprende e registra il visitatore."

"Una bella organizzazione, non c'è che dire" esclamò Enrico. Se pensava di poter entrare alla chetichella, era meglio che cambiasse subito idea.

Risalirono sul veicolo e percorsero la strada che dall'esterno costeggiava l'alta recinzione, sulla quale erano affissi ad intervalli regolari i consueti segnali di pericolo radiazioni. Un muretto in cemento alto mezzo metro delimitava la carreggiata dal lato opposto, più esterno.

"S'è fatto tardi... abbiamo appena il tempo di completare il giro del corridoio di controllo, che è la zona più a rischio."

"Quale sarebbe il corridoio di controllo?"

"Questa strada che stiamo percorrendo. Larga cinque metri, corre tutto intorno al settore nuclearizzato. Un po' come una fascia di sicurezza che delimita la zona riservata e la separa dal resto dell'area dello stabilimento."

Mentre proseguivano lungo il perimetro esterno, Enrico fece uno schizzo su carta ed annotò ad occhio le distanze. La zona superprotetta, un rettangolo grande quanto mezzo campo di calcio, in apparenza era solo un grande piazzale vuoto, se si escludevano i condotti di ventilazione e le due casematte che nascondevano i montacarichi e gli ascensori di accesso ai sotterranei. Ma tutta la struttura operativa era sotto la superficie, lontana da occhi indiscreti.

Il fattorino guardò l'orologio e si rese conto di essere in ritardo. "Spiacente, Enrico, ma ti devo proprio lasciare. Fra cinque minuti mi aspettano in Direzione per una consegna urgente."

"Non preoccuparti, Pino, hai già fatto fin troppo. Lasciami pure vicino all'uscita. Io torno al bar e cerco di organizzare le idee, prima del colloquio al Personale."

# 10

## *All'Alfa Computer*

Con tutto quello che gli aveva appena raccontato Pino durante il breve giro dentro lo stabilimento, Enrico si era quasi convinto che a contaminare Simona erano state proprio le scorie dell'Ilvatom. Per confermare i suoi sospetti aveva però bisogno di prove concrete... ma dove trovarle?

Incerto sul da farsi, ripensò anche alla conversazione con i due funzionari dell'Ilvatom e si chiese come poteva essergli utile. In effetti quella mattina al bar, dopo aver attaccato bottone unendosi agli altri avventori nel parlare di calcio, si era presentato ai due come consulente informatico in cerca di clienti ed era poi riuscito a farsi raccontare alcune cose interessanti sul loro sistema informativo. Ad esempio che l'Ilvatom possedeva un sofisticato sistema computerizzato che convogliava tutti i flussi dati aziendali in un database informativo centrale. Gli avevano anche fatto il nome del responsabile del CED, il dottor Franco Di Martino, da cinque anni a capo del loro Centro Elettronico, precisando che ai lavori più impegnativi provvedeva però una società esterna di consulenza, l'Alfa Computer di Torino.

Riflettendoci, quelle informazioni potevano essergli utili. Aveva già concluso che non era proprio il caso di provare ad entrare fisicamente nella zona off limits superprotetta, cosa praticamente impossibile senza farsi scoprire... ma ora gli venne in mente che avrebbe potuto farlo in maniera virtuale. Da quanto infatti gli avevano spiegato i due ignari funzionari, il CED dell'Ilvatom conteneva una miniera di informazioni ed era perciò il posto migliore in cui cercare. Aveva già una mezza idea su come fare, anche se il piano avrebbe richiesto una buona dose di sangue freddo.

Inoltre riteneva di fondamentale importanza parlare con Carlo Iorio, l'autista che si era occupato del trasporto delle scorie al porto di Corniano Marina, soprattutto per sapere se durante l'ultimo imbarco era successo qualcosa di strano. Ma doveva scovarlo prima degli altri, per evitare che quelli dell'Ilvatom, qualora lo avessero trovato per primi, lo inducessero ad addomesticare la sua testimonianza.

Con tutto questo in mente Enrico uscì dall'Ilvatom e s'affrettò verso il bar. Aveva bisogno di altre informazioni su Iorio se voleva mettersi sulle sue tracce, e riteneva che quello poteva essere il luogo adatto dove trovarle.

Questa volta il bar era deserto. I frequentatori abituali erano prevalentemente dipendenti dell'Ilvatom o delle ditte artigianali della zona e quindi a quest'ora, quasi le due del pomeriggio, erano ormai rientrati al lavoro.

Dietro al bancone una donna sulla cinquantina era intenta a lustrare il ripiano. Alla cassa, la solita ragazza dall'aria stralunata sfogliava un rotocalco e si rosicchiava le unghie.

Enrico ordinò una birra e, per acquietare il rodimento di stomaco, si arrischiò a prendere dal portavivande l'ultimo panino sopravvissuto all'assalto giornaliero dei pendolari. Si augurava che non sapesse troppo di sigarette, dopo il nugolo di fumatori che poco prima avevano assediato il bar appestando l'aria. Poi sedette ad un tavolino posto fra la vetrata laterale e il bancone, dove la corpulenta padrona stava armeggiando e di tanto in tanto lo sbirciava di sott'occhi.

Approfittando dell'evidente curiosità della donna, che di sicuro si stava chiedendo chi fosse mai quel cliente solitario mai visto prima d'oggi, Enrico riuscì ad avviare la conversazione. Dopo qualche banale commento di carattere meteorologico, ripeté la solita storia del suo imminente colloquio di lavoro all'Ilvatom. Per accattivarsi la sua simpatia aggiunse che, nel fortunato caso l'avessero assunto, sarebbe diventato un loro buon cliente. Lo dimostrava il fatto che questa era la terza volta quel giorno che entrava a consumare qualcosa, fatto che certamente non le era sfuggito.

Così gradualmente vinse la scarsa propensione della donna alla loquacità. Ad un certo punto Enrico chiese se sapesse dove

81

poteva rintracciare Carlo Iorio, l'autista del mastodontico autotreno addetto ai trasporti speciali dell'Ilvatom. Spiegò che aveva bisogno di parlargli con urgenza per organizzare il suo nuovo lavoro, ma che non aveva idea di come fare a rintracciarlo.

"Sembra che Carlo sia diventato più importante del Presidente della Repubblica" sogghignò la barista. "Sei il terzo, anzi il quarto, che oggi chiede di lui."

"Davvero? Ha per caso combinato qualcosa?"

"Questo non lo so proprio. So solo che stamattina sono venuti nientemeno che due direttori dell'Ilvatom a chiedere se sapevamo dove s'era cacciato... ed ora arrivi tu. Comunque, ti ripeto la stessa cosa che ho detto anche a loro: sono giorni che non lo vediamo al bar e non so proprio dove sia."

La donna allungò la mano cicciottella e la tuffò dentro un grande vaso da esposizione pieno di cioccolatini. Ne scartò uno e in un baleno se lo ficcò avidamente in bocca. Con tutta probabilità quei cioccolatini, più che per i clienti, erano lì per lei.

Rinfrancata dalla dolce droga proletaria, proseguì: "Ho sentito che i due capoccioni parlavano fra loro di un incidente che era capitato non so dove, e che Carlo Iorio doveva saperne qualcosa di... non ricordo neppure il nome strano che hanno usato... qualcosa di radioattivo, comunque."

"Berillio radioattivo?" azzardò Enrico.

"Mi pare proprio quello... comunque doveva essere un problema serio, perché non li ho mai visti così agitati." La donna lanciò un'occhiata alla ragazza alla cassa, quasi a cercare conferma alle proprie parole, ma quella aveva evidentemente altro per la testa e non le prestò la minima attenzione.

"Complimenti per il tuo spirito d'osservazione! Se lavorerò alla sicurezza, il tuo intuito mi potrà essere di grande aiuto." Vedendo però che la cosa non la interessava più di tanto, Enrico aggiunse: "Vedrai che so essere generoso con i miei informatori."

Incuriosita dalla promessa, la ragazza alla cassa sollevò per qualche istante gli occhi dal rotocalco e gli lanciò un'occhiata diffidente, forse chiedendosi quanto gli si potesse credere. La barista invece divenne più loquace: "Vedremo se sarai di parola. Comunque, per tua informazione, anche Pino stamattina mi aveva chiesto se sapevo dove rintracciare Carlo. Pino è il fattorino tuttofare dell'Ilvatom... ma penso che ormai lo conosci anche tu."

"Hai davvero un ottimo spirito di osservazione" le sorrise furbescamente Enrico. Evidentemente la donna li aveva osservati parlare insieme durante l'intervallo di pranzo e ricordava che lui aveva pagato il conto per entrambi. "È vero, siamo già diventati amici... mi sta anche dando una mano per vedere se riesco ad entrare all'Ilvatom."

"Immaginavo che non eri di queste parti. Qui da noi le facce nuove non passano inosservate" spiegò lei rassettandosi la chioma stopposa, d'un biondo paglia piuttosto improbabile. "In giro c'è crisi ed è parecchio che non assumono, così ci conosciamo praticamente tutti."

"Possibile che all'Ufficio del Personale non riescano a rintracciare Iorio? Avranno pur il nome di qualche parente che possa contattarlo, anche se è in viaggio..."

"Evidentemente no. Sono stata io a parlare della sorella in Toscana, dove Carlo s'è fissato di trasferirsi appena va in pensione."

"In Toscana? Dove, di preciso?"

"Non ne ho idea. So solo che quando ne parlava, più di una volta ci ha scherzato sopra dicendo che presto sarebbe andato a fare la ribollita a Ribolla... ma sinceramente non ho ancora capito cosa volesse dire."

"Ma è molto semplice! La ribollita è una tipica minestra contadina e Ribolla è un paese del grossetano. Evidentemente la sorella di Iorio abita da quelle parti e Carlo vuole anche lui trasferirsi laggiù" spiegò Enrico, sorridendo per il gioco di parole. "E non ti ha detto nient'altro?"

"Buon per te che l'hai capito" grugnì la donna, indispettita per la facilità con cui l'altro aveva dipanato l'enigma che da tempo cercava di risolvere. Per consolarsi trangugiò un altro cioccolatino pescato dal solito vaso, quindi aggiunse: "Mi pare che la sorella di Carlo si chiami Giovanna e abiti in campagna, nei pressi di una cava di ghiaia delle Ferrovie, dove il marito fa il custode. Lo so perché Carlo se n'è lamentato più di una volta, chiedendosi come faccia sua sorella a campare in mezzo al fracasso continuo dei frantoi che macinano pietre dalla mattina alla sera."

"Comunque ancora non capisco perché Pino ha chiesto a te come poter rintracciare Carlo. Non lo conosce molto meglio lui di te? Oppure voleva sapere qualcos'altro?"

"Mi ha chiesto solo se ricordavo il nome e la frequenza del CB che ha sul camper, perché in Direzione volevano saperlo." Vedendo Enrico piuttosto perplesso, aggiunse una spiegazione: "Devi sapere che di solito Carlo il venerdì posteggia il camper sul piazzale, proprio là di fronte alla vetrata. Gli faccio il favore di darci un'occhiata ogni tanto, per evitare che gli rubino qualcosa. Lo lascia al mattino presto quando arriva, così da poter partire direttamente per il week-end appena termina di lavorare al pomeriggio. E dato che il nome e la frequenza del CB sono stampigliati sul retro del camper, a furia di leggerli li ho imparati a memoria."

"E cosa ci devono fare col suo CB?"

"Mi ha spiegato che devono rintracciare Carlo a tutti i costi e vogliono tentare usando la rete dei radioamatori. Anche se sta ancora in Spagna sperano che sia in ascolto e riceva il loro messaggio... secondo me, questa volta l'ha fatta davvero grossa!"

Enrico ne sapeva a sufficienza. Gli rimaneva da attuare la parte più impegnativa, e rischiosa, del suo piano. Così pagò la consumazione e si diresse verso l'auto che aveva parcheggiato al lato opposto del piazzale. Sull'almanacco d'informatica che teneva nel bagagliaio rintracciò l'indirizzo a Torino dell'Alfa Computer, la ditta che faceva consulenza esterna, e si annotò i nomi dei responsabili della casa di software. Quindi partì alla sua ricerca.

La rintracciò nella zona della Barriera di Milano, alla periferia nord della città. Gli uffici dell'Alfa Computer erano sistemati in un'elegante villetta a due piani ed una targa di alluminio satinato, affissa sul pilastro a lato dell'ingresso, la indicava come una società specializzata in consulenza internet e servizi informatici.

Era incerto se andare avanti oppure no, ma non c'era tempo da perdere: erano ormai quasi le quattro del pomeriggio e non voleva avvicinarsi troppo all'orario di chiusura.

Dopo alcuni attimi di esitazione per il ruolo insolito che aveva deciso di impersonare, prese il coraggio a due mani e si avviò oltre il cancello d'ingresso. Si sarebbe presentato con uno pseudonimo, Emilio Fiori, scelto di proposito somigliante al proprio per non correre il rischio di dimenticarlo.

Alla Reception Enrico fu accolto dal sorriso smagliante di una bruna sui trent'anni, che chiese come poteva aiutarlo. Anche se preso dall'apprensione per l'avventura in cui si stava imbarcando, non poté fare a meno di notare i suoi occhi color ebano, che gli ricordarono quelli della sua Simona.

Si presentò come titolare di una ditta di informatica di Livorno e chiese di poter parlare col dottor Casiraghi. Aveva trovato il nome sull'almanacco informatico e si augurava che fosse ancora lui il responsabile marketing, cioè colui che con tutta probabilità gestiva i rapporti commerciali anche con l'Ilvatom.

La donna non fece obiezione e si appuntò il nome del visitatore, invitandolo ad attendere. Quindi sollevò la cornetta del telefono e compose un numero interno.

"Dottor Casiraghi, c'è qui il signor Emilio Fiori che chiede di lei. Vorrebbe informazioni sui nostri servizi... si, capisco..."

Percependo che all'altro capo del filo stavano per scaricarlo, magari accontentandolo con qualche pieghevole informativo, Enrico intervenne prima che la segretaria concludesse la conversazione.

"Dica per favore che mi manda il dottor Di Martino, quel vostro cliente dell'Ilvatom di Saluggia. Mi ha assicurato che avrei trovato qualche vostro esperto disponibile..."

Quando la donna ripeté il messaggio, l'invisibile interlocutore si mostrò più propenso a darle retta. L'Ilvatom era uno dei loro migliori clienti e non era il caso di correre il rischio di guastare i rapporti.

Dopo aver scambiato alcune frasi, la segretaria posò la cornetta e si rivolse ad Enrico con un sorriso che le illuminò il volto, rendendola ancor più affascinante: "Il dottor Casiraghi in questo momento è in riunione e si scusa di non poterla ricevere. Ma dice che potrebbe parlare con l'ingegner Lauria, il nostro esperto di Internet."

"Per me va bene lo stesso" acconsentì Enrico. Era anche meglio, poiché avrebbe corso meno rischi. "Dove lo trovo?"

"Vede il corridoio là in fondo?" rispose la donna, indicando la direzione con una mano. Aveva dita affusolate, con le unghie accuratamente smaltate di rosso rubino. "Troverà l'ingegner Lauria nel secondo ufficio lungo il corridoio, appena svoltato l'angolo. Intanto lo avverto del suo arrivo."

Evidentemente lo fece con prontezza e con le raccomandazioni del caso, visto che, appena Enrico bussò alla porta, subito una voce dall'interno lo chiamò per nome invitandolo ad accomodarsi.

Lauria doveva essere un programmatore super impegnato, a giudicare dai numerosi tabulati sparsi dappertutto. Enrico ne sbirciò uno aperto sulla scrivania e riconobbe il tipico linguaggio HTML usato in Internet.

La confusione che regnava nella stanza ben si intonava all'originalità del personaggio che l'abitava. Sui trentacinque anni, aveva una capigliatura folta e riccia, color carota. L'occhio vispo e penetrante faceva presumere un notevole quoziente di intelligenza, mentre per l'abbigliamento si sarebbe potuto confondere facilmente col fruttivendolo del mercato rionale: il paio di sciatti pantaloni di fustagno blu e la camiciola sgualcita di flanella a quadretti bianchi e azzurri, con le maniche rimboccate sotto i gomiti, difficilmente avrebbero fatto pensare a lui come ad una testa contesa da molte società del settore.

Era comunque un tipo alla mano, che accolse Enrico con affabilità e senza tante smancerie. Dopo le consuete presentazioni, sedettero alla scrivania l'uno di fronte all'altro.

"La segretaria mi ha detto che ti servono informazioni sui nostri servizi Internet" esordì Lauria in modo spiccio, mentre faceva ordine sulla scrivania stracolma scostando di lato una pila di tabulati meccanografici. "Esattamente, cos'è che vuoi sapere?"

Lavorando un po' di fantasia Enrico spiegò che anche lui

aveva una ditta di informatica in Toscana e di aver saputo che l'Alfa Computer era anche un Provider Internet affidabile. Così, capitato a Torino per curare alcuni clienti, ne aveva approfittato per fare una visita e verificare se i loro servizi potevano soddisfare le sue necessità in termini di affidabilità e costi. Aggiunse che era venuto anche perché all'Ilvatom il direttore del CED parlava molto bene di loro.

Lauria ammise che all'Ilvatom non conosceva purtroppo nessuno, ma assicurò Enrico che gli avrebbe comunque dato del materiale informativo utile. "A patto che riesca a ritrovarlo in mezzo a questo caos" precisò.

Dopo aver rovistato per un bel po' fra le carte, accompagnando ogni tentativo fallito con esclamazioni del tipo "dove accidenti l'avrò messo", alla fine riuscì a scovare alcuni fascicoletti. Porgendoli a Enrico, spiegò: "Qui sono illustrati a grandi linee tutti i nostri servizi Internet. Come puoi vedere, spaziamo dalla preparazione dei siti web fino all'integrazione di database online. Come Provider forniamo sia il collegamento Internet che gli spazi sui nostri server. Facciamo anche contratti di tipo housing, se il cliente preferisce gestirsi gli spazi da solo."

"Non avresti anche qualcosa con i prezzi, magari una bozza di preventivo?" chiese Enrico approfittando della disponibilità dell'interlocutore. "Non vorrei sbagliarmi le prime volte che inserirò nei miei preventivi anche i vostri servizi."

Dopo alcuni attimi d'incertezza per ricordare dove poteva averli messi, Lauria andò a uno schedario di ferro in un angolo e aprì uno dopo l'altro i vari cassetti che contenevano copie di contratti, finché ritrovò la cartella dei preventivi scaduti. Estrasse alcuni fogli e glieli porse, chiedendo: "Questo ti può andar bene? Lo puoi pure tenere, se pensi che ti sia utile, a me non serve più. Ti darà un'idea di cosa offriamo e dei relativi prezzi."

"Ti ringrazio, è proprio quello che mi ci voleva" rispose Enrico scorrendo le pagine del preventivo. Era bastato uno sguardo per sincerarsi che fosse quello che cercava, cioè un documento redatto sulla carta intestata dell'Alfa Computer.

Rimasero ancora alcuni minuti a discutere amichevolmente. Quando alla fine si salutarono, Enrico chiese a Lauria il suo biglietto di visita: "Casomai avessi bisogno di altre informazioni" spiegò.

Ma sapeva già che avrebbe usato quel biglietto in maniera molto diversa.

Verso le cinque uscì dalla software house e si mise alla ricerca di una sistemazione per la notte. Doveva ancora completare la seconda parte del piano. Trovato posto in un albergo in prossimità dell'entrata dell'autostrada per Milano, allestì in fretta il suo ufficio mobile, come faceva ogni volta che lavorava fuori sede per conto di qualche cliente.

Appena fu pronto con lo scanner, copiò e caricò in memoria la pagina di presentazione del preventivo avuto da Lauria. Sul monitor a colori del suo portatile ora spiccava l'intestazione e il logo dell'Alfa Computer, due monitor grigi stilizzati uniti da una linea rossa zigzagante, seguito dal resto della pagina del preventivo di Lauria.

Enrico cancellò il vecchio testo, lasciando a fondo pagina solo il timbro e la firma originali. Nello spazio vuoto intermedio inserì poi un nuovo testo preparato ad hoc, poche righe che informavano l'Ilvatom sulla necessità di apportare alcuni aggiornamenti al protocollo di comunicazione Internet. Poiché era urgente provvedervi, annunciava che un esperto, l'ingegner Bruno Lauria, l'indomani si sarebbe recato presso il loro CED per aggiornare i programmi. Concludeva invitandoli a rivolgersi allo stesso tecnico per ogni eventuale delucidazione in merito.

Quando al termine del collage Enrico stampò il documento finale con la laser portatile, fu soddisfatto perché il risultato non era poi tanto male. Aveva intenzione di inviarlo via fax così che potessero più facilmente prenderlo per l'originale, dato che da un documento fax nessuno si aspetta una risoluzione di grado superlativo. Inoltre, a differenza della posta elettronica certificata, un fax poteva essere inviato senza lasciar traccia del vero mittente, se si aveva l'avvertenza di mandarlo da una postazione anonima.

Erano quasi le sette di sera, giusto in tempo per uscire dall'albergo e trovare aperto un negozio che facesse servizio fax per il pubblico. Ormai sia l'Ilvatom che l'Alfa Computer dovevano avere gli uffici chiusi e non c'era quindi pericolo che qualcuno dall'Ilvatom telefonasse alla software house per chiedere chiarimenti. Il fax lo avrebbero letto solo la mattina seguente, più o meno quando il falso Lauria, ovvero Enrico, si sarebbe presentato per effettuare il lavoro. Troppo tardi perché a qualcuno venisse in mente di telefonare per chiedere spiegazioni e così far scoprire in anticipo la montatura.

L'indomani sarebbe stata per lui un'altra giornata importante, ma doveva ancora scrivere il programma talpa che aveva in mente di far girare sottobanco sul megacomputer dell'Ilvatom.

Per il dopo cena, il passatempo era assicurato.

# 11

## *Blitz informatico*

La mattina seguente Enrico arrivò all'Ilvatom con quasi mezz'ora di anticipo. Parcheggiò sul piazzale antistante e attese in auto che arrivasse l'ora di entrata al lavoro degli impiegati. Nel frattempo ne approfittò per ripassare mentalmente il suo piano e per valutarne le possibili conseguenze. Era ancora in tempo per rinunciare, e questa possibilità non faceva altro che accrescere la sua incertezza.

Si rendeva conto che intrufolandosi sotto false spoglie all'interno del CED dell'Ilvatom rischiava di incappare in un mare di guai, e lui non era avvezzo ad azzardi del genere. Ma alla sua Simona era capitato ben di peggio e non vedeva perché ora avrebbe dovuto farsi tanti scrupoli sulla legalità della faccenda, ormai convinto che l'Ilvatom doveva avere delle responsabilità al riguardo.

"Dopotutto voglio solo dare un'occhiata ai loro archivi..." borbottò, tentando di acquietare la coscienza.

Aveva già tentato di inserirsi nei loro archivi tramite Internet usando tutte le strategie informatiche di cui era capace, anche quelle meno ortodosse, ma alla fine si era dovuto arrendere davanti alle procedure di protezione che impedivano ogni tipo di accesso dall'esterno. L'unica possibilità era di provarci dall'interno, operando da una consolle di sistema, ma per farlo doveva entrare fisicamente nel loro sancta sanctorum informatico, il CED. Un'impresa già di per sé piuttosto rischiosa.

Esattamente non sapeva neppure lui cosa cercare, ma se l'Ilvatom era in qualche modo implicata nella contaminazione nucleare che aveva ucciso sua moglie, forse in questo modo sarebbe riuscito a trovarne le prove.

Man mano che si avvicinavano le nove, orario d'apertura degli uffici, il traffico all'intorno cresceva d'intensità: i ritardatari si affrettavano a posteggiare, correndo poi via per timbrare il cartellino in tempo utile. Infine, nel giro di una decina di minuti, sul piazzale tornò la calma.

Esitante, attese ancora un poco, finché alla fine si decise: ormai era in ballo e non si sarebbe di certo tirato indietro proprio ora che era sulla pista buona.

Con la valigetta ventiquattrore in una mano e un paio di quotidiani del mattino nell'altra, si avviò a passo deciso verso l'ingresso. La sbarra era abbassata, così dovette affacciarsi alla porta della guardiola dove sedeva il custode.

"Salve, mi chiamo Lauria e sono il tecnico dell'Alfa Computer" si presentò. Poi, in tono amichevole, aggiunse: "Ci siamo già visti ieri, quando ero con Pino, il vostro fattorino. Sono atteso al CED per un lavoro urgente."

"Buon giorno, sì... mi ricordo. Attenda un attimo, che avviso del suo arrivo" rispose bonariamente il custode. Sollevò la cornetta del telefono e compose un numero interno, ripetendo più o meno la presentazione di Enrico alla segretaria del dottor Di Martino, all'altra parte del filo.

Per fortuna non ci furono obiezioni. Evidentemente avevano letto il fax che ne preannunciava la visita e lo aveva preso per buono.

Seguendo le indicazioni del custode Enrico si diresse a passo deciso verso la palazzina degli uffici. Dava l'impressione di esser molto sicuro di sé, ma dentro il cuore gli batteva più forte che mai e l'adrenalina in eccesso gli procurava una strana euforia: un po' come gli accadeva alle superiori quando si trovava in difficoltà durante i compiti in classe di matematica.

Oltrepassò l'atrio principale e percorse un lungo corridoio sulla destra, finché sbucò nell'anticamera del CED, il Centro Elaborazione Dati. Un'impiegata alla scrivania alzò gli occhi e rivolse uno sguardo interrogativo allo sconosciuto. Enrico la prevenne e ripeté la presentazione di rito. Le mostrò il biglietto da visita ottenuto il giorno prima dal vero Lauria e chiese di parlare col direttore, il dottor Franco Di Martino.

"Il dottor Di Martino in questo momento è in sala

macchine... laggiù, oltre la vetrata" rispose lei con un sorriso di circostanza, indicando la direzione con la mano e un cenno del capo. La giovane donna sedeva dietro un terminale video, affogata in un mare di carte. Pile di documenti traboccavano da sopra la scrivania e giustificavano la sua scarsa propensione a fare lunghi discorsi. Quindi riabbassò lo sguardo e riprese a digitare sulla tastiera, aggiungendo: "Si accomodi pure, la stanno aspettando."

Dopo un ulteriore appello a tutto il suo coraggio, Enrico fece il suo ingresso in sala macchine. Numerose unità a nastro magnetico da un lato e altrettante unità a disco ottico dall'altra delimitavano il corridoio attraverso il quale s'incamminò deciso.

Le luci colorate e lampeggianti dei pannelli di controllo indicavano un'intensa attività di elaborazione in corso. Un operatore in camice bianco stava armeggiando intorno a un'unità nastro, intento a sostituirne la bobina, mentre un secondo operatore seguiva con sguardo preoccupato i messaggi che si susseguivano sul terminale video e ne discuteva con un terzo individuo in giacca e cravatta, voltato di spalle.

Scartati i due col camice, il responsabile del CED non poteva che essere quest'ultimo. Enrico si avvicinò, sotto lo sguardo interrogativo degli altri due.

"Buon giorno dottor Di Martino" lo salutò. Quindi, porgendogli il solito biglietto da visita riciclato, spiegò: "Sono Pietro Lauria, dell'Alfa Computer. Dovrei installare alcuni aggiornamenti al protocollo di trasmissione Internet e controllare che funzioni tutto bene. Credo l'abbiano avvertita del mio arrivo."

"Piacere di conoscerla" rispose l'altro, ricambiando la stretta di mano. "Ho appena letto il vostro fax, ma sinceramente non l'aspettavo così presto."

"Ci teniamo a essere efficienti" ribatté Enrico sorridendo. Poi, a mitigare quella sua affermazione che poteva suonare immodesta, precisò: "La verità è che se non carichiamo una versione aggiornata del protocollo Internet con gli ultimi antivirus, correte il rischio che un pirata informatico s'inserisca via Internet nel vostro sistema operativo e mandi in malora i vostri archivi. Avrà di certo sentito parlare di quell'hacker che la settimana scorsa ha mandato in tilt i computer di mezzo mondo ..."

"Purtroppo si, e devo dire che un po' ero preoccupato. Se quindi ci ha portato il vaccino per questi maledetti virus, non perdiamo altro tempo e vediamo di installarlo subito." Detto questo, gli indicò la postazione di lavoro che poteva usare, alcuni metri più avanti verso l'estremità del lungo stanzone. "Può usare il terminale là in fondo. Però dovrà far da solo: io non le posso stare dietro perché ho una grana da sbrogliare con l'elaborazione in corso, prima che si blocchi tutto."

"Per me va benissimo, non si preoccupi." L'assicurò Enrico, rincuorato da questo inaspettato colpo di fortuna. Di Martino senza volerlo gli aveva tolto il problema più grosso, quello di evitare che qualcuno gli stesse vicino a osservare quello che avrebbe fatto, e magari a domandargli il perché e il percome. Ci mancava solo che il capocentro restasse al terminale insieme a lui! Così invece avrebbe potuto lavorare liberamente, senza qualcuno che gli stesse col fiato sul collo.

Certo i tre erano comunque vicini e doveva fare molta attenzione a non farsi scoprire, nel caso a qualcuno di loro fosse venuto in mente di venire a dare un'occhiata su come procedeva il lavoro. Era meglio essere previdenti e prepararsi per tale eventualità. Così, per prima cosa, caricò in memoria un programmino di azzeramento video e simulazione di rete, attivabile e disattivabile col tasto funzione F9. In caso di bisogno, gli avrebbe dato la possibilità di fare una ritirata strategica.

Secondo la sua richiesta, la stazione di lavoro che Di Martino gli aveva messo a disposizione poteva lavorare sia in modalità locale, come un normale computer collegato a Internet, sia come terminale del mainframe. Consisteva in un personal computer con processore di ultima generazione collegato in rete, ed era dotato di lettore e masterizzatore CD. Ma ciò che più importava era che, in qualità di terminale di sistema, poteva accedere al sistema operativo centrale e, di conseguenza, anche a tutti gli archivi informatici dell'Ilvatom.

Enrico si accinse ora ad attuare questa parte del suo piano.

93

Mise in sospeso il collegamento Internet e passò in modalità sistema, iniziando una ricerca sulle directory di file. Scandagliò uno dopo l'altro i vari rami delle complesse strutture ad albero, nella speranza di scovare qualche nome che attirasse la sua attenzione. Ma i file elencati erano troppo numerosi, e contrassegnati da nomi così astrusi, che non gli sarebbe bastata l'intera giornata per esaminare il contenuto di ciascuno.

Il suo sesto senso gli diceva che non era quella la strada da seguire, che in quel modo non sarebbe venuto a capo di nulla. Ci voleva troppo tempo e lui ne aveva invece pochissimo a disposizione per non rischiare di insospettire Di Martino e indurlo a chiedersi cosa stesse facendo.

Ad un certo punto un'idea lo illuminò: se all'Ilvatom avevano davvero degli scheletri nell'armadio, ragionò Enrico, avrebbero fatto di tutto per nasconderli ben bene. Ma come riuscirci senza che qualcuno, inclusi gli addetti al CED, potesse venirne a conoscenza? La soluzione migliore sarebbe stata quella di proteggerli con password ed archiviarli col sistema dei file nascosti, magari dopo averne opportunamente crittografato il contenuto.

Decise pertanto di indirizzare in tal senso la ricerca, ed ebbe un insperato successo.

Quando infatti attivò uno speciale programma che agiva direttamente sul sistema operativo centrale scavalcando i vari livelli di protezione, comparve a video una consistente lista di file registrati in modalità nascosta. Ne scelse a caso alcuni e li aprì in veloce successione, tanto per dare uno sguardo al contenuto. Qualcuno d'essi aveva il testo in chiaro, ma in maggioranza erano crittografati e quindi al momento illeggibili. Senza perdere tempo, inserì nel masterizzatore un CD vergine e nel giro di pochi minuti riuscì a copiare tutti i file dell'elenco.

Alcuni avevano nomi curiosi, con prefissi che stimolavano la sua immaginazione rammentandogli simboli atomici di sua conoscenza. Ad esempio BE, poteva stare per Berillio, e PL, per Plutonio. Era sulla strada buona, o stava correndo troppo con la fantasia?

Non era in grado di dirlo al momento. Le difficoltà da superare erano ancora molte, soprattutto per decifrare il contenuto degli archivi crittati.

"Un problema per volta" si disse, mentre toglieva il lustro CD di alluminio dal drive e lo riponeva nell'astuccio protettivo dentro la sua ventiquattrore. "Adesso vediamo intanto di svignarmela alla svelta... a decifrarli ci penserò dopo."

"Come stiamo andando da queste parti?" chiese una voce alle sue spalle. Di Martino si era avvicinato e si trovava ormai a un paio di metri dietro di lui. Enrico quasi sussultò visibilmente mentre il cuore gli saltava in gola. Si era così fatto prendere dall'entusiasmo della ricerca che non aveva avvertito l'avvicinarsi del capocentro, che aggiunse una battuta: "Dopo queste modifiche siamo sicuri che funzioni ancora tutto?"

Enrico si era distratto alcuni istanti, sufficienti però a metterlo nei guai nel caso Di Martino si fosse accorto delle sue ultime operazioni di copiatura. Fortunatamente non era ancora in grado di leggere sul video, nascosto dalla schiena di Enrico, ma era una questione di frazioni di secondo.

Con prontezza Enrico batté il tasto F9, e istantaneamente il programma di simulazione operò uno switch di stato, cancellando dallo schermo ogni precedente visualizzazione e mutando la funzione del terminale da consolle di sistema a navigatore Internet. Giusto in tempo per impedire a Di Martino, che in quel momento faceva capolino da sopra le spalle di Enrico, di vedere le eco a video rimaste dopo le copie effettuate.

"Stia tranquillo, dottore, è tutto a posto" rispose Enrico, cercando di dissimulare il timore di essere stato scoperto. "Anzi, se vuol provare, ce ne accerteremo subito."

Così dicendo si alzò dalla sedia girevole e lasciò il posto all'altro. Era una mossa azzardata, ma era meglio giocare d'anticipo per non destare sospetti. E poi, il suo programma F9 aveva ormai eliminato ogni traccia delle precedenti operazioni.

"Non per essere malfidati, ma non vorrei doverla richiamare da Torino solo perché qualcosa non funziona più." Dopo alcuni minuti di prove e vari collegamenti Internet, Di Martino fu soddisfatto e commentò: "Ok, mi pare che tutto funzioni bene come prima. Ha terminato?"

"Solo qualche altro minuto per fare un po' d'ordine" rispose Enrico, prendendo di nuovo posto alla consolle dopo che l'altro si era alzato. "Appena finito sono da lei."

"Ok. Io intanto vado. Quando ha fatto, passi nel mio ufficio. Prenderemo un caffè insieme."

"D'accordo, ci vediamo dopo."

Enrico aveva finalmente campo libero per fare alcune verifiche anche sul data base magazzino, nella speranza di trovare traccia della movimentazione delle scorie. Ma riuscì ad andare avanti indisturbato solo pochi minuti perché improvvisamente gli comparve sul monitor un messaggio lampeggiante, inviato dal sistema operativo: da qualche altra postazione un secondo utente stava tentando di collegarsi allo stesso archivio protetto.

Il timore fondato era che lo stesso messaggio, che segnalava un conflitto nelle procedure di accesso, fosse comparso anche sul monitor dell'altro utente, che quindi si sarebbe messo in allarme trattandosi di un archivio riservato.

E infatti Mauro Bevilacqua, il dirigente amministrativo, proprio in quel momento dal terminale del suo ufficio aveva iniziato le procedure di accesso al database magazzino, per verificare che i documenti dell'ultimo trasferimento delle scorie verso l'Africa fossero in ordine. Ma il sistema operativo gli rifiutava il collegamento, mandandogli per giunta strani messaggi in inglese che lo lasciavano perplesso.

Immaginando che stesse accadendo qualcosa del genere, Enrico pensò bene di svignarsela alla svelta, non prima però di aver copiato su CD quest'ultimo archivio che sembrava particolarmente interessante. In tutta fretta ripose nella ventiquattrore il materiale sparso sulla scrivania e s'avviò verso l'uscita, salutato dai due ignari operatori.

Per il caffè Di Martino avrebbe aspettato un bel pezzo.

# 12

## *Sulle tracce di Carlo Iorio*

Rientrò a Corniano Marina portando con sé il prezioso bottino sottratto all'Ilvatom, stanco morto dopo un viaggio di quattro ore ma soddisfatto perché tutto era filato liscio.

Appena a casa Enrico fece una doccia, poi si buttò sul divano sprofondando nel sonno. Quando verso le cinque del pomeriggio si svegliò di soprassalto, dovette fare uno sforzo notevole per riuscire ad alzarsi: evidentemente lo stress accumulato quella mattina durante l'incursione nel CED dell'Ilvatom aveva lasciato il segno.

Sebbene la curiosità fosse tanta, decise che alla decifrazione degli archivi avrebbe pensato più tardi. Più urgente era rintracciare Carlo Iorio, l'autista delle scorie, e aveva già programmato di provarci tramite sua sorella Giovanna, grazie alle informazioni avute dalla barista di Saluggia.

Per Ribolla, dove aveva saputo che viveva la donna, c'erano una quarantina di chilometri: era ancora in tempo per fare un tentativo in giornata, prima che facesse buio.

Quindi si diresse in auto lungo la statale Aurelia, verso Grosseto. Uscì allo svincolo per Ribolla e si inoltrò lungo la provinciale in direzione nord, attraversando per una dozzina di chilometri le colline trapuntate da boschetti di acacie straripanti di bianchi grappoli in fiore, alternati ad ampie radure abitate da placidi cavalli al pascolo.

Il sole era ancora alto e l'orologio sul cruscotto segnava quasi le sei e mezza del pomeriggio. Restavano un paio d'ore abbondanti di luce, si augurava sufficienti a scovare la sorella di Iorio. Non ne conosceva l'indirizzo, né il cognome da sposata, tuttavia un'indicazione che la barista gli aveva fornito era determinante.

Quando infatti fu in paese e chiese a un gruppetto di pensionati, che stazionavano davanti al supermercato lungo la strada, dove si trovava la cava di ghiaia delle Ferrovie dello Stato, non ebbero difficoltà ad indicarglielo. Anche se della donna di nome Giovanna non ne sapevano nulla, non ebbero difficoltà a spiegargli come arrivare al frantoio.

Attraversò quindi il centro abitato e scese per cinque chilometri verso Castiglione della Pescaia finché, come gli avevano assicurato, non poté sbagliare: il frastuono delle rocce stritolate giungeva fin sulla provinciale, dove un'insegna scolorita indicava la presenza della cava.

Seguendo la freccia segnaletica Enrico imboccò sulla destra un viottolo pieno di buche, costeggiò per alcune centinaia di metri un binario morto sul quale stazionavano vecchi vagoni ferroviari stracolmi di ghiaia, e alla fine sboccò su un ampio spiazzo polveroso.

Da un lato lo delimitavano diverse costruzioni vecchiotte, lunghe e basse; dal lato opposto, si ergevano alcune montagne di ghiaia di vario calibro, a ridosso di un ciclopico frantoio che sprigionava nuvole di polvere grigia. Dal fondo un nastro trasportatore sopraelevato riversava dall'alto i massi di roccia strappati alla cava adiacente, che l'apparato poi ingoiava famelico e frantumava senza posa in un frastuono immane.

"Davvero un posticino rilassante dove abitare" pensò Enrico scendendo dall'auto, assordato dal clamore e infastidito per la polvere che turbinava nell'aria. Se le sue deduzioni erano esatte, la sorella di Iorio doveva abitare in una di quelle casupole oblunghe riservate al personale, al limite dello spiazzo.

Quando si avvicinò alla prima abitazione della fila, scorse sul muro una targa di metallo ossidato e impolverato, su cui a malapena si leggeva la scritta CUSTODE. Suonò, poi bussò più volte in dubbio se il campanello funzionasse, immaginando che non era comunque facile udire in mezzo a quel baccano. Finché alla fine venne ad aprire una donna sulla cinquantina.

"Chi sta cercando?" lo apostrofò senza tanti preamboli, quasi gridando per superare il rumore di fondo e squadrandolo da capo a piedi. Probabilmente immaginò che fosse qualche rappresentante di commercio, perché subito aggiunse seccata:

"Gli uffici sono chiusi. Torni un altro giorno, magari prima delle cinque."

"Mi chiamo Enrico e sto cercando la sorella di Carlo Iorio, l'autista che lavora all'Ilvatom di Saluggia" le spiegò a gran voce, nello sforzo di sovrastare il fragore dominante. "La donna che cerco si chiama Giovanna... mi hanno detto che abita qui."

"Sono io. Perché, cosa vuole?" rispose lei sospettosa. Poi l'espressione si fece preoccupata e aggiunse: "Non sarà mica successo qualcosa a Carlo?"

"Non ancora, o almeno lo spero. Ma suo fratello sta rischiando grosso... non sarei venuto fin quassù se non si trattasse di una faccenda molto seria."

"E io cosa c'entro? Perché lo viene a dire a me e non parla invece con lui?"

"Lo farei volentieri, ma non si riesce a trovarlo. Neppure al lavoro sanno più niente di lui. Per questo mi sono preso la briga di venire fin qui, perché speravo che lei potesse aiutarmi a rintracciarlo e ad evitargli altri guai."

"Ma se sarà almeno un mese che non lo vedo" rispose l'altra con un'alzata di spalle. "Ora poi è in vacanza all'estero e non ho idea di quando tornerà... mi dispiace."

"Le dispiacerà ancora di più, se non riesco a parlargli al più presto. Se Carlo torna prima che io possa avvertirlo di una certa cosa che lo riguarda, rischia la pelle." Scorgendo l'allarme negli occhi della donna, rincarò la dose: "Se non lo rintraccio subito, suo fratello è un uomo morto!"

"Come sarebbe a dire?" La donna cominciava ad agitarsi per la crescente preoccupazione, e la sua voce si fece stridula: "Chi sarebbe a volerlo morto?"

"Questo è meglio che lei non lo sappia. Comunque, se vuole veramente aiutare Carlo faccia il possibile per avvertirlo al più presto. Gli dica intanto che non deve assolutamente rientrare al lavoro, almeno fino a che non parla con me."

"Come faccio a sapere che non si tratta di uno scherzo di cattivo gusto?"

"Si deve fidare, per il momento di più non posso dirle. Le lascio per ogni evenienza il mio numero di cellulare" aggiunse porgendole un foglietto su cui annotò il proprio nome e recapito telefonico. "Per il bene di suo fratello cerchi di rintracciarlo. Gli dica di telefonarmi immediatamente, a qualunque ora. E mi raccomando, non ne faccia parola con nessuno."

Detto questo, girò sui tacchi e tornò all'auto posteggiata a pochi metri, lasciando la donna interdetta. Avviò la macchina in mezzo ad una nube di polvere e imboccò l'uscita, allontanandosi da quel frastuono con grande sollievo per le orecchie.

Quando diede un'ultima occhiata allo specchietto retrovisore, prima di svoltare dal viottolo in direzione della strada asfaltata, la sorella di Iorio era ancora sull'uscio di casa, pensierosa e intenta a rigirare fra le dita il suo biglietto.

L'esca era gettata. Ora si trattava di attendere con pazienza che il pesce abboccasse.

# 13

## *Scoperta l'intrusione*

Ad accorgersi dell'intrusione informatica fu Bevilacqua, il direttore amministrativo, intorno alle undici di mattina.

Dal terminale del suo ufficio al terzo piano aveva infatti tentato più volte di accedere ai file riservati, ma senza riuscirvi. Voleva controllare i codici di identificazione dei fusti nel bunker numero due, in particolare quelli dentro cui erano nascosti, fra le scorie, le sfere di plutonio provenienti dal processo di recupero. Prima del prossimo imbarco quei fusti andavano opportunamente contrassegnati, così da non finire in fondo al mare insieme a buona parte del carico e, una volta arrivati in Africa, permettere al loro incaricato di recuperare il plutonio. La fetta più lucrosa dei traffici dell'Ilvatom era proprio questa, una torta che i tre soci si spartivano sottobanco con alcuni trafficanti internazionali.

Se Bevilacqua fosse stato più esperto in materia, avrebbe capito che gli strani messaggi in inglese che il sistema operativo gli inviava rifiutandosi di andare avanti erano dovuti al fatto che un altro operatore, da un terminale con priorità più elevata, già stava operando sullo stesso archivio informatico. Fortunatamente per Enrico, invece Bevilacqua non capì il problema e continuò nei suoi tentativi. Pochi preziosi minuti che permisero a Enrico di chiudere tutto e dileguarsi.

Quando finalmente il sistema si sbloccò e Bevilacqua, tirando un sospiro di sollievo, poté andare avanti col suo lavoro, una delle schermate della procedura di controllo lo mise in allarme: qualcuno era appena stato a curiosare nei suoi archivi.

Eppure aveva organizzato le cose in modo da escludere una simile possibilità: oltre a essere crittografati nel contenuto, gli archivi venivano salvati come file nascosti e protetti da password segrete. A parte Di Martino, il responsabile CED che aveva predisposto le procedure di protezione, solo lui conosceva le chiavi di accesso. Ma ora, mentre controllava che l'intoppo precedente non avesse causato danni, si stava accorgendo che molti di quei file erano appena stati movimentati. Chi poteva averlo fatto?

Così chiamò immediatamente Di Martino e insistette per avere una spiegazione.

"Le posso garantire che stamattina non ho lavorato su nessuno dei suoi archivi" insisté il capocentro, respingendo con veemenza il sospetto espresso dal direttore nei suoi riguardi. "Sono stato in sala macchine praticamente tutta la mattina e le assicuro che né io né gli operatori ci siamo sognati di fare una cosa del genere."

"Però qui il file di log parla chiaro" ribatté seccato Bevilacqua battendo ripetutamente la matita sul vetro del monitor. "Lo vede anche lei che gli ultimi accessi agli archivi sono di poco fa."

"Sembrerebbe così…" rispose l'altro imbarazzato, dopo aver allungato il collo e sbirciato le scritte a video. Da sistemista esperto aveva afferrato al volo il problema, ma cercava di temporeggiare per trovare un motivo plausibile. "Ma dev'esserci qualche altra spiegazione…"

"Allora perché non la dice anche a me?" sbottò l'altro. "Senta, Di Martino, qui le chiacchiere stanno a zero. Vorrei ricordarle che abbiamo speso fior di quattrini per introdurre controlli e protezioni nelle procedure meccanografiche, proprio per impedire che questo potesse accadere. Eppure ci accorgiamo che qualcuno è appena andato a ficcare il naso dentro i miei archivi. Quindi il minimo che posso chiederle è di capire esattamente cosa accidenti è successo!"

Franco Di Martino, giovane rampante sui trentacinque anni, dopo la laurea in Informatica era stato assunto all'Ilvatom come analista programmatore. In poco tempo si era guadagnato la fiducia di Bevilacqua e aveva fatto carriera, divenendo il responsabile del CED e condividendo col direttore amministrativo una parte dei suoi molti segreti.

Sapeva che l'azienda custodiva gelosamente informazioni

delicate e strettamente riservate, per le quali aveva messo a punto un sistema di protezione tramite password e di registrazione crittografica dei dati. Qualche volta gli era anche venuta la curiosità di andare a darci un'occhiata più da vicino, ma si era sempre trattenuto dal farlo. Bevilacqua aveva infatti voluto un apposito programma di log che registrasse ogni volta che quei file venivano aperti, in modo che dal proprio terminale potesse sempre conoscere data e ora della loro ultima movimentazione.

Ora da quelle stesse registrazioni di log risultava chiaro che qualcuno aveva appena movimentato gli archivi e Di Martino non riusciva proprio a capire come poteva essere successo... finché all'improvviso trasalì, colto da un dubbio atroce.

"A cosa sta pensando?" chiese Bevilacqua, che aveva scorto l'improvvisa preoccupazione dipinta sul volto impallidito del giovanotto. "Se le è venuta qualche idea, vorrebbe essere tanto cortese da dirla anche a me?"

"Mi è sorto il sospetto che qualcuno ci abbia giocati."

"Come sarebbe a dire, giocati?"

"Ora le spiego..." soggiunse titubante Di Martino con ancora vivida nella mente la scena di quel Lauria, che fino a mezz'ora prima aveva trafficato indisturbato alla consolle di sistema, e per di più con la sua benedizione. Man mano che il sospetto prendeva corpo, provava una stizza tremenda all'idea di essersi fatto prendere per il naso. "Vede, dottor Bevilacqua, questa mattina si è presentato al CED un tecnico dell'Alfa Computer, sa, la software house di Torino che ci fa da consulente per Internet..."

"E allora?"

"Ieri ci avevano preannunciato via fax un loro intervento piuttosto urgente, spiegando che dovevano aggiornare il protocollo di collegamento per installare degli antivirus." Di Martino riassunse in breve il recente intervento del finto Lauria, mentre il dirigente lo ascoltava allibito. Rendendosi conto di quanto fosse stato ingenuo, cercò di giustificarsi: "Rischiavamo di bloccarci anche noi, per quel virus informatico che negli ultimi giorni ha devastato i calcolatori di mezzo mondo, così ho reputato necessario lasciarlo fare. Purtroppo ha usato il terminale di sistema che sta giù al CED... ed è possibile che accidentalmente sia incappato nei suoi archivi."

"Accidentalmente un corno! Non si superano tutte le procedure di protezione che abbiamo installato solo per caso, dovrebbe saperlo meglio di me. La sua è stata una leggerezza imperdonabile: far mettere il naso nei nostri affari al primo venuto. E non stiamo parlando di un solo file... qui la log parla chiara: ne ha smanettati almeno una dozzina, cioè praticamente tutti!" tuonò adirato. "Intanto vorrei sapere se quel tizio è veramente un tecnico dell'Alfa Computer, come ha detto di essere. Ha controllato?"

"Veramente, no... non ancora" rispose l'altro, incassando mogio quest'altra batosta. "Provvederò a farlo immediatamente."

"Ecco, bravo: meglio tardi che mai. Telefoni subito a Torino e senta se all'Alfa Computer ne sanno qualcosa. In caso contrario, come penso risulterà, controlli il mittente telefonico sul fax e scopra da chi è stato spedito" tagliò corto Bevilacqua alzandosi palesemente irritato, segno che per il momento la conversazione era terminata.

"E appena ha le idee più chiare, torni da me. Ma non ci metta troppo: aspetto le sue risposte in giornata."


Poche telefonate furono sufficienti a Di Martino per scoprire come erano andate le cose.

All'Alfa Computer non ne sapevano niente, proprio come aveva sospettato Bevilacqua. Avevano sì un tecnico di programmazione chiamato Pietro Lauria, ma era rimasto in sede tutto il giorno e quindi non poteva essere stato lui ad intrufolarsi nel loro CED.

Il fax, poi, era stato inviato da una cartoleria di Torino e il titolare non sapeva affatto chi l'aveva mandato, dati i molti clienti occasionali che ogni giorno spedivano fax dal suo negozio. Tutto ciò confermava che quel Lauria era un impostore, venuto intenzionalmente per trafugare gli archivi dell'Ilvatom.

Quando poi fu interpellato il custode in servizio alla

guardiola quella mattina ne saltò fuori una ancora più grossa, e cioè che l'intruso era già stato in azienda il giorno precedente, accompagnato dal Mariani. Di conseguenza fu ascoltato anche il fattorino, che dovette spiegare come e dove si erano conosciuti e fu costretto ad ammettere imbarazzato di avergli anche fatto visitare lo stabilimento in lungo e in largo.

"Come ti è saltato in mente di portare in giro per i nostri impianti un emerito sconosciuto, e per di più senza la mia autorizzazione?" sbraitò ancora più allarmato Bevilacqua rivolgendosi al Mariani, rimasto dritto impalato davanti alla mega scrivania dirigenziale. "Non dirmi che hai creduto davvero alla panzana dell'assunzione... non ti sembra di esserti comportato da stupido?"

"Cosa vuole che le dica, dottore. Lei ha tutte le ragioni di questo mondo, ma quel tizio mi era sembrato sincero. Come potevo immaginare che si stava inventando tutto?"

"Lasciamo perdere questa storia" l'interruppe bruscamente Bevilacqua. "Dimmi invece cosa ti ha chiesto a proposito delle nostre attività."

"Non è che ne abbiamo parlato molto" rispose impacciato il Mariani, mentre con la manona pelosa si grattava goffamente la pelata simile a una chierica. "Mi ha solo domandato dove teniamo le scorie radioattive e se escono mai da qui."

"E tu cosa hai risposto?"

"Quel poco che so, dottore: che qualche volta ne mandiamo un po' in Africa, per fare spazio... tutto qui."

"Nient'altro? Pensaci bene."

"Beh, quando ha saputo che lavoriamo il berillio, mi ha fatto una domanda un po' strana."

"Quale sarebbe?"

"Mi ha chiesto se avevamo qualcosa a che fare con la morte della donna di Corniano Marina..."

"E tu?"

"Niente. Gli ho detto che nessuno ne sa niente" assicurò Mariani, rafforzando il diniego con ampi gesti delle mani. "Evidentemente si è convinto che non c'entriamo, perché non me ne ha più parlato."

"Meglio così" concluse Bevilacqua. "Per ora puoi andare...

ma se quel tizio si fa rivedere avvisaci immediatamente."

Il fattorino non se lo fece ripetere due volte. Girò sui tacchi e si richiuse la porta alle spalle, lasciando Di Martino seduto davanti al dirigente, all'altro lato dell'ampia scrivania di mogano.

"Allora vediamo di riordinare le idee" esordì Bevilacqua in tono grave, dopo una lunga pausa. "Abbiamo appurato che si tratta di un'intrusione premeditata. Ora lei deve dirmi se l'intruso si è limitato a curiosare nei miei archivi, o se li ha anche copiati."

Era la domanda che Di Martino tanto temeva, che aveva sperato con tutto il cuore non gli facesse mai. Mentendo non avrebbe fatto altro che peggiorare la sua credibilità, già messa a repentaglio dai recenti fatti. Fu perciò costretto ad ammettere, mesto: "Purtroppo temo che li abbia anche copiati."

"Cosa glielo fa supporre?" annuì l'altro, già convinto che le cose stessero così.

"Ho esaminato i file temporanei del sistema operativo e ne ho avuto la conferma, purtroppo."

"Meno male che i dati sono stati tutti crittati. Secondo lei, c'è qualche possibilità che riesca a decifrarli?"

"Non è un'impresa alla portata di tutti" ammise a malincuore Di Martino. "Ma se è stato capace di farcela fino a questo punto, superando le protezioni del sistema, dev'essere un tipo in gamba e potrebbe anche riuscirci."

"Questo sì che sarebbe davvero un bel guaio!" sbottò Bevilacqua alzandosi di scatto. Più che irritato, era visibilmente preoccupato al pensiero che quelle registrazioni potessero cadere in mani sbagliate. "Vale per lei quello che ho detto anche al Mariani: se quel tizio dovesse ricomparire, bloccatelo e chiamatemi immediatamente."

Dopo che Di Martino fu uscito dalla stanza, Bevilacqua restò alcuni minuti a rimuginare su quanto era accaduto e riflettere sul da farsi. Ad un certo punto si decise: alzò la cornetta dell'interfono e convocò d'urgenza i due soci. Non era una responsabilità che voleva prendersi da solo, viste le possibili implicazioni, ed era della massima urgenza prendere subito una decisione, nell'eventualità gli archivi venissero decifrati e usati chissà a quali scopi.

Nel giro di dieci minuti i tre soci dell'Ilvatom erano riuniti nell'ufficio di Bevilacqua. Il direttore amministrativo riassunse gli sviluppi dalla loro ultima riunione di domenica mattina e osservò che la situazione stava precipitando oltre ogni ottimistica previsione.

"Accidenti a te e alla tua mania del computer!" inveì Vito Boriani saltando su tutte le furie, non appena Bevilacqua li mise al corrente dell'intrusione informatica. "Ci abbiamo proprio fatto un bel guadagno a darti retta. Ecco dove siamo finiti fidandoci di tutte le tue garanzie sulla sicurezza degli archivi..."

"Datti una calmata, Vito, e vediamo invece di risolverlo, questo problema" intervenne Maltese, ormai abituato a fungere da ammortizzatore fra i due. "Anziché metterci a piangere sul latte versato pensiamo piuttosto a cosa si può fare."

"E cosa vuoi fare?" ribatté secco Boriani. "Ormai gli archivi se li sono presi."

"Ma tutte le registrazioni sono crittate, non dimenticarlo" precisò Bevilacqua. "Quindi potrebbero anche non riuscire mai a decifrarli..."

"Dove sta allora il problema?" lo rintuzzò l'altro, ironico. "Allora aspettiamo e speriamo."

"Non ho detto questo, Vito" disse il socio di rimando, ignorando il commento sarcastico. "Il pericolo è reale, ma archivi del genere richiedono comunque molto tempo per essere decifrati se non si possiede il programma crittografo. Ci metteranno un bel po' prima di riuscire a capirci qualcosa. Abbiamo quindi un certo margine di tempo per agire."

"Cosa suggerisci di fare, allora? ... sentiamo."

"Semplice: dobbiamo rintracciare il ladro e riprenderci le copie."

"Geniale!" esclamò l'altro, beffardo. "Visto che però non sappiano neppure chi sia, possiamo magari risolvere tutto con un bell'annuncio sul giornale!"

"C'è poco da fare lo spiritoso, Vito." Tagliò corto Bevilacqua, stufo del socio perennemente all'opposizione.

"Dobbiamo far intervenire Pluto."

La sola pronuncia di quel nome sortì l'immediato effetto di raffreddare gli animi e riportare la conversazione su un tono più costruttivo. Pluto era il nome in codice del loro contatto per il nucleare di sottobanco, l'intermediario nel traffico clandestino di materiali radioattivi. Pseudonimo per plutonio, non aveva per loro un volto, ma solo una voce al telefono satellitare.

"E' davvero necessario coinvolgerlo in questa faccenda?" chiese titubante Maltese. "Non pensate che sarebbe meglio sbrigarcela da soli?"

"A me pare invece un'idea da non scartare" intervenne Boriani, in una delle rare occasioni in cui si dichiarava d'accordo col collega. "Se viene fuori la faccenda del plutonio che recuperiamo dalle scorie, ci rimette anche lui. Ha quindi interesse almeno quanto noi a riprendersi quelle copie."

"E poi non dimentichiamo che questo rientra negli accordi" aggiunse Bevilacqua, tranquillizzato nel veder acquietato il suo detrattore. "In caso di emergenza, fa parte dei patti che debba intervenire lui con una squadra speciale, ricordate?"

"D'accordo" acconsentì Maltese. "Pensaci tu a contattarlo come al solito, Mauro. Hai il numero del suo telefono satellitare abilitato per oggi?"

"Mi basta tirarlo fuori con la solita routine di randomizzazione che mi ha fornito Pluto stesso. Appena sono riuscito a contattarlo, vi faccio sapere cosa intende fare."

"Bene, vediamo allora di non perdere tempo" lo esortò Maltese. "Digli anche che la prossima spedizione è quasi pronta... ma con tutto questo caos deve dirci lui se procedere, oppure se è meglio aspettare."

# 14

## *Un hacker di nome Mills*

Dopo innumerevoli quanto inutili tentativi al computer, Enrico non era ancora riuscito a venire a capo di nulla: i file crittografati dell'Ilvatom parevano proprio inespugnabili. Aveva trascorso tutto il mercoledì a tentare con diversi programmi di decodifica, ma non funzionavano, segno che Di Martino sapeva il fatto suo.

Alla fine, convintosi che da solo non ce l'avrebbe mai fatta, decise di chiedere aiuto ad un club di hackers statunitensi, sempre disponibili a dare una mano in situazioni del genere. Per loro era questione di principio e punto d'orgoglio dimostrare che nessun sistema di protezione era insuperabile.

Anche se l'orologio alla parete del suo studio segnava le otto e mezza di sera, la differenza di fuso orario gli avrebbe consentito di raggiungerli oltre oceano per l'ora di pranzo, ora locale, a uffici aperti. Pertanto s'affrettò a inviare una e-mail al loro indirizzo di Las Vegas chiedendo assistenza per decrittare il file che allegava come campione, ovvero uno di quelli copiati all'Ilvatom. Quindi, lasciato il computer acceso, andò in cucina a prepararsi qualcosa per cena.

Trascorse un paio d'ore fra i lavori in cucina e qualche notiziario alla televisione in attesa di una loro risposta finché, sopraffatto dalla stanchezza, andò a dormire. Evidentemente la soluzione richiedeva più tempo del previsto.

A interrompere bruscamente il suo sonno fu il cellulare, che prese a squillare inesorabile finché, per zittirlo, dovette per forza rispondere.

"Pronto... chi accidenti è?" farfugliò con la bocca impastata e ancora mezzo addormentato, mandando in cuor suo una maledizione all'invadente interlocutore che aveva avuto l'ardire di intromettersi nei suoi sogni, e per giunta a mezzanotte suonata.

"Sono Carlo Iorio" rispose una voce imbarazzata all'altro capo del filo, evidentemente consapevole dell'orario poco ortodosso. "Mia sorella Giovanna mi ha riferito che voleva parlarmi con urgenza e che potevo telefonare in qualsiasi momento. Mi spiace per l'ora tarda, ma ho ricevuto il messaggio solo adesso dopo che sono rientrato in camper."

"Non si preoccupi. Ha fatto bene a chiamarmi" lo tranquillizzò Enrico che s'era svegliato del tutto, rallegrandosi che la sua esca avesse funzionato così presto e bene. "Piuttosto, lei dove si trova in questo momento?"

"Sono a Ventimiglia. Mi ha telefonato mia sorella, spaventatissima per quello che le ha raccontato ieri pomeriggio. Mi ha detto che si tratta di una questione di vita o di morte..." Fin qui l'uomo si era controllato, anche se si avvertiva la voce tesa e nervosa. Ma alla fine sbottò: "Si può sapere cosa sarebbe questa storia assurda che io sarei in pericolo?"

"Per telefono preferisco non parlarne" tagliò corto Enrico. Era meglio tenerlo sulla corda, così da renderlo più disposto a collaborare e vuotare il sacco. "Dobbiamo incontrarci per parlarne a quattr'occhi. Nel frattempo le consiglio di non tornare a casa, né tanto meno all'Ilvatom, e neppure di far sapere dove si trova. Quelli stanno cercando in tutti i modi di rintracciarla ma, fossi in lei, non mi fiderei. Quella è gente che quando è messa alla corda non va tanto per il sottile, mi creda."

"Ma che stupidaggini sta farfugliando, si può sapere?" borbottò l'altro, incredulo e titubante. "Cosa dovrei mai temere?"

"Si fidi di me, se ci tiene alla pelle. Ho buoni motivi per dire così. Ma le spiegherò tutto appena potremo parlare a quattr'occhi. La questione è molto delicata."

"Sarebbe a dire, quando... e dove?"

"Incontriamoci a metà strada. Domani in tarda mattinata, a Genova. Le va bene?"

Per Enrico il viaggio a Genova aveva un ulteriore obiettivo, quello di dare un'occhiata da vicino alla Portoria, la nave che a detta del fattorino dell'Ilvatom era stata di recente utilizzata per il trasferimento delle scorie radioattive in Africa.

Quando infatti aveva telefonato alla redazione dell'Avvisatore Marittimo per informarsi sui recenti movimenti della motonave, aveva saputo che faceva scalo a Genova con una certa regolarità e che l'arrivo era previsto proprio per l'indomani, proveniente dalla Somalia. Una recente tempesta con mare forza nove aveva divelto un paio di maniche a vento e storto un bigo di carico a prua, così che prima di riprendere il mare dovevano fare le necessarie riparazioni in coperta. Di conseguenza la Portoria sarebbe rimasta all'ormeggio per alcuni giorni.

"Genova può andar bene" rispose Iorio dopo un attimo di esitazione. "Basta che chiariamo questa faccenda una volta per tutte. Dove vuole che c'incontriamo?"

"Potremmo vederci alla Foce, nel parcheggio di fronte alla Fiera del Mare. Sa dov'è?"

"Si, conosco la zona, vado ogni anno al Salone Nautico."

"Bene. Allora vediamoci sul piazzale davanti all'ingresso principale. Diciamo, domattina verso le undici."

"Ci sarò. Ma come faccio a riconoscerla? Non so neppure che faccia ha ..."

"Non si preoccupi, penserò io a cercarla" lo rassicurò Enrico. "So che il suo camper è bianco e grigio, con la scritta *CB Maremma* sul retro. Lei pensi solo a posteggiare vicino all'ingresso della Fiera."

"Vedo che è ben informato sul mio conto..."

"Ne parliamo domani" si limitò a rispondere Enrico, ignorando il commento. Sentendo riaffiorare la stanchezza per le tensioni accumulate nella giornata, concluse: "Ora torno a dormire: domattina ho parecchi chilometri da macinare, e le consiglio di fare altrettanto. Di tutto il resto potremo discutere a quattrocchi."

L'indomani avrebbe dovuto usare tutta la sua abilità per ottenere da Iorio quante più informazioni possibili e capire se l'Ilvatom era davvero responsabile della morte di Simona. Se il fiuto non lo ingannava stava battendo la pista giusta.

Poi rammentò di aver lasciato acceso il computer. Visto che

ormai era sveglio, prima di tornare a letto andò a dare un'occhiata... e vide lampeggiare l'icona che segnalava posta in arrivo.

Trepidante, aprì l'e-mail appena arrivata e trovò la gradita sorpresa: un hacker di nome Mills aveva scovato il programma di decodifica giusto per il suo caso e glielo aveva inviato in allegato, insieme ad alcune indicazioni di carattere generale.

Così fece immediatamente una prova, utilizzando la copia integrale di uno dei file crittati dell'Ilvatom. E come per magia, una riga dopo l'altra, il contenuto cominciò a scorrere sul video, decodificato e leggibile!

Enrico non stava più nella pelle, man mano che la conversione procedeva e sul monitor comparivano caratteri finalmente comprensibili, al posto dei geroglifici precedenti. Quel Mills meritava almeno un ringraziamento, cosa che fece immediatamente spedendo al suo mittente una e-mail di conferma.

Poteva ritenersi soddisfatto, anche se era consapevole di essere solo all'inizio del paziente lavoro da certosino che l'attendeva. Non solo la decrittazione di tutti gli archivi avrebbe richiesto del tempo, ma ancor più gliene sarebbe servito per comprenderne il contenuto. Poteva solo augurarsi che Di Martino avesse usato un sistema di cifratura identico per tutti i file.

Nonostante l'ora tarda un'occhiata alle registrazioni la volle però dare lo stesso. Aveva infatti già notato che, nelle sequenze di cifre per lui ancora senza senso, c'era qualcosa di comprensibile. Le sequenze erano infatti frammiste a nomi tipo Brick IV, Portoria, Sirena dei Mari, e simili, che dovevano riferirsi a navi, almeno a giudicare da quella già di sua conoscenza, la Portoria.

In una seconda sequenza comparivano gli stessi nomi di navi, ma correlati a nomi di porti italiani e dell'Africa nord orientale, suggerendo a Enrico che fossero le registrazioni dei trasporti effettuati dall'Ilvatom lungo quelle rotte. E i lunghi elenchi di cifre associati a ciascuna rotta potevano essere i codici di identificazione dei contenitori di scorie radioattive, le specifiche del loro contenuto e le relative quantità.

Enrico non poté poi fare a meno di notare le sigle associate ad alcuni di quei codici, sigle che nella sua immaginazione alimentarono il sospetto che ci fosse sotto qualcosa di più di un semplice trasporto di scorie. La sigla "Be" ad esempio, era anche il simbolo chimico del berillio, mentre "Ux" poteva magari indicare un isotopo generico dell'uranio, e "PL" riferirsi al plutonio.

"Uranio? Plutonio?" borbottò pensieroso Enrico. "Vuoi vedere che l'Ilvatom, con la scusa delle scorie radioattive, traffica anche con questa roba?"

Per completare il puzzle ci sarebbero voluti ancora molto tempo e pazienza, ma non era questo il momento. Avviò quindi il programma di stampa del file già decodificato e, non appena la stampante a modulo continuo cominciò a crepitare sulla carta, chiuse la porta dello studio e tornò finalmente a dormire.

La sveglia lo avrebbe buttato giù dal letto fra meno di cinque ore.

# 15

## *Risolto l'enigma*

Genova gli si presentò d'improvviso, nella veduta mozzafiato che dallo svincolo per Nervi abbraccia tutta la parte orientale della città. Da lassù, come sospeso a mezz'aria sul viadotto a gomito in uscita dall'autostrada, la vista spaziava sopra una distesa di tetti e giardini a perdita d'occhio, oltre i quali il mare, scintillante sotto i raggi del sole già alto, a tratti fremeva agli ultimi aliti di tramontana.

Non era certo la prima volta che Enrico passava di lì, ma anche in questa occasione rallentò più del dovuto e, traffico permettendo, indugiò sullo svincolo aereo per assaporare con gli occhi quei pochi attimi in cinemascope.

Passato il casello, imboccò Corso Europa percorrendolo fino in fondo, finché giunse in prossimità della Stazione Brignole. Un altro chilometro di caotico traffico cittadino e fu finalmente alla Foce, luogo dell'appuntamento con Carlo Iorio.

Non vedeva l'ora di incontrarlo per verificare la sua tesi. Uno come lui, che da anni trasportava scorie radioattive per conto dell'Ilvatom, doveva conoscere molti particolari interessanti sui loro traffici. E se il berillio che aveva contaminato Simona era per davvero il loro, sicuramente Carlo Iorio sapeva come erano andate le cose.

Posteggiò l'auto a ridosso della scogliera artificiale in fondo al piazzale e s'avviò a piedi verso la Fiera del Mare, un centinaio di metri più avanti. Il camper era fermo vicino all'entrata principale, con la scritta "CB MAREMMA" stampigliata sul retro. Le undici erano passate da un pezzo e il ritardo stava evidentemente preoccupando Iorio, intento a girellare nervosamente nei pressi del camper.

Carlo era sulla sessantina, di statura media e piuttosto

corpulento. Vestiva alla maniera tipica dell'escursionista "fai da te" versione balneare, con zoccoli di plastica, ampi bermuda a fioroni sgargianti e una canottiera a righe orizzontali rosse e bianche, tipo bagnino. Dall'abbronzatura tendente al rosso aragosta si capiva che nei giorni precedenti non si era risparmiato sulle spiagge iberiche, in barba alle raccomandazioni dei dermatologi.

"Salve, sono Enrico" lo salutò prendendolo alla sprovvista di spalle. "Lei dev'essere Carlo Iorio, vero?"

"Accidenti a lei!" sussultò l'altro voltandosi di scatto. Dopo averlo squadrato da capo a piedi, aggiunse: "Ormai pensavo fosse tutto uno scherzo."

"L'assicuro che non lo è affatto" ribatté Enrico ignorando il malaugurio. "Penso sia meglio entrare nel camper... tanto per non dare troppo nell'occhio."

"Vedo che le piace continuare a fare il misterioso" commentò l'altro sarcastico, avviandosi verso la porticina laterale del camper. "Andiamo dentro, allora."

Entrarono nel ristretto spazio, reso ancora più angusto dalla confusione che vi regnava. "Non faccia caso al disordine" si scusò mentre scansava un mucchio di panni per fargli posto.

Enrico attese con pazienza che l'altro togliesse di mezzo vari capi d'abbigliamento ammonticchiati sul divanetto. Quando furono seduti l'uno di fronte all'altro, estrasse una fotocopia dalla cartelletta che teneva in mano e la porse a Iorio, senza fare commenti.

"Che cos'è?" chiese l'altro sospettoso, limitandosi a dare un'occhiata superficiale al foglio.

"Come può ben vedere, è la copia di un articolo del Corriere Toscano di venerdì scorso... ma se stava in Spagna probabilmente non l'ha letto."

"Ovvio, mi pare. Ma io cosa c'entro?"

"Prima lo legga" lo esortò Enrico, laconico. "Sono certo che poi lo capirà da solo."

"Se proprio ci tiene..." sbuffò quello insofferente, e allungò una mano sopra la vicina mensola per prendere gli occhiali da lettura. Era quasi patetico vedere quel faccione, reso ancor più rubicondo dall'abbondante sole spagnolo, inforcare a metà naso gli occhialetti rettangolari e fare un sacco di smorfie nel tentativo di mettere a fuoco lo scritto.

Mentre scorreva il foglio Enrico lo osservava in silenzio. Non era necessario essere psicologo per capire che più l'uomo procedeva nella lettura, più turbato appariva. L'articolo su tre colonne era quello che descriveva per filo e per segno le conseguenze della contaminazione nucleare su Simona, fino al suo straziante decesso all'ospedale di Corniano Marina.

Trascorsero alcuni lunghi minuti nel completo silenzio. Iorio evidentemente leggeva e rileggeva l'articolo, ed Enrico avrebbe pagato chissà cosa per sapere quali pensieri gli frullavano in capo. Dovevano comunque essere angosciosi, a giudicare dalle goccioline di sudore che sempre più copiosamente gli imperlavano la fronte.

"Lo sa che per codesta faccenda all'Ilvatom la stanno cercando come disperati?" l'apostrofò Enrico, rompendo bruscamente il silenzio e additando l'articolo nelle mani dell'interlocutore. "Anzi, per la verità penso siano in molti a cercarla in questo momento, inclusa certamente la Polizia."

"Non capisco..." balbettò l'altro, confuso. Poi, come a giustificarsi, azzardò un debole alibi: "Ma se ero in Spagna quando è successo... cosa c'entro io?"

"Questo conta poco. Sa meglio di me che quelle scorie restano radioattive per un sacco d'anni, quindi la contaminazione può essere avvenuta anche molto tempo dopo che sono state lasciate in giro."

"Continuo a non capire cosa accidenti vuoi da me. Trasporto scorie radioattive, è vero, ma non ho lasciato in giro proprio un bel niente, se è questo che stai insinuando..."

"Senti amico, vedo che qui stiamo perdendo tempo e io non me lo posso proprio permettere" lo interruppe Enrico alzandosi di scatto e strappandogli di mano la fotocopia dell'articolo. "Visto che la cosa non t'interessa, lasciamo perdere. Fai finta che non ti ho detto niente e tornatene pure all'Ilvatom. Se però vuoi un ultimo consiglio spassionato, prima fa testamento."

"E dagli con questa storia da menagramo!" ribatté l'altro, incerto e spaventato. "Chi sarebbe secondo te a volermi morto?"

"Tu chi dici... non ti viene in mente davvero nessuno? Per

esempio qualcuno che non vuol rischiare che tu ti metta a raccontare alla Polizia come ha fatto quel berillio radioattivo ad andare in giro fino ad ammazzare una donna" rispose Enrico con un'alzata di spalle. Poi, prendendo spunto da quel poco che aveva già intuito decifrando i file dell'Ilvatom, azzardò un'ipotesi che evidentemente all'interlocutore suonò realistica: "Per non parlare dei boss che trafficano con la tua cara Ilvatom e di certo non vorranno correre rischi per causa tua. Immagino che quando riusciranno a trovarti saranno piuttosto sbrigativi."

"Ma di quali rischi parli? Di cosa stai cianciando?"

"Non dirmi che non sai niente delle manovre sottobanco dell'Ilvatom col plutonio e degli altri strani traffici dei tuoi illustri datori di lavoro. Dato che per anni sei stato addetto ai trasporti, è facile immaginare che tu sia anche a conoscenza di molti segreti compromettenti. Loro lo sanno bene, come pure sanno che quando la Polizia riuscirà a interrogarti ti farà un mucchio di domande imbarazzanti. E questo l'Ilvatom e i suoi potenti clienti non credo se lo possano permettere."

Il ragionamento era evidentemente ben fondato e colpì nel segno: in quegli ultimi anni Carlo Iorio ne aveva dovuto chiudere di occhi e orecchi. Ma, ogni volta che c'era stato costretto, aveva messo a tacere la coscienza ripetendosi che non era affar suo decidere cosa era giusto fare e cosa non lo era. Veniva pagato per eseguire degli ordini, e basta. Lo pagavano bene anche per questo, perché contavano sulla sua discrezione.

Forse aveva ragione sua moglie quando gli ripeteva che quello era un lavoro pericoloso, e non solo per la radioattività.

"Non ho ancora capito cosa c'entri tu con questa storia" chiese Iorio diffidente, dopo una pausa di riflessione. Era già un passo avanti. Carlo stava ammorbidendosi e cominciava evidentemente a chiedersi se poteva fidarsi.

"Accontentati di sapere che sto facendo delle indagini personali e voglio andare a fondo nella faccenda." Enrico preferiva non dirgli che Simona Fiorani era sua moglie, certo che altrimenti l'uomo si sarebbe chiuso a riccio. Anche per questo si era presentato semplicemente come Enrico.

"Allora cosa dovrei fare, secondo te?" chiese Iorio, per niente rassicurato.

"Comincia a spiegarmi come ha fatto quel berillio a trovarsi in giro. Sono sicuro che mentre leggevi l'articolo del Corriere qualche idea in proposito ti è venuta. Ti conviene raccontarmi per filo e per segno come sono andate le cose. Poi vedrò se posso aiutarti a venirne fuori illeso. D'accordo?"

"Chi mi garantisce che posso fidarmi?"

"Non hai molte scelte, mi pare: o ti fidi di me, oppure la prossima volta ti vengo a trovare all'obitorio."

Iorio sussultò e cominciò a rigirare senza posa gli occhialetti fra le dita. Era bastata la parola obitorio a richiamargli in mente la macabra scena del mese scorso e dello zio Fernando, rigido sotto un lenzuolo di poco più bianco del viso che pietosamente celava, quando si era recato alla camera mortuaria dell'ospedale per dargli l'estremo saluto, dopo che un infarto lo aveva sottratto all'affetto dei suoi cari nonché a un consistente codazzo di creditori. Al solo pensiero di trovarsi lui stesso su quel tavolaccio di acciaio inossidabile, rabbrividì. Alzando le mani in segno di resa, esclamò: "D'accordo, hai vinto. Siediti, e dimmi cos'è che vuoi sapere."

"Te lo ripeto" sbuffò Enrico, riprendendo il suo posto. "Devi raccontarmi tutto quello che sai sul quel berillio radioattivo e spiegarmi come ha fatto ad arrivare a Corniano Marina. Sono convinto che conosci molto bene come sono andate le cose."

Era vero, anche se parzialmente. Ma richiamare alla mente quei ricordi per Carlo era come farsi violenza, dopo che ripetutamente aveva tentato di soffocarli ogni volta che cercavano di riaffiorare. Ora però era con le spalle al muro e, nonostante la consueta stretta allo stomaco, non aveva alternativa.

"E' successo ai primi di maggio" cominciò a raccontare. "Stavamo completando una grossa spedizione di scorie radioattive, trecentocinquanta fusti imbarcati al porto di Corniano."

"Dirette dove, lo sai?"

"In Africa… Somalia, mi pare. Come al solito, ero io l'addetto al trasporto dei fusti. Dai nostri depositi di Saluggia i fusti venivano caricati, circa centoventi per volta, su un apposito autotreno a cinque assi che usiamo per questo tipo di trasporti speciali in regime ADR. Dopo un viaggio di diverse ore fino al porto di Corniano Marina, i fusti venivano imbarcati sulla Portoria, una motonave battente bandiera liberiana. Ricordo che ero al terzo e ultimo viaggio, un venerdì sera. Da tre giorni andavo avanti e indietro facendo la spola fra l'Ilvatom e la nave, ottocento chilometri per volta fra andata e ritorno, ed ero parecchio stanco... oltre che affamato."

"Continua. Finora la storia quadra."

"Con l'autotreno posizionato sotto i bighi di carico della nave, erano iniziate le operazioni di imbarco. A bordo dicevano che per finire ci sarebbero volute almeno altre tre ore e così, dato che era già quasi buio, ho pensato di approfittarne per andare nel frattempo a mangiare qualcosa. Avrebbero provveduto quelli della nave a portare avanti il lavoro, io non ero indispensabile. Così ho lasciato il mezzo sul molo e sono andato a piedi in paese, a un paio di chilometri dal porto.

"In pizzeria ho incontrato un autotrasportatore che non vedevo da anni e, fra una chiacchiera e l'altra, s'è fatto più tardi del previsto. Quando sono tornato alla nave, avevano già finito di caricare e stavano chiudendo i boccaporti, pronti a levare gli ormeggi. Non c'era comunque da preoccuparsi, perché avevo già sistemato i documenti d'imbarco con l'ufficiale di bordo..."

"E allora... tutto qui?" L'interruppe impaziente Enrico, che ancora non riusciva a vedere un nesso fra il racconto di Iorio e la faccenda del berillio.

"Purtroppo no... il brutto viene adesso. La sgradita sorpresa l'ho avuta quando sono andato a chiudere il rimorchio e mi sono accorto che in fondo al vano di carico era rimasto un contenitore più piccolo, uno di quelli che l'Ilvatom utilizza per i residui industriali provenienti dalle operazioni di irradiamento. L'addetto all'imbarco deve averlo scambiato per qualcosa che non c'entrava col carico, forse una grossa latta di pittura, dato che si assomigliano, e l'ha lasciato sul camion. Ormai la nave era in partenza e non c'è stato modo di convincerli a riaprire un boccaporto per mettere in stiva anche quell'ultimo contenitore. Dopo tre giorni all'ormeggio, ad aspettare che io finissi di andare avanti e indietro per completare la spedizione, il comandante non voleva perdere neppure un altro minuto. Così quel contenitore mi è rimasto sul groppone."

"Cosa ne hai fatto, allora?"

"Ero in un bel guaio. Riportandolo in fabbrica avrei dovuto spiegare a quelli dell'Ilvatom che mi ero assentato durante le operazioni d'imbarco, fatto inammissibile per loro e a rischio di licenziamento per me. D'altra parte i documenti di carico erano a posto, già timbrati e controfirmati dal vettore per trecentocinquanta colli, quantità che evidentemente nessuno a bordo aveva avuto interesse a controllare, e che comunque corrispondevano alle bolle in uscita dai nostri depositi. Formalmente quel contenitore risultava a bordo, e doveva quindi sparire."

"Ho capito... e come te ne sei liberato?"

"Approfittando del fine settimana, sono rimasto a dormire da mia sorella, che abita vicino a Ribolla. La mattina dopo ho portato il contenitore in un capannone che ha in campagna e con la fiamma ossidrica ho cancellato per bene tutte le scritte di identificazione stampigliate all'esterno, oltre a dissaldare parzialmente il coperchio. Poi la notte successiva sono tornato a Corniano con un furgoncino e ho gettato il contenitore in mare, giù dalla scogliera. Era in corso una bella libecciata e pensavo che la mareggiata avrebbe fatto sparire tutto... forse però mi sono sbagliato."

"Mi pare evidente" commentò Enrico sarcastico sforzandosi di non tradire i propri sentimenti, ormai in subbuglio "Dov'è che l'hai gettato, esattamente?"

"A Punta Falconiere. C'è una discarica abusiva nascosta dalla macchia mediterranea, lungo la scogliera a picco sul mare. Pensavo che cadendo sugli scogli da quell'altezza il contenitore, per di più col coperchio dissaldato, si sarebbe aperto facilmente... poi il mare avrebbe fatto il resto. Inoltre quello è un posto isolato, dove non va mai nessuno... mi spiace veramente per quella poveretta."

Enrico dovette fare uno sforzo per padroneggiarsi e non dar sfogo alla propria collera. Quell'imbecille era la causa della sua tragedia. Avrebbe voluto gridargli in faccia tutto il suo disprezzo, ma doveva trattenersi se voleva arrivare ai responsabili di quello sporco traffico.

"Mi pare un po' tardi per recriminare" si limitò a sentenziare caustico Enrico. "Non la riporteranno di certo in vita i tuoi rammarichi... ma come hai potuto essere tanto stupido da non capire le conseguenze dello spargere in mare robaccia del genere?"

"Lo so, sono stato uno scemo... ma all'Ilvatom dicevano che quel berillio aveva una radioattività molto bassa e non c'era pericolo" piagnucolò, affranto sotto il peso del rimorso mentre due lacrimoni gli traboccavano dagli occhi lucidi. Chinando la testa fra le mani, ammise mesto: "Col buio che faceva non si vedeva bene di sotto. Non sono neppure sicuro che il contenitore sia finito in acqua... o se invece è caduto sugli scogli."

Iorio trovò un fazzoletto di fra il mucchio della biancheria alla rinfusa e si soffiò rumorosamente il naso. Poi, quasi a giustificare l'azione sconsiderata, aggiunse: "Comunque, anche se non l'avessi gettato io in mare, ci avrebbero pensato qualcun altro."

"Sarebbe a dire?"

"Devi sapere che la maggior parte delle scorie caricate sulla Portoria non arrivano mai a destinazione. La maggioranza di quei fusti imbarcati vengono affondati in alto mare."

"E tu come lo sai? Ti rendi conto di quello che dici?"

"Certo che lo so. Perché ti scaldi tanto? Ho sentito più di una volta i marinai parlarne fra loro. Sono tutti d'accordo: l'Ilvatom, l'equipaggio della Portoria, quelli in Somalia..."

"E perché mai farebbero una cosa simile?"

"Per soldi, amico. Per un mucchio di soldi. Ogni fusto inabissato fa risparmiare un bel gruzzolo nei contratti di stoccaggio. Immagina questo semplice gioco: trecentocinquanta colli partono da qui, il novanta per cento si perde per mare così che solo trentacinque arrivano effettivamente a destinazione... tanto per salvare le apparenze. In Africa poi non sono troppo pignoli nel firmare i relativi documenti di consegna, se si è generosi con il funzionario responsabile. Basta che quello scriva trecentocinquanta sulla copia del contratto di stoccaggio che restituisce a noi, ed ecco che tutto quadra. Chi andrà mai fin laggiù a controllare di persona a proprio rischio e pericolo, in una miniera abbandonata piena di robaccia del genere, per contare quanti fusti sono davvero arrivati?"

"Non fa una grinza" si limitò a commentare Enrico. Provava disgusto verso tutti quei trafficanti senza scrupoli che per ottusa avidità stavano trasformando la Terra in una pattumiera mortale, eredità per le future generazioni. Era proprio azzeccata la pubblicità vista in tivù, che recitava: "Il mondo finì in una discarica. Abusiva." Se non interveniva qualcuno a bloccarli, un simile slogan profetico rischiava davvero di adempiersi. Non che s'illudesse di riuscirci lui a fermarli, ci voleva ben altro; neppure si poteva dire che lui fosse un ambientalista sfegatato… ma a tutto c'era un limite, e questo era decisamente troppo!"

"Ora, secondo te, cosa devo fare?" quasi lo supplicò Iorio. "Ho promesso a mia moglie di riportarla a casa domani, ma..."

"Questo proprio te lo sconsiglio" lo interruppe Enrico, scotendo decisamente la testa. "Dai retta a me e prenditi qualche altro giorno di vacanza, in incognito naturalmente... non dovevi restare via ancora un'altra settimana?"

"Si, ma mia suocera sta male e mia moglie vuole rientrare prima. A dir la verità anch'io da qualche giorno non mi sento molto bene." Iorio si asciugò la fronte imperlata di sudore. "Ora poi che ho letto il tuo articolo, non mi sento certo meglio. Forse dovrei farmi visitare al centro di medicina nucleare... non vorrei proprio essermi beccato delle radiazioni armeggiando con quel contenitore..."

"Ti conviene aspettare che si calmino le acque. Si tratta di scegliere il male minore."

"Ma non posso mica scomparire, e neppure nascondermi per il resto dei miei giorni!"

"L'alternativa che hai è quella di presentarti a un Commissariato di Polizia e raccontare tutta la faccenda."

"E bravo! Così mi mettono in gattabuia... una bella alternativa davvero."

"Ma almeno così saresti più al sicuro. Altrimenti devi restare nascosto, se vuoi avere una probabilità di salvare la pelle. Ti consiglio di fare così e di restarci fino a quando non te lo dirò io" ribadì Enrico, alzandosi.

"Per ogni evenienza, hai un cellulare dove ti posso chiamare se mi servirà contattarti, preferibilmente un numero che nessun'altro conosce?"

"Puoi telefonarmi a questo numero" rispose l'altro, dopo aver appuntato il numero su un foglietto che porse a Enrico. "E' il cellulare di mia moglie. Al lavoro nessuno lo ha."

"Bene. Tu hai ancora il mio numero?"

"Quello dove ti ho chiamato ieri sera, no?"

"Esatto, vedi di non perderlo. Telefonami fra un paio di giorni, sabato pomeriggio, e vedrò di darti altre indicazioni."

# 16

## *A bordo della Portoria*

Secondo le informazioni della Capitaneria di Porto, la motonave Portoria era arrivata di prima mattina e aveva attraccato in Darsena. Perciò, appena lasciato Iorio, Enrico imboccò la sopraelevata e si diresse verso il suo prossimo obiettivo.

Il primo ostacolo da superare fu quello di trovare un parcheggio, cosa non facile nel centro storico di Genova, men che mai nella zona del porto all'ora di pranzo. Dopo diversi tentativi andati a vuoto, cercando nei pochi parcheggi lungo la Via Gramsci fin giù alla Stazione Marittima, tornò indietro e riuscì a trovarne uno oltre Piazza Caricamento.

Poi proseguì a piedi, con l'intenzione di trovare prima qualcosa da mettere sotto i denti e così calmare lo stomaco che reclamava già da un pezzo.

Attraversando il piazzale in direzione di Sottoripa, fra un andirivieni di gente cosmopolita di ogni colore, dovette fermarsi qualche istante per lasciar passare un'allegra comitiva di turisti giapponesi e un paio di bercianti scolaresche, in visita all'Acquario. Nonostante il costante afflusso di gente, i lavori di ristrutturazione effettuati per le Colombiadi avevano reso il traffico nella zona più agevole ai pedoni, almeno rispetto a quello caotico di cui Enrico serbava ricordo. Da buon genovese purosangue provava particolare soddisfazione per la trasformazione in isola pedonale della zona antistante Porto Vecchio: finalmente si poteva passeggiare liberamente sui moli senza paura di essere bloccati da una guardia portuale o dalla Finanza, come da ragazzo temeva ogni volta che riusciva a entrare in porto. Quella finestra che Genova aveva spalancato sulle calme acque portuali era stata una vera e propria pietra miliare e aveva segnato l'inizio della vocazione turistica del suo centro storico. Enrico era nato e cresciuto in città, ma ormai da molti anni abitava altrove, trascinato via dal fiume imprevedibile della vita: a Genova tornava saltuariamente e sempre di corsa e questa era forse la prima volta che si soffermava a osservare in tutta tranquillità la trasformazione radicale di quei luoghi della sua giovinezza.

In Sottoripa incrociò uno sparuto gruppetto di marinai un po' stralunati, ancora intenti a smaltire la loro sbornia di vino e di mare, e per qualche strana associazione di idee si rivide nello stesso luogo ma più giovane di vent'anni, appena sbarcato dalla motonave Alessandro Volta in una piovosa giornata d'inverno.

Rammentava ancora quel mercantile slanciato a sovrastrutture bianche, il ponte di comando al centro e la fila di cabine passeggeri, appartenuto alla gloriosa e ormai defunta Società di Navigazione "Italia", su cui aveva effettuato il suo ultimo imbarco da allievo ufficiale di coperta. Dopo il diploma al Nautico Enrico aveva infatti intrapreso la carriera marittima, ma era bastato un paio d'anni di clausura, relegato fra cielo e mare, per rendersi conto che la vita del navigante non faceva per lui.

A bordo gli dicevano che aveva preso la "malattia del ferro", come i marittimi la chiamano. Non una vera e propria malattia, piuttosto quella sindrome psicologica scatenata dalla nostalgia che i novelli imbarcati, confinati a bordo in spazi angusti e senza mai qualcosa di stabile sotto i piedi, avvertono dopo i primi mesi in mare. Unico rimedio efficace, assicuravano i vecchi lupi di mare, era scendere dalla nave almeno per alcune ore a riprendere contatto con la terraferma, e così aveva fatto lui quel giorno. Appena messi i piedi sulla banchina aveva calpestato pesantemente il selciato, quasi ad assaporarne la dimenticata stabilità, e nello stesso momento aveva deciso che quella sarebbe stata l'ultima volta.

"Ormai è un'altra vita" si ripeté, tentando di scuotersi di dosso la soffusa malinconia che cominciava a sciogliersi nelle vene. Una sensazione nuova e strana la sua. Da quando infatti aveva perso Simona, non gli era insolito sentirsi come smarrito, sradicato dalla vita, insicuro. E questi luoghi, che lo inducevano ad abbandonarsi ai ricordi e richiamavano lontani sprazzi di

125

giovinezza, ora non facevano che acuire la sua pena.

Il germe della sua nostalgia, ricorrente come una febbre malarica sopita e mai debellata del tutto, comune denominatore di momenti così lontani e diversi fra loro, stava proprio in questo, nella consapevolezza di qualcosa di caro andato perduto per sempre. Non che rimpiangesse di aver lasciato la vita di mare nello stesso modo in cui ora si struggeva per la scomparsa della sua compagna, no di certo. Ma entrambi avevano comunque comportato una perdita.

Quel giorno, sbarcandosi, aveva rinunciato agli interminabili mesi di navigazione, giorni tutti uguali che non passavano mai, una vita quasi da replicante di se stesso sprecata lontano dagli affetti più cari, rinchiuso dentro un ferro traballante sul cuore pulsante dell'oceano. Di tutto ciò non provava nostalgia.

Ma l'amore per il mare, quello non l'aveva mai lasciato, era ancora parte di lui. Se lo sentiva dentro ogni volta che ci si tuffava, avvolto dai suoi azzurri silenzi nelle solitarie scorribande subacquee. Una sete di mare che cresceva ogni volta che, gli occhi persi all'orizzonte, ne inspirava avidamente l'alito profumato di salsedine.

Tuttavia, pur restando dell'avviso che il mare è bello soprattutto quando è visto da terra, una parte di lui era rimasta lassù, sul bianco ponte di comando dell'Alessandro Volta che, pur succhiandogli frammenti di giovinezza, lo aveva ricompensato con esperienze irripetibili. Per tale perdita, a esser sinceri, un certo rimpianto lo provava.

Nostalgia delle innumerevoli albe sugli oceani, ormai relegate nel baule dei ricordi; dei tramonti infuocati sul Golfo di Acapulco; delle notti equatoriali tanto cariche di stelle da sembrare schiacciarti sotto l'opprimente coltre di lattiginosa consistenza. Nostalgia del non sentir più scrosci di mare sotto la nave, mentre fende le onde e la notte accende di bagliori d'argento il plancton dell'oceano; degli squadroni di delfini nel Mar dei Sargassi, a far gara col filo della prua; delle possenti megattere, sgroppanti fra nuvole di vapori sparate dai potenti sfiatatoi; dei tenui pesci volanti, atterrati di notte in coperta e finiti in padella; delle mastodontiche cernie del Canada; delle iguane giganti di Panama e dei tanti squali, eleganti e crudeli.

Nostalgia è certamente anche perdita, altro che storie. Dopotutto, a pensarci bene, quei pochi anni di navigazione non erano stati poi così monotoni, né inutili.

"Bando ai rimpianti!" borbottò Enrico scotendoseli di dosso. A mente fredda sapeva che la consistenza positiva di ogni malinconia è solo apparente e si deve a quel divino e lungimirante dono della memoria che, nel fluire del tempo, induce a dimenticare il lato spiacevole delle cose e ne preserva invece la parte migliore.

La fame lo incalzava, così si imbucò nella prima friggitoria che incontrò in Sottoripa, attirato dal profumo dolciastro di pesce fritto che straripava dal localino fumoso dilagando lungo il porticato. Perlomeno non si sarebbe ingozzato con uno dei soliti panini imbottiti in qualche bar scalcinato della zona, panini che a quest'ora, più che di companatico, dovevano sapere di fumo di sigarette.

L'atmosfera all'interno era tipica della vecchia Genova del porto e dei carruggi. Il gestore era un tipo panciuto e cordiale, con tanto di copricapo a bustina calcato in testa e che in origine doveva essere bianco ma ormai sembrava anch'esso fritto. Da dietro al bancone espositore a ripiani di cristallo era impegnato a servire i clienti, e di tanto in tanto lanciava occhiate di professionale preoccupazione alle due vasche d'olio bollente, che fumavano sotto una cappa d'aspirazione bisunta. Sui ripiani al di là del vetro erano sistemati una decina di capaci vassoi di acciaio inossidabile, stracolmi delle caratteristiche pietanze della vecchia cucina ligure: dai lumaconi di terra cotti al forno, alla paniccia di farina di ceci fritta, dalla frittura di pesce, ai polpi lessi.

Pochi avventori seduti dall'aria annoiata se ne stavano come appollaiati su sgabelli imbullonati al pavimento, di fronte a un lungo e stretto tavolo a mensola fissato alla parete. Erano con tutta probabilità gli ultimi solitari abitanti dei carruggi, i vicoli genovesi un tempo appannaggio della povera gente, culla di quegli stili di vita talvolta discutibili cantati dal De Andrè. Clienti abituali che venivano qui con la scusa di mangiare qualcosa per pranzo ma che, a giudicare dallo sguardo mogio da cane abbandonato, sembravano soprattutto aver fame di umanità. Il più vecchio di loro aveva probabilmente fatto parte della gente di mare, a giudicare dal viso rugoso bruciato dal sole e dalla salsedine.

Dopo aver atteso che l'ultimo cliente pagasse un cartoccio di filetti di baccalà fumanti, Enrico ordinò una porzione di frittura di calamari e gamberi e una di patatine fritte. Poi, presa una bottiglietta di vino bianco delle Cinque Terre dall'espositore frigo, andò a sistemarsi al tavolo a mensola. Sedette sullo sgabello vicino al vecchio rugoso e in breve riuscì ad attaccare bottone, nella speranza di ottenere qualche notizia sulla nave che stava cercando.

Il vecchio, un ex pescatore in pensione, dopo poche battute cominciò a lamentarsi di quella che considerava una vera ingiustizia: "Dopo una vita in mare, solo una misera pensione sociale" disse ormai rassegnato alla sua magra esistenza e consolandosi subito con un bianchino di troppo. "Una pensione da fame... ma sempre meglio di niente."

Enrico si disse d'accordo e si mise a raccontare che anche lui era stato un marittimo e non contava troppo sui contributi per la pensione che non sapeva neppure se gli erano stati versati. Aggiunse che era tornato a Genova dopo anni, per incontrare un vecchio amico imbarcato sulla Portoria, una nave mercantile arrivata proprio quella mattina. Probabilmente era ormeggiata in Darsena, ma non sapeva esattamente a quale molo, e neppure come fare per arrivarci. Anche se i pochi astanti parvero interessarsi alla sua storia, nessuno di loro conosceva però dove aveva attraccato la nave.

"Prova all'osteria più avanti, alla fine dei portici" disse il gestore intervenendo nella conversazione. "Chiedi di Giobatta il Marinaio. Lui è sempre ben informato su quello che succede in Darsena."

E così fece, appena finito il pranzo. Seguendo le indicazioni Enrico poco dopo entrò in quella che, più che un'osteria, era una vera e propria bettola. L'uomo che cercava stava là, un ometto dall'età indecifrabile, apparentemente oltre la settantina, trasandato e col volto scavato, segnato dalle intemperie del mare e della vita. Se ne stava seduto solitario davanti ad una misura vuota da mezzo litro, intento a centellinare l'ultimo bicchiere di bianco.

"Salve, mi chiamo Enrico" gli disse con un sorriso amichevole. "Mi manda Mario, il gestore della friggitoria più avanti. Mi ha detto che sai dov'è ormeggiata la motonave Portoria. È vero?"

"Può darsi" rispose laconico l'altro, dopo aver sollevato pigramente lo sguardo appannato verso lo sconosciuto interlocutore. Gli occhi erano sanguigni, le parole stentavano a uscirgli di bocca: "Ma non vedo nessuna buona ragione per parlarne con te."

"Questo potrebbe essere un motivo abbastanza buono?" chiese Enrico, sventolandogli davanti al naso un biglietto da venti euro. "Se mi dici come arrivare alla nave, sono tuoi."

"La trovi in Darsena, attraccata al molo dodici" rispose l'altro, arrotando la erre sotto l'effetto del troppo vino, mentre con un maldestro guizzo della mano tentava di afferrare il denaro.

"Calma, amico, ogni cosa a suo tempo. Ho detto che sono tuoi se mi spieghi come posso arrivare fin là senza problemi" ribatté Enrico ritraendo in tempo la banconota. "Ho bisogno di arrivare sottobordo senza che a qualcuno venga in mente di fare troppe domande."

"Entrare in porto senza permesso non è facile. C'è la Finanza dappertutto" biascicò l'altro con la bocca impastata. Evidentemente conservava ancora una discreta lucidità, perché subito continuò: "Possiamo fare così: tu ne aggiungi altri venti, e laggiù ti ci porto io."

"Non ti pare di essere un po' troppo esoso?"

"Non direi... da solo non ci arrivi facilmente." Poi, dondolando il capo, che riusciva a tener ritto a fatica, tese la palma a mo' di richiesta e disse: "Con quei venti in più, ti ci metto anche il trasporto. Prendere o lasciare."

"D'accordo, affare fatto." Una rapida valutazione indusse Enrico ad accettare senza ulteriori discussioni. Poteva tentare senza di lui, ma col suo aiuto avrebbe fatto prima ed evitato problemi. Porgendogli la banconota, precisò: "Venti te li do subito, ma gli altri li avrai quando saremo sottobordo, d'accordo?"

"Mi pare giusto, amico" ribatté l'uomo con un sogghigno che scoprì i pochi denti malconci ancora al loro posto.

Agguantò la banconota e la esaminò controluce, per controllare che non fosse fasulla. Ripose il denaro nel taschino liso della camiciola, faticando non poco per assicurare la chiusura col bottone, scolò il bicchiere con evidente soddisfazione per l'inatteso guadagno della giornata, quindi si alzò incerto sulle gambe.

Sulle prime misurò il poco equilibrio che ancora gli restava, come per capire se poteva arrischiarsi per strada. Era evidentemente avvezzo al problema, avendo ormai da molti anni eletto il vino a suo alimento principale, nonché a piacevole surrogato di tante avventure sulle onde del tempo che fu.

"Sai perché mi piace il vino, amico?" biascicò non appena ebbe superato l'iniziale esitazione. "Perché quando bevo un buon bicchiere mi sembra di tornare ai bei tempi, quando mi arrampicavo come un gatto sul pennone della nave… mentre sotto ballava tutto. Dovevi vedermi, quando ero più giovane!"

"Vedrai che una bella boccata d'aria fresca ti rimetterà in sesto" lo rassicurò Enrico bonariamente. Evidentemente, anche il Giobatta stava lottando con gli spettri delle sue malinconie.

"Allora andiamo" rispose quello uscendo dall'osteria, ormai convinto di potercela fare. "Hai ragione, amico… una bella camminata è proprio quello che mi ci vuole."

Enrico seguì in silenzio il suo brillo cicerone, augurandosi che sapesse dove stavano andando. Procedettero per alcuni minuti, lasciandosi i portici alle spalle e infilandosi in un dedalo di carruggi angusti, finché, su una piazzola incassata fra le mura ammuffite di edifici secolari, Giobatta riuscì a rintracciare la sua vecchia utilitaria, tutta rattoppata e arrugginita.

"Monta su" lo esortò laconico. Nonostante le apparenze poco promettenti il motore si avviò quasi subito, tossicchiando. "Ci conviene fare un giro più largo, se vogliamo evitare i controlli. Meglio passare dall'entrata dei pescatori, così non corriamo il rischio che qualche curioso ti blocchi. Quelli al varco della Darsena fanno sempre i difficili… dai pescatori invece mi conoscono bene e non faranno storie se ti vedono con me."

Nonostante l'autista attempato e alquanto alticcio,

130

attraversarono senza intoppi il varco secondario a metà di Via Gramsci. Come previsto, la guardia all'entrata non fece obiezione quando Giobatta la salutò: "Io e il mio amico andiamo a pesca. Se prendiamo qualcosa, al ritorno pensiamo anche a te."

Una volta entrati nella zona franca, tornarono indietro di circa un chilometro costeggiando magazzini e banchine, finché giunsero al molo dodici. La motonave Portoria era là, come previsto, e Giobatta fermò l'auto una cinquantina di metri prima del barcarizzo.

"Quella è la tua nave, amico, come promesso. Ora dammi i miei venti e va pure dove vuoi... è tutta tua."

"Più che giusto" acconsentì Enrico, sfilando dal portafogli un'altra banconota. "Per tornare indietro, da dove passo?"

"Per il ritorno, puoi fare da solo. Non ti fermerà nessuno, a meno che non ti vedano portare fuori cose voluminose" lo assicurò afferrando il denaro. Dopo esserselo infilato nel taschino, indicò con la mano tremolante una costruzione: "Vedi il magazzino laggiù? Dietro c'è l'uscita della Darsena. Quando esci dal varco, vai a passo sicuro e tira dritto, così a nessuno verrà in mente di farti domande."

Enrico seguì con lo sguardo l'auto di Giobatta che si allontanava con la marmitta quasi penzoloni scoppiettando rumorosamente, finché sparì oltre i magazzini. Attese qualche istante che il rumore fosse svanito del tutto e, appena fu certo che nessuno lo avrebbe seguito, si accinse all'impresa.

La motonave Portoria non si poteva certo definire una regina dei mari. A occhio doveva essere intorno alle cinquemila tonnellate di stazza, col ponte di comando centrale e quattro boccaporti di carico, due per parte. I portelloni dei boccaporti erano chiusi, segno che a breve non erano previste operazioni di carico. Solo una squadra di operai stava lavorando in coperta verso prua, intenta a rimuovere con la fiamma ossidrica alcune sovrastrutture di ferro che erano state danneggiate.

"Qualche tempesta deve aver fatto passare momenti poco piacevoli a quelli di bordo" pensò subito Enrico, attingendo alle sue passate esperienze. Anche a lui era capitato più di una volta di uscire malconcio da burrasche con mare forza otto o nove, e sapeva cosa si prova quando la prua ti s'infila sotto una gigantesca montagna liquida e il mare t'incappuccia, scrosciando via per istanti che paiono interminabili mentre ti chiedi se ce la farai a venirne fuori.

A parte gli operai e un ufficiale che seguiva le operazioni, non sembravano esservi altre presenze a bordo. Il barcarizzo era deserto, muto invito a salire. La maggioranza dell'equipaggio doveva essere in franchigia per approfittare dell'occasione. Non accadeva spesso di potersi fermare alcuni giorni di fila in un porto e quando capitava una fortuna del genere nessuno se la lasciava sfuggire, a meno che non ci fosse costretto.

Così decise di salire a bordo: se fosse incappato in qualche curioso si sarebbe spacciato per l'incaricato delle assicurazioni, col compito di accertare i danni e fare delle foto. Salì lungo la passerella traballante e arrivò a poppavia del ponte di comando. Come sperato, sopraccoperta non c'era anima viva. L'unico ufficiale di guardia rimasto a bordo era probabilmente quello che stava seguendo i lavori a prua e che, trovandosi dalla parte opposta del cassero centrale, non poteva accorgersi dell'intruso.

Enrico estrasse dalla tasca un minuscolo contatore Geiger, grande quanto un pacchetto di sigarette, portato appositamente per verificare se a bordo c'era presenza di radioattività. Se la nave era stata utilizzata per il trasporto di materiale radioattivo, era certo che ne avrebbe trovato qualche traccia. Anche se le scorie erano sigillate in fusti di metallo ermetici, forse un contenitore aveva cominciato a corrodersi, oppure era restato danneggiato durante le operazioni di carico, disperdendo così anche pochi granelli di contenuto.

Misurò il livello di radioattività lungo la base del cassero, rasente la paratia verticale che s'innalza per diversi metri fino alla plancia, ma non risultò niente di anormale. Stesso esito negativo lo riscontrò camminando tutto intono al portellone del boccaporto numero tre. Man mano però che si avvicinava al boccaporto più a poppavia, le spie luminose del contatore Geiger passarono dal verde al rosso, segnalando la presenza di radioattività in prossimità della stiva di poppa. Era la prova che le scorie erano state caricate sulla Portoria di recente e stivate attraverso il portellone numero quattro. Le operazioni di lavaggio del ponte, come pure i marosi che a poppavia spazzano di meno la coperta, evidentemente non erano ancora riuscite a cancellarne del tutto le tracce.

Soddisfatto per aver trovato conferma a quanto già sapeva, ora veniva la parte più pericolosa del piano. Doveva trovare qualche riscontro anche alla versione di Iorio secondo cui buona parte dei fusti venivano affondati ancor prima di arrivare a destinazione. Solo con delle prove concrete avrebbe potuto far qualcosa per impedire che quei mercanti di morte continuassero ad attentare impunemente al cuore del suo mare, anche se al momento non sapeva ancora come.

Se fosse riuscito a dare un'occhiata ai documenti di carico forse qualcosa in più l'avrebbe scoperto, ma il problema era come fare. Il libro di bordo e il piano di carico erano sicuramente custoditi sottochiave, in Sala Nautica o nella cabina del comandante, e non sarebbe stato facile trovarli.

Invece le carte nautiche erano probabilmente più raggiungibili, senza dover andare in giro a fare lo scassinatore. Decise quindi di tentare questa strada, sperando di non esser colto in flagrante: se lo avessero pizzicato a rovistare all'interno della nave, si sarebbe trovato in una situazione a dir poco imbarazzante.

Così aprì il portello di ferro situato alla base del cassero ed entrò. Salite le prime due rampe di scale, si trovò su un pianerottolo da cui si dipartiva un breve corridoio di accesso alle cabine degli ufficiali. Tese l'orecchio: dal loro interno non si udiva alcun rumore.

Salì la terza rampa, fermandosi ogni due o tre gradini per assicurarsi che di sopra non vi fosse qualcuno. Farsi beccare sul ponte di comando avrebbe significato per lui trovarsi in una situazione per niente invidiabile, soprattutto se era vera la presunta connivenza fra il comandante e quei trafficanti senza scrupoli, a cui aveva accennato anche Iorio quella mattina.

Le scale terminavano su un pianerottolo ben arredato, con moquette al pavimento e paratie rivestite di mogano, su cui spiccavano oggetti e guarnizioni di ottone tirato a lucido.

Al centro della parete il cronometro di bordo segnava le 16 e 37 minuti. Si soffermò qualche istante a guardarlo e per un attimo ricordò l'incubo di quando era allievo ufficiale con la responsabilità di dare la carica ogni giorno ai vari cronometri di bordo, pena la minaccia del taglio della testa nel caso se ne fosse dimenticato.

Un breve corridoio conduceva direttamente all'alloggio del comandante. Enrico origliò con cautela in prossimità della porta chiusa: silenzio assoluto. Tentò di aprirla, ma era serrata.

Dal lato opposto del pianerottolo si accedeva direttamente alla Sala Nautica. Andò in quella direzione e in pochi passi si trovò in sala carteggio, cioè dove, durante la navigazione, gli ufficiali di guardia consultano le carte nautiche e, in base ai rilevamenti effettuati in tempo reale, tracciano le eventuali correzioni di rotta. Sull'ampio tavolo era ancora aperta l'ultima carta utilizzata, quella della zona antistante il porto di Genova.

Aprì il cassettone sotto il ripiano e si trovò davanti a decine di carte nautiche, riposte una sull'altra. Cercò nel mucchio quelle che potevano interessargli, cioè quelle relative alle rotte fra l'Italia ed il Canale di Suez fin giù al Corno d'Africa. Le sfilò dal cassetto e le appoggiò sul tavolo da carteggio per esaminarle con cura.

Vi era ancora tracciata a matita la rotta seguita durante l'ultimo viaggio di andata e ritorno dalla Somalia, dove la nave aveva evidentemente toccato i porti di Berbera e di Mogadiscio. Sulla carta del Mediterraneo in prossimità alle coste dell'Africa, come pure su quelle lungo il Mar Rosso, non rilevò niente di particolare.

Fu invece la carta relativa al tratto di mare a sud della penisola italiana ad attrarre la sua attenzione. Sulla rotta in uscita dallo Stretto di Messina in direzione sud est, fuori dalle acque territoriali italiane, erano annotate le coordinate geografiche di un punto non meglio identificato, ma in corrispondenza di un tratto di mare particolarmente profondo. La cosa era piuttosto strana, perché la normale rotta per Suez sarebbe dovuta passate molte miglia più a nord rispetto a questa, che invece risultava tracciata più verso sud al solo scopo di passare sopra una fossa marina. Significava allungare senza motivo la rotta di un centinaio di miglia... a meno che non fosse il punto dove venivano inabissate le scorie.

Improvvisamente restò di sasso udendo da sotto le scale il rumore del portello che si richiudeva, segno che qualcuno era entrato. Col cuore in gola seguì il rumore delle pedate sui gradini di ferro: passi pesanti che salivano a fatica, fino a giungere sul pianerottolo a livello del ponte di comando. Per qualche interminabile secondo non udì più alcun rumore, essendo i passi attutiti dalla moquette.

Enrico rimase immobile sperando che nessuno entrasse in Sala Nautica, perché non avrebbe saputo dove nascondersi: al di là di una seconda porta scorrevole a tendine oscuranti c'era infatti la plancia, senza altra via di fuga se non quella di tuffarsi in mare da quell'altezza.

Enrico temette di veder comparire qualcuno da un momento all'altro: udiva nelle orecchie solo il pulsare del suo cuore, che l'abbondante scarica di adrenalina incitava al galoppo. Finché un susseguirsi di scatti metallici, provenienti dal lato opposto del corridoio, giunse a rincuorarlo: era evidentemente il comandante che armeggiava con le chiavi per aprire la porta della sua cabina. Quando infine un colpo sordo confermò che c'era riuscito e si era richiuso dietro la porta, si sentì rianimato.

Nell'eventualità che il comandante potesse uscire nuovamente dalla cabina, magari per andare a controllare qualche cosa in Sala Nautica, Enrico si affrettò a riporre le carte nel cassettone, lasciando tutto esattamente come l'aveva trovato. Dopo essersi accertato che il pianerottolo era deserto, furtivamente ridiscese le rampe di scale col cuore ancora accelerato. Nessuno pareva essersi accorto della sua presenza, ma era meglio lasciar subito la nave, se non voleva tirare troppo la corda con la fortuna.

Quando finalmente fu di nuovo in banchina, tirò un sospiro di sollievo. La prossima volta avrebbe fatto meglio a ricordare che il comandante della Portoria evidentemente non soffriva la malattia del ferro.

# 17

## *Gli archivi criptati*

Enrico aveva cantato vittoria troppo presto. Dopo svariati quanto inutili tentativi col programma di Mills, era riuscito a decifrare solo due degli archivi copiati all'Ilvatom, che inoltre non sembravano particolarmente interessanti. Gli altri file erano stati evidentemente sottoposti a un diverso sistema di crittazione e restavano illeggibili.

Esaminò con più attenzione i suggerimenti che Mills aveva incluso nella e-mail in previsione di tale eventualità, implicito ammonimento a non mandare a Las Vegas altri file senza aver prima provato a risolvere da solo il problema, seguendo appunto quelle indicazioni. Gli hacker sono infatti disponibili a dare una mano ma snobbano i "vermi informatici", cioè quelli alle prime armi che si perdono in un bicchier d'acqua. E lui non aveva nessuna voglia di essere incluso in questa categoria.

"Vediamo allora di fare un po' di crittoanalisi" borbottò fra sé grattandosi la nuca preoccupato mentre si accingeva ad applicare il primo dei suggerimenti di Mills. Per quel che Enrico ricordava dalle passate letture di romanzi di spionaggio, i vari metodi suggeriti da Mills altro non erano se non l'applicazione informatica dei diversi criteri utilizzati dai servizi segreti di mezzo mondo per la cifratura dei messaggi top secret.

Iniziò dal metodo di "cifratura a sostituzione con singolo alfabeto", utilizzando un campione di testo cifrato. Rintracciò sul Web una tabella delle frequenze di lettere e parole più diffuse nella lingua italiana e la importò in un apposito programma di decrittazione semplice, sempre scaricato dal Web. Il programma aveva lo scopo di analizzare il testo cifrato e mostrare l'analisi di frequenza dei caratteri presenti nel cifrato. In una seconda fase, in base alla tabella delle ricorrenze di lettere in italiano, operava le possibili sostituzioni dal cifrato all'originale, verificando se ne risultavano parole sensate: quando ciò avveniva, si era trovato un primo gruppo di corrispondenza fra cifrato e originale, e si continuava con la ricerca del prossimo. Enrico provò il programma di scansione del cifrato ricorrendo all'analisi della frequenza in tutte le sue possibili varianti: di espansione, ovvero con l'inserimento di caratteri nulli; di compressione, togliendo spazi e punteggiatura; e per ultimo con la tecnica della divisione a blocchi cifrati. Ma il risultato finale era sempre negativo.

Provò quindi il famoso "Metodo Alberti", la cifratura a sostituzione polialfabetica che utilizza un alfabeto diverso per ogni lettera del testo originale. Nonostante il lavoro impegnativo e la buona volontà di Enrico, anche così i tentativi di decrittazione, volti a individuare le frequenze di ricorrenza, non diedero risultati utili.

Col "Metodo Kerckhoffs", che sfrutta la tecnica di sovrapposizione di blocchi di testo, non ebbe miglior fortuna. Il sistema consiste nel creare una controtabella ricorrendo a porzioni iniziali di blocchi dello stesso archivio, che vengono sovrapposte per cercare poi in verticale frequenze di ricorrenza che permettano di decrittare il documento.

Dopo un'intera mattinata e innumerevoli tentativi, il sistema di cifratura dell'Ilvatom sembrava inespugnabile.

"A questo punto i casi sono due" concluse Enrico, riflettendo ad alta voce. "O Di Martino è una volpe tale da saperne più degli hacker, oppure ha usato un metodo così banale da non esser neppure preso in considerazione da Mills."

Rammentò di aver visto su Internet un elenco dei metodi più usati di decrittazione semplice, quando poco prima aveva scaricato il programma per l'analisi delle frequenze. Richiamò la pagina a video e lesse con maggior attenzione.

Fra i vari sistemi descritti, il metodo di crittazione in auge fino a metà degli anni novanta risultava essere quello basato sulla funzione XOR, metodo semplice ed efficace applicato estesamente negli schemi di crittazione digitale dei dati. Consisteva nello scegliere una password segreta piuttosto lunga, che veniva applicata al testo originale mediante l'operazione booleana dello OR esclusivo. Il risultato ottenuto era un testo cifrato molto ermetico, perché gli schemi di frequenza delle ricorrenze risultavano spianati dall'operazione XOR.

Ma nel metodo c'era anche un errore fatale, passato inosservato per anni. La grave lacuna di questo sistema era dovuta al fatto che qualsiasi valore si sommi a una stringa di zeri binari, per effetto appunto della matematica booleana, lascia inalterato tale valore. In pratica significa che se la suddetta password viene applicata su una stringa di zeri binari presenti in un testo, il risultato nel cifrato sarà la password stessa!

Sperando che anche all'Ilvatom avessero commesso lo stesso errore, Enrico decise di verificarlo subito. Con un normalissimo programma editor di testo in formato ASCII aprì uno dei file cifrati che aveva preso in esame, augurandosi che contenesse almeno un documento che, prima della cifratura, fosse stato scritto in formato Word di Windows. In questo caso il documento Word, per consuetudine, avrebbe contenuto molti zeri binari di riempimento nella parte iniziale dell'intestazione, così che un eventuale XOR operato in fase di cifratura sulla stringa di tali zeri avrebbe evidenziato la parola chiave, eventualmente ripetuta più volte fino a sostituire interamente gli zeri di riempimento. Con l'editor ASCII fece quindi scorrere a video il testo cifrato, che in generale si presentava come un geroglifico indecifrabile di caratteri alla rinfusa... finché incappò in quello che in origine doveva essere proprio un documento Word.

"Beccato!" esclamò quasi sobbalzando sulla sedia, entusiasta che la propria intuizione avesse funzionato.

Sul monitor una riga del file cifrato, evidentemente quella dell'intestazione di un documento Word, riportava la seguente stringa di caratteri:

"?I°|+àèARTINOFRANCODIMARTINOFRANC>y!?|àò[!"

Non potevano esserci dubbi: la password impiegata nel sistema di crittazione del file era "FRANCODIMARTINO". A corto di fantasia, o per eccesso di megalomania, il capocentro dell'Ilvatom aveva usato il proprio nome e cognome come parola chiave per cifrare l'archivio.

Ora bastava applicare a un programma di decrittazione basato sullo XOR la parola chiave "FRANCODIMARTINO" per riportare l'intero file al suo formato originale. Evidentemente Di Martino non aveva mai provato a rileggere in ASCII gli archivi cifrati in XOR e per fortuna non conosceva sistemi di crittazione più complessi. Se avesse per disgrazia usato un sistema più sofisticato, come quello DES con chiave a 56 bit, oppure quello matematico di tipo RSA a duplice chiave, al computer di Enrico non sarebbero bastati mille anni per provare tutte le possibili combinazioni di chiavi.

Restava da verificare un'ultima incognita, se avesse cioè cambiato password nel cifrare gli altri archivi. Ma questa volta gli andò bene e, con la stessa password, riuscì a portare a buon fine la decrittazione dei restanti file. Oltre che un po' megalomane, il capocentro dell'Ilvatom mancava davvero di fantasia!

Prima di passare all'esame del loro contenuto, fece per sicurezza alcune copie di salvataggio dei nove archivi decrittati: una la ripose nel raccoglitore sulla scrivania, insieme alla copia dei file crittografati presi all'Ilvatom, e mise l'altra copia in cassaforte insieme al CD originale.

Era roba che scottava e certo non voleva correre il rischio di perderla.

# 18

## *Si apre la caccia*

Dalla Reception dell'Ilvatom la segretaria telefonò tutta allarmata all'amministratore delegato. Il custode all'ingresso aveva appena avvisato che era entrata un'auto con tre Carabinieri a bordo che chiedevano di parlare coi titolari.

Dopo un attimo di smarrimento, Maltese le diede alcune veloci istruzioni: "Li faccia attendere cinque minuti… dica che non riesce a rintracciarmi. Poi li accompagni di sopra, in sala riunione."

Quindi, approfittando dei pochi minuti guadagnati con quella scusa, convocò in tutta fretta i due soci così da mettersi d'accordo sulla linea da seguire.

Dopo un concitato scambio di accuse reciproche su chi di loro fosse la causa di tanti guai, concordarono almeno sulla necessità di stare attenti a non accennare al processo di trattamento delle scorie per il recupero del plutonio. Nel caso gli agenti lo avessero chiesto, al massimo avrebbero ammesso che le scorie in soprannumero erano trasferite di tanto in tanto in Somalia con regolare documentazione. Ma nient'altro che potesse comprometterli.

Il brigadiere Barbieri entrò con passo sicuro seguito da un secondo carabiniere, l'appuntato Esposito, mentre il terzo, Caliò, era rimasto sulla volante, ferma davanti all'ingresso della palazzina. Dopo brevi preamboli nei quali Barbieri accennò alle indagini in corso in Toscana in relazione alla recente morte di Simona Bianchi in Fiorani, arrivarono a una serie di domande specifiche.

"Ci risulta che la vostra azienda è l'unica in Italia attualmente in grado di trattare berillio irradiato" iniziò serio il brigadiere guardando uno dopo l'altro i tre soci. "Siete al corrente che quella donna è morta proprio per una contaminazione da berillio radioattivo?"

"Certo, brigadiere, l'abbiamo saputo" rispose Maltese. "La notizia è apparsa sui giornali qualche giorno fa, mi pare venerdì scorso, e fra noi addetti ai lavori si è subito sparsa a macchia d'olio. Sinceramente non riusciamo a spiegarci come sia potuta accadere una disgrazia simile... comunque, noi non c'entriamo."

"Prendo atto della vostra dichiarazione ma, date le circostanze, non possiamo tralasciare alcuna ipotesi" continuò Barbieri, poco convinto. "Simona Bianchi, la deceduta, ha mai lavorato per voi, qui a Saluggia o da qualche altra parte?"

"No, questo è da escludere" rispose Maltese. "Non sappiamo neppure chi sia, quella poveretta."

"E poi, che qualcuno si possa contaminare lavorando qui da noi, è praticamente impossibile" protestò Boriani. "Io faccio il direttore tecnico da un sacco d'anni e posso garantire che nei processi di irradiamento con raggi gamma abbiamo sempre osservato tutte le previste norme di sicurezza."

"Non solo quella donna non ha mai lavorato per noi" ribadì Bevilacqua per dar man forte ai colleghi. "Ma saranno almeno sei mesi che non effettuiamo operazioni di irradiamento... non siamo più ai tempi delle centrali nucleari."

"Questo ha poca importanza... potrebbe essersi contaminata venendo in qualche modo a contatto coi residui delle lavorazioni precedenti" ribatté Barbieri, che evidentemente sapeva il fatto suo e teneva belle e pronte le risposte alle probabili obiezioni. "Non lo ritenete possibile?"

Boriani e Bevilacqua accusarono il colpo, ma fecero del loro meglio per non darlo a vedere. Tuttavia Barbieri, da buon volpone qual'era, aveva notato l'imbarazzo dei due e, fissandoli in faccia uno dopo l'altro, li incalzò: "Sappiamo che di tanto in tanto spedite delle scorie all'estero" aggiunse, sfogliando un taccuino tirato fuori come d'incanto dal taschino della divisa. "Ci risulta che l'ultima spedizione è partita con la motonave Portoria per la Somalia, guarda caso proprio da Corniano Marina non molti giorni or sono... esattamente durante la notte di venerdì 5 maggio."

"Esatto, brigadiere" subentrò Maltese, che aveva notato il tentativo di Barbieri di mettere in difficoltà i due soci, meno avvezzi di lui alle schermaglie diplomatiche. "Ma le scorie sono contenute in fusti di ferro e cemento, schermati contro le radiazioni ed a perfetta tenuta stagna. Ce li fornisce l'Eneam già sigillati all'origine. Noi ci limitiamo a trasportarli usando un apposito mezzo, blindato contro l'emissione di radiazioni e guidato dal nostro autista abilitato ai trasporti speciali in regime ADR. Quindi è praticamente impossibile qualsiasi contaminazione esterna."

"Un insieme di precauzioni veramente apprezzabili" sorrise di rimando Barbieri, niente affatto convinto. "Penso però capirete che le circostanze sono tali da lasciare almeno qualche dubbio sul fatto che l'Ilvatom non c'entri per niente."

"Come sarebbe a dire?" protestò Bevilacqua. "Ci sta forse accusando di quanto è successo a quella donna?"

"Non siete accusati di niente... per il momento" rispose serio il brigadiere. Quindi, sempre rivolto a Bevilacqua, aggiunse: "Le indagini sono in corso e io sono qui per raccogliere la vostra versione. Capirà però che è alquanto difficile credere che una simile concomitanza di fattori sia solo casuale. Non pensa?"

"Per niente. Saprà meglio di me che certe volte le cose non sono come sembrano" ribatté il direttore amministrativo. "Noi siamo certi di quanto affermiamo: i nostri standard di sicurezza rendono impossibile qualsiasi tipo di contaminazione esterna."

"Allora in quale altro modo potreste spiegare quello che è successo a Corniano Marina?"

"Io vi suggerisco di seguire la pista estera" rispose Vito Boriani. "Le polveri di berillio forse facevano parte di un carico proveniente dalla Francia o dalla Germania: non sarebbe la prima volta che spediscono scorie radioattive in Italia. Dato che i residui di lavorazione del berillio irradiato sono di categoria uno, cioè hanno un tasso relativamente basso di radioattività, potremmo ipotizzare che fossero inizialmente destinati per uno stoccaggio alla rinfusa in qualche sito non dedicato al nucleare, e che per qualche motivo siano poi stati dirottati altrove. Se ad esempio erano destinati a La Spezia, dopo l'ultimo scandalo che ha coinvolto la discarica di Pitelli è possibile che siano rimasti sullo stomaco a qualcuno, che avrà pensato di sbarazzarsene in maniera poco ortodossa. E quella poveretta ci sarà poi incappata per caso."

"Non la ritenga una spiegazione troppo fantasiosa" confermò Maltese a sostegno della supposizione del collega e vedendo il brigadiere alquanto scettico. "Un caso analogo è già avvenuto alcuni anni fa e non molto lontano da qui, in una zona delle Alpi francesi, proprio su una donna che poi morì allo stesso modo."

"Un'altra ipotesi possibile è che fossero scorie in transito provenienti dall'estero e dirette altrove, ma che durante il viaggio sia avvenuta una fuoriuscita di materiale radioattivo a seguito di qualche incidente" aggiunse Bevilacqua, per avvalorare il concetto che ci potevano essere molte possibilità. "Di ipotesi ne possiamo fare quante ne vogliamo, ma quale sarà quella giusta? D'altronde, di berillio a Corniano mi pare non ne abbiate trovato…"

"Comunque sia, vorremmo parlare con quel vostro autista addetto al trasporto dei materiali radioattivi" lo interruppe Barbieri, consapevole che non avendo trovato tracce di contaminazione a Corniano Marina quell'impianto accusatorio non poteva reggere." Mi pare si chiami Carlo Iorio."

"Visto che sa già di lui, saprà anche che in questi giorni è in vacanza all'estero. Dovrebbe tornare fra una settimana circa; se quindi vuole parlargli, deve aspettare che rientri."

"Bene, per ora restiamo d'accordo così" concluse Barbieri, dopo aver annotato qualcosa sul taccuino. "Appena torna, dite a Iorio di passare subito in caserma da me, a Saluggia. Si eviterà di vederci arrivare sotto casa sua con la volante."

"Gli riferiremo la sua richiesta appena rientra, stia tranquillo" l'assicurò Maltese, risollevato non poco nel constatare che la sgradita visita volgeva al termine.

Mentre Barbieri s'avviava verso l'ascensore seguito dal silenzioso Esposito, a un tratto si voltò verso di loro e precisò, sornione: "Questo è stato ovviamente solo un colloquio preliminare. Dopo aver ascoltato Iorio, magari andremo un poco più a fondo."

Quando la porta dell'ascensore si richiuse portando via l'incomodo visitatore, i tre si guardarono preoccupati. Le domande piuttosto generiche del brigadiere facevano capire che gli inquirenti ancora non avevano le idee chiare, ma la battuta finale non faceva presagire niente di buono. Il pericolo poteva diventare reale quando fossero riusciti a interrogare l'autista. Berillio a parte, Carlo Iorio sapeva comunque troppe cose compromettenti.

"A proposito, Mauro" chiese Maltese. "Sei poi riuscito a parlare con Pluto?"

"Ho avuto qualche problema a rintracciarlo al satellitare, ma ieri sera finalmente ce l'ho fatta: siamo rimasti d'accordo che avrebbe messo subito un paio dei suoi uomini sulle tracce del tizio che ci ha soffiato gli archivi."

"Ma come pensa di trovarlo, se nessuno lo conosce?"

"Gli ho fatto avere delle sue foto, tratte dalle nostre registrazioni video. Ricorderete che abbiamo fatto installare delle telecamere in vari posti sensibili, proprio in vista di simili evenienze" spiegò compiaciuto il direttore amministrativo. "Col nostro fattorino ho visionato le registrazioni video di lunedì fatte durante la pausa pranzo, e quelle di martedì mattina col custode, e hanno entrambi riconosciuto il tizio che ci ha fatto visita. Allora ho fatto stampare alcuni fotogrammi dove compare e li ho mandati via e-mail a Pluto."

"Ottimo lavoro" commentò l'amministratore delegato, sempre stupito dalle sue capacità informatiche. "Speriamo che lo trovino."

"Del processo di recupero e della prossima spedizione ne avete parlato?" chiese Boriani. "Come dobbiamo regolarci?"

"Ha detto di sospendere tutto e aspettare che si calmino le acque" rispose Bevilacqua soprappensiero. Dopo un breve pausa, continuò con tono più grave: "Adesso però abbiamo quest'altro grosso problema... come facciamo a evitare che i carabinieri interroghino Iorio?"

"La soluzione è in teoria piuttosto semplice" commentò Boriani spiccio. "Deve sparire dalla circolazione, prima che lo trovino."

"Non se ne parla proprio!" sbottò scandalizzato Maltese. "Cosa ti sei messo in testa di fare? Non voglio mica passare il resto dei miei giorni in galera..."

"Allora suggerisci tu un'altra soluzione" ribatté sarcastico il direttore tecnico. "Se quel Barbieri interroga Iorio, stai sicuro che un bel po' di anni di galera ce li facciamo comunque!"

Fra i tre scese un silenzio di tomba, mentre esaminavano le possibili alternative al rischio di finire dietro le sbarre.

Alla fine Bevilacqua, scegliendo la strada del proverbiale struzzo, suggerì: "Secondo me la cosa migliore è informare Pluto di questo nuovo risvolto della faccenda e lasciare a lui il compito di decidere come sbrogliare le cose. In ogni caso, non vogliamo che ci racconti come intende agire."

"Mi pare la giusta via di mezzo" disse Boriani, stranamente d'accordo col socio. "Lui è ancor più interessato di noi a risolvere il problema... e saprà certo come fare."

Così i tre concordarono che Bevilacqua avrebbe di nuovo contattato Pluto per aggiornarlo su questi ulteriori sviluppi e sollecitarlo a risolvere la situazione, prima del ritorno di Carlo Iorio dalle vacanze.

La caccia era aperta.

# 19

## *Sodalizio pericoloso*

La situazione rischiava di precipitare da un momento all'altro anche all'Eneam. Dalle informazioni ottenute grazie ad alcune amicizie in Procura, Rondelli aveva infatti saputo non solo che le autorità erano sulla pista dell'Ilvatom e in attesa di interrogare l'autista addetto al trasporto delle scorie, ma aveva anche udito strane voci che circolavano sul conto dell'azienda di Saluggia e che gli inquirenti avevano intenzione di verificare.

Una volta che si fossero messi ad indagare più a fondo, c'era il rischio concreto che risalissero anche ai loro traffici sottobanco. Se ad esempio si fosse scoperto che all'Ilvatom riciclavano le scorie provenienti dall'Eneam per estrarne il plutonio, venduto poi di contrabbando sul mercato clandestino, la sua carriera sarebbe finita miseramente.

Era stato infatti l'ingegner Rondelli a caldeggiare lo stoccaggio delle scorie presso i depositi dell'Ilvatom, nonché a stabilire i parametri di trattamento dei residui della combustione nucleare da parte del Centro Ricerche da lui diretto, in modo tale che le scorie poi dirottate all'Ilvatom contenessero ancora una buona percentuale di plutonio. Se inoltre fosse venuto fuori che dall'Ilvatom gli passavano una mazzetta in proporzione al plutonio recuperato, avrebbe rischiato non solo il posto, ma anche la galera.

Dopo l'ultima riunione in Direzione il venerdì precedente Rondelli aveva rimuginato a lungo sul da farsi, indeciso su come fosse meglio muoversi e nella speranza che tutto finisse presto nel dimenticatoio. Anche se in riunione si era impegnato a contattare l'Ilvatom su questa faccenda del berillio, dopo una settimana ancora non l'aveva fatto. Da una parte non voleva rischiare di restare coinvolto, e dall'altra neppure s'illudeva che quelli sarebbero stati molto sinceri con lui, dato che c'era di mezzo un morto.

Ora però l'incalzare degli avvenimenti lo convinsero a telefonare, non fosse altro che per concordare un piano d'azione. Ne dipendeva il suo futuro, oltre che quello del programma nucleare nazionale. Chiamò quindi al cellulare il direttore tecnico dell'Ilvatom, Boriani, che ne approfittò per metterlo al corrente degli ultimi avvenimenti. Udendo del blitz nello stabilimento e relativa incursione nei loro archivi informatici top secret, nonché della visita dei carabinieri conclusasi da meno di un'ora, Rondelli si allarmò ancora di più.

"L'ho già detto e ve lo ripeto: dovete far sparire ogni traccia del processo di recupero del plutonio" insisté ad un certo punto Rondelli, indispettito dall'atteggiamento dell'interlocutore telefonico che tentava di minimizzare. "Non voglio andare in rovina solo per la stupidità di qualcuno!"

"Stia tranquillo, ingegnere. Abbiamo già provveduto a sospendere il processo di recupero, di questo non si deve preoccupare." Poi Boriani tirò maldestramente una bordata, che fece irritare ancor di più l'altro. "D'altra parte mi chiedo chi possa aver parlato in giro dei nostri affari... non è che per caso lei ne ha fatto parola con qualcuno?"

"Ma è forse diventato matto?" esplose l'altro, offeso dall'insinuazione. "Qui ci vanno di mezzo il mio prestigio e la mia carriera, e lei pensa che sia stato io a parlarne? Non sono mica un cretino!"

"Non ho detto questo, ingegnere, si calmi" rispose il direttore tecnico dell'Ilvatom. "Tuttavia se quel tizio s'è dato tanto da fare per rubare i nostri archivi cifrati, qualcuno deve pur avergliene parlato. Se no, non mi spiego come facesse a sapere della loro esistenza, e neppure come uno possa interessarsi tanto a quelle registrazioni..."

"E cosa volete che ne sappia io" lo interruppe brusco Rondelli. "Magari è solo un caso di spionaggio industriale, senza che ci siano altri motivi occulti."

"Sarà, ma la faccenda per me puzza... troppe cose tutte insieme" commentò l'altro. Quindi cambiando tono e facendosi più accomodante, aggiunse: "Comunque non si deve preoccupare, ingegnere. Abbiamo già attivato le nostre risorse per recuperare le copie rubate… e anche per evitare che il nostro autista possa raccontare i nostri segreti…"

"Tenetemi fuori da questo tipo di discorsi" l'interruppe Rondelli, che aveva subdorato dove andavano a parare. "Questo è affare vostro. Io non voglio neppure sapere cosa avete intenzione di fare. Il nostro deve rimanere esclusivamente un rapporto d'affari per lo stoccaggio delle scorie in esubero… punto e basta."

"Certo, ingegnere… siamo d'accordo" annuì Boriani all'altro capo del filo, col sorriso di chi la sapeva lunga.

"E già che siamo in argomento, spero che non venga a galla qualche strana storia, come quella di certe scorie affondate nel Mediterraneo" riprese a dire Rondelli quando all'altro pareva che la conversazione fosse ormai finita. "Corrono strane voci in proposito… Certo, se avessi saputo fin dall'inizio che una parte dei fusti che vi mandiamo rischiano poi di finire in fondo al mare, avrei scelto un partner più affidabile."

"Ma cosa sta dicendo, ingegnere!" ribatté l'altro, fingendosi scandalizzato. Boriani aveva comunque accusato il colpo, non riuscendo a spiegarsi come avesse fatto Rondelli a conoscere un segreto tanto compromettente. "Le vostre scorie sono stoccate nei nostri bunker sotterranei… al massimo ne abbiamo trasferite una parte in un deposito all'estero."

"Mi auguro che le cose stiano veramente così" ribatté l'altro. "Tenga comunque presente che stanno girando queste voci e che la Magistratura ora ha intenzione di verificarle."

"Le ripeto che non si deve preoccupare" insisté l'altro, sforzandosi di non mostrarsi allarmato. Invece da giorni questa era la sua principale preoccupazione e ora Rondelli aveva confermato quanto fosse ben fondata. Dato però che non era il caso di fare ammissioni del genere proprio ora, cercò di tranquillizzarlo: "Le posso assicurare che è tutto sotto controllo."

"Si ricordi che se dalle indagini in corso la cosa risultasse vera, ne verrebbe fuori uno scandalo con conseguenze inimmaginabili" aggiunse l'ingegnere, preoccupato da una simile eventualità e per niente rassicurato dalle affermazioni di

Boriani. "Sia chiaro che io negherò comunque di aver mai avuto rapporti con voi al di fuori di quelli ufficialmente stabiliti."

"Senta Rondelli, ci rendiamo tutti conto che la faccenda si sta facendo pericolosa" ribatté l'altro, cercando di mantenere la calma ma con un tono di voce fattosi improvvisamente duro, che l'altro percepì immediatamente. "Noi stiamo facendo la nostra parte, come le ho spiegato. Ma ricordi che siamo tutti sulla stessa barca… se affonda, finiamo tutti in acqua. Quindi vediamo di darci una mano e lasciamo perdere le minacce."

Il ragionamento non faceva una grinza e per la prima volta nella sua vita Rondelli provò la spiacevole sensazione di sentirsi in trappola.

# 20

## *Una visita sgradita*

Quando aprì il frigo e lo trovò praticamente vuoto, a parte qualche pezzo di formaggio indurito e una collezione di inutili salsine, Enrico decise che sarebbe stato meglio andare a cena fuori, senza immaginare che questo gli avrebbe salvato la vita.

Trovò un tavolo libero alla Vecchia Marina, uno di quei localini caratteristici nella zona medioevale di Corniano Marina, rinomato per i suoi piatti a base di pesce. Non c'era molta gente, quindi poté prendersela comoda e tirare un po' il fiato. Mentre aspettava che gli servissero il cacciucco che aveva ordinato, cercò di ricapitolare le ultime scoperte e così farsi un quadro più completo della situazione.

Intanto, aveva appurato che era stato proprio l'autista dell'Ilvatom a seminare con stupida superficialità a Punta Falconiere quella robaccia radioattiva in cui doveva essere incappata Simona. Anche se Malpigi e Caputo non gli avevano creduto, era convinto che presto sarebbero stati costretti a cambiare opinione.

Iorio avrebbe certamente dovuto pagare il suo conto con la giustizia, ma prima di spedirlo in galera Enrico voleva mettere insieme altre tessere del mosaico e trovare gli altri responsabili. Colpevole quanto Iorio, se non di più, era infatti la banda di criminali che scaraventava tonnellate di rifiuti tossici e radioattivi in giro per il mondo e nel cuore del suo mare, solo allo scopo di far soldi. A questo punto non era più un semplice sospetto, perché sia i file cifrati dell'Ilvatom che le carte nautiche della Portoria confermavano le ammissioni di Iorio. Le scorie affondate nel Mediterraneo sarebbero restate radioattive per secoli: prima o poi i contenitori avrebbero ceduto alla corrosione disperdendo il loro micidiale contenuto in mare, e quindi c'era da aspettarsi qualche catastrofe ambientale con risultati ben più tragici di quelli di Punta Falconiere.

Il contenuto degli archivi decrittati non gli era ancora del tutto chiaro, ma da quel primo esame gli era sorto il sospetto che all'Ilvatom trafficassero anche con i derivati dell'uranio perché, in corrispondenza dei carichi diretti in Africa, negli elenchi dei fusti imbarcati talvolta compariva un codice con la sigla PL.

"Magari servono a contrassegnare i fusti che, anziché solo scorie, contengono anche il plutonio" dedusse Enrico borbottando sottovoce, osservato di sott'occhi dal perplesso cameriere. "Plutonio che di certo non gettano in mare insieme al resto."

Rendendosi conto della situazione potenzialmente pericolosa in cui s'era cacciato con una simile scoperta, fu preso da un certo timore. Quel poco che aveva letto sui contrabbandieri di materiali nucleari era più che sufficiente a convincerlo che, come aveva anche detto a Iorio, quella era gente che non scherzava. Ma ormai era in ballo e non aveva intenzione di tirarsi indietro.

Terminato di cenare si sentì sopraffatto dalla stanchezza e quindi, anziché allungare il giro per passare sul lungomare, decise di tornare dritto a casa. Ma l'aspettava una sgradita sorpresa.

Quando infatti fu davanti alla porta della sua abitazione e fece per inserire la chiave nella toppa, si stupì nel notare che la porta era socchiusa. Titubante, restò alcuni istanti davanti all'uscio accostato, indeciso sul da farsi. L'unica spiegazione che gli veniva in mente era una visita di qualche ladruncolo, ma non voleva correre il rischio di trovarselo di fronte nel caso fosse ancora dentro. Tese quindi l'orecchio, ma dall'interno non proveniva alcun rumore. Con cautela aprì la porta e con la mano cercò l'interruttore della luce. Quando la stanza si illuminò rimase a bocca aperta, sconcertato dalla baraonda che regnava dappertutto.

La casa sembrava fosse stata attraversata da un tornado: niente era rimasto al proprio posto, neppure i quadri alle pareti. Si affrettò lungo il corridoio e quando entrò nello studio si trovò davanti una scena simile. Si affacciò alla finestra che dava sul retro nel cortile interno ma non c'era nessuno, né alcunché di sospetto. Dal condominio di fronte s'udiva solo il vocio e la musica ad alto volume dei soliti inquilini rumorosi.

Superati i primi attimi di smarrimento, si diede da fare per mettere un po' d'ordine e capire nel contempo se mancava qualcosa. Notò subito che dalla scrivania era sparita la sua agenda, dove aveva preso degli appunti sulle indagini degli ultimi giorni, incluso il colloquio con Carlo Iorio. Inoltre si erano potati via tutti i dischetti del personal computer, inclusi i CD con gli archivi dell'Ilvatom. Ma non si erano accontentati solo di quelli, avevano anche smontato e rubato il disco rigido del PC, forse per esaminarlo con calma o anche per sottrargli delle preziose registrazioni.

Stava per essere preso dallo sconforto all'idea di aver perso tutto quello che aveva faticosamente raccolto durante le indagini, quando rammentò la cassaforte, che teneva ben celata nel sottotetto, incassata nel muro di pietra e nascosta alla vista da un mobiletto. Corse su per la scala a chiocciola e tirò un sospiro di sollievo constatando che i misteriosi ladri non l'avevano trovata. Ne verificò subito il contenuto e si rassicurò: i CD di scorta con le copie dei file dell'Ilvatom erano ancora lì.

Era chiaro che non si trattava di un furto qualsiasi fatto dai soliti delinquentelli di strada, ma di professionisti in cerca di qualcosa di ben preciso. E anche se non conosceva tutti i retroscena, non gli fu difficile immaginare che ci fosse un nesso fra l'incursione subita e la sua recente intrusione all'Ilvatom.

Enrico non poteva sapere che il giorno precedente Pluto, appena ricevuta la telefonata di Bevilacqua, aveva immediatamente sguinzagliato un paio dei suoi uomini allo scopo di recuperare gli archivi.

Ai due emissari era bastata una ricerca nei database di alcune agenzie giornalistiche per risalire al misterioso autore del blitz informatico. Consultando infatti le varie notizie di agenzia diffuse sulla morte di Simona Bianchi, avevano trovato le foto sia della deceduta che del marito e, da un confronto con i fotogrammi video del finto Lauria forniti da Bevilacqua, non c'era voluto molto per identificare Enrico Fiorani come colui che aveva effettuato l'incursione nel CED dell'Ilvatom. Trovare poi l'indirizzo della sua abitazione a Corniano Marina era stato un gioco da ragazzi, come pure quello di introdursi nell'appartamento e recuperare le copie dei file lasciati in bella vista sulla scrivania.

Nella disgrazia Enrico era stato comunque fortunato. Se l'avessero trovato in casa, o se la perquisizione non avesse dato esito positivo, avrebbero di certo usato mezzi più drastici per convincerlo alla restituzione.

Molti particolari gli erano ovviamente sconosciuti, ma aveva imparato a proprie spese che d'ora in poi il gioco si sarebbe fatto duro e non poteva permettersi di farsi trovare impreparato.

Se ci fosse stato un altro incontro ravvicinato, sicuramente non si sarebbero limitati a frugare fra le sue cose.

# 21

## *Trappola mortale*

L'incontro di giovedì con Fiorani lo aveva scosso a tal punto che quando sua moglie era tornata dalla spiaggia, vedendolo in quello stato, aveva insistito per sapere cos'era successo e lui s'era sfogato raccontandole ogni particolare della conversazione.

Quella di Carlo Iorio non era effettivamente una situazione allegra. Da una parte la Polizia che lo stava cercando per interrogarlo, dall'altra quelli che invece lo avrebbero preferito muto come un pesce. E poi uno strano malore che da giorni lo pervadeva privandolo delle forze. Per non parlare del rimorso di coscienza per la morte di quella donna, un dolore che si acuiva ogni volta che ripensava ai macabri particolari descritti dal giornale.

Per questo si sentì sollevato quando a metà mattina del sabato, in anticipo rispetto ai loro accordi, ricevette una telefonata sul cellulare della moglie. Una voce femminile, che si presentò come la segretaria, disse che Enrico Fiorani voleva incontrarlo quel pomeriggio per parlargli di alcune cose d'importanza vitale.

La donna gli raccomandò di non chiamare Enrico al cellulare, che poteva essere sotto controllo, spiegando che avrebbero dovuto incontrarsi lungo la statale che da Genova Voltri sale al passo del Turchino. Doveva percorrerla per alcuni chilometri e fermarsi al punto ristoro per camionisti denominato La Pergola, quindi doveva posteggiare il camper sul retro ed entrare nel bar. Seguire alla lettera queste istruzioni era essenziale, ribadì la voce al telefono, perché avrebbe confermato a Enrico che non c'erano problemi.

"Continua con questa mania del misterioso" pensò Iorio

mentre concordavano l'appuntamento. "Sono proprio curioso di vedere cosa c'è di nuovo questa volta."

Dopo pranzo accompagnò la moglie alla spiaggia di San Nazaro, promettendole che sarebbe tornato a prenderla prima delle sette. Quindi da solo andò all'appuntamento, non immaginando che quella telefonata era un'esca per farlo cadere in trappola.

Pluto aveva infatti sguinzagliato i suoi uomini col preciso incarico di chiudergli la bocca, e l'agenda sottratta a casa di Enrico aveva purtroppo facilitato il loro compito. Infatti gli appunti sul colloquio fra Fiorani e Iorio, col relativo numero di cellulare della moglie, avevano consentito agli emissari di restringere le ricerche alla zona di Genova e metterli al corrente dell'appuntamento telefonico concordato per il sabato pomeriggio, dando loro modo di anticiparlo con quella telefonata fasulla.

Inoltre, dalla lettura di quegli appunti, Pluto si era fatto un'idea piuttosto precisa di quello che Enrico aveva già scoperto, concludendo che conveniva mettere a tacere pure lui.

Carlo era comunque il primo della lista. Se non fosse stato così ingenuo da fidarsi di un'anonima segretaria non si sarebbe trovato a lasciarci quasi la pelle. Invece, si buttò a capofitto nella rete.

Alle quattro giunse sul luogo dell'appuntamento e, come da istruzioni, posteggiò il camper sul retro. Quindi andò a sedere al bar e attese pazientemente l'arrivo di Enrico.

Da quella posizione non poteva certo accorgersi dell'uomo che, sgusciato da un'auto parcheggiata sul retro, s'infilava furtivamente sotto il suo camper e recideva i condotti idraulici del sistema frenante, lasciandoli assicurati solo con del nastro adesivo.

Dopo un paio d'ore di inutile attesa, deluso perché nessuno s'era fatto vivo, Iorio decise di tornare a casa. Forse qualcosa non aveva funzionato, ma non poteva certo lasciare sua moglie sulla spiaggia fino a notte. Aveva sì provato a rifare il numero da cui era stato chiamato quella mattina, ma al posto della segretaria una voce metallica ripeteva che il cellulare del ricevente non era al momento raggiungibile.

Fece quindi inversione col camper sullo spiazzo e tornò in direzione di Genova, scendendo lungo la stessa ripida statale piena di curve.

Per un po' andò tutto normalmente. Ad un certo punto però, frenando in prossimità dell'ennesimo tornante, la legatura posticcia del circuito frenante manomesso cedette di colpo facendo schizzare via da ogni parte l'olio dei freni, mentre il pedale dei freni, che ormai non rispondevano più, si abbassava a tavoletta!

Iorio tentò di rallentare scalando la marcia e cercando al tempo stesso di mantenere il veicolo entro la carreggiata. Il primo tornante riuscì a superarlo indenne in uno stridore di pneumatici mangiati dall'asfalto, ma la pendenza della strada e la velocità erano tali che non riuscì a superare quello successivo, nonostante il disperato tentativo di tirare anche il freno a mano. Sospinto dall'abbrivio già impresso, il camper proseguì nella rincorsa andando dritto a sfondare il basso muretto di protezione.

E mentre precipitava giù dalla scarpata, per attimi interminabili davanti ai suoi occhi scorsero veloci sprazzi di vita, e sogni infranti, come quel suo bel casale tutto in pietra a vista e legno di castagno che se ne volava via con lui.


Ignaro di quanto accadeva a Iorio, Enrico aveva trascorso il sabato a cercare di metter ordine nel caos di casa e s'era convinto che quelli che gli avevano messo a soqquadro l'abitazione lo avevano fatto col preciso obiettivo di recuperare i file dell'Ilvatom. Infatti i ladri non avevano rubato nessun oggetto di valore, limitandosi a portar via i CD con tutti i supporti magnetici che erano riusciti a trovare, incluso l'hard disk del computer.

Poiché gli avevano rubato anche l'agenda contenente i preziosi appunti, prima di dimenticare ogni cosa prese un foglio e vi schizzò sopra una specie di diagramma a blocchi che riassumeva i fatti salienti degli ultimi giorni, un sistema da vecchio programmatore che lo aiutava a visualizzare l'insieme degli avvenimenti e a rendersi conto di quali tessere erano ancora mancanti.

Era ad esempio ormai assodato che quel berillio radioattivo proveniva dai depositi dell'Ilvatom e che era stato Iorio a scaraventarlo giù dalla scogliera di Punta Falconiere. Aveva inoltre le prove che le scorie imbarcate per l'Africa venivano in gran parte inabissate in mare durante la navigazione e, se aveva interpretato bene i codici sugli archivi, in fondo al Mediterraneo ce ne dovevano già essere parecchie tonnellate.

Altri rimanevano invece solo dei sospetti, come quello che gli era sorto durante l'ispezione col Mariani. Era mai possibile, si chiedeva Enrico, che tutte quelle misure protettive, reticolati, circuiti TV, stazioni elettroniche di riconoscimento e simili, fossero lì al solo scopo di proteggere dei rifiuti radioattivi stoccati nei sotterranei? Potevano delle semplici scorie interessare fino a quel punto, oppure all'Ilvatom nascondevano altri segreti?

Non si trattava solo di un'ipotesi fantasiosa, perché pareva suffragata dai documenti di imbarco registrati negli archivi crittati. Se ad esempio i codici contrassegnati con PL si riferivano davvero al simbolo atomico specifico, allora le spedizioni di scorie oltre frontiera potevano servire da copertura per quello che doveva essere il vero business dell'Ilvatom: il contrabbando di plutonio.

Consapevole del concreto rischio che correva, doveva stare molto attento se non voleva andare ad allungare la lista di quelli che già ci avevano lasciato le penne, come lo aveva anche avvertito il professor Cortis.

Intorno alle nove Enrico aveva finito di cenare, quando il telefonino cominciò a squillare. Era la moglie di Iorio, disperata.

La donna lo aggredì con veemenza, la voce rotta dal pianto: "Mio marito è all'ospedale, più morto che vivo, ed è tutta colpa sua!" esclamò singhiozzando all'altro capo del filo. "Maledizione a lei e al giorno che Carlo l'ha incontrata…"

Enrico non riusciva a capire di cosa stesse parlando l'energumena al telefono, che affermava essere la moglie di Iorio.

"Si calmi, signora, e mi spieghi cos'è successo… senza

strillare, per favore" l'interruppe con decisione. "Finora non ho capito un accidente di quello che ha detto."

"Mio marito ha avuto un terribile incidente, ecco cos'è successo" piagnucolò la donna. "Oggi era andato all'appuntamento che lei gli aveva fissato, poi non so... dicono che stava tornando verso Genova quando è uscito di strada ed è precipitato col camper giù da una scarpata. Ora è qui all'ospedale San Martino, in rianimazione... e i medici non sanno neppure se ce la farà a cavarsela!"

"Mi spiace davvero, signora" rispose Enrico sforzandosi di mostrarsi comprensivo, ma subito precisò: "Comunque io non ho mai dato alcun appuntamento a suo marito. Eravamo rimasti d'accordo che questo pomeriggio mi avrebbe telefonato lui, ma da giovedì non l'ho più sentito..."

"Questo lo sapevo anch'io... Carlo l'aveva annotato sul calendario insieme al suo numero, proprio per non dimenticarsene" lo interruppe la donna, ancora singhiozzante. "Ma poi stamattina gli ha telefonato in anticipo la sua segretaria..."

"Ma di quale telefonata sta parlando? E poi io non ho nessuna segretaria."

"Come sarebbe a dire?" esclamò la voce all'altro capo del filo, incrinata dal dubbio. "Allora chi è stato a telefonare a Carlo sul mio cellulare, dicendogli che vi dovevate incontrare oggi alle quattro in quel ristorante sul Turchino?"

"Sul Turchino?"

"Così mi aveva detto Carlo prima di venire all'appuntamento." La donna si soffiò rumorosamente il naso, poi aggiunse: "Fortuna che non sono andata con lui, altrimenti a quest'ora ero bella che morta anch'io!"

Tutto d'un tratto Enrico trasalì, rammentando che sull'agenda che gli avevano rubato aveva annotato alcuni particolari del colloquio avuto con Iorio due giorni prima. In quegli appunti, oltre al numero di cellulare della moglie, s'era segnato che Carlo doveva telefonargli sabato pomeriggio. Così non ci volle un grande sforzo di fantasia per immaginare come quei ladri avevano usato tali informazioni per attirare Carlo in una trappola.

Altro che incidente! Quella era stata una macchinazione bella e buona, evidentemente architettata per chiudere la bocca a uno che conosceva troppi segreti. Anche il luogo scelto per l'appuntamento, la ripida discesa del Turchino, era l'ideale se si voleva far precipitare qualcuno giù da uno dei suoi numerosi tornanti.

"Signora, le garantisco che io non c'entro con questa storia" continuò Enrico, cercando di rassicurare la donna singhiozzante. "Vorrei però aggiungere che, a parer mio, quella di Carlo non è stata una disgrazia, ma hanno cercato di toglierlo di mezzo. Come avevo già avvertito suo marito, c'è qualcuno che lo vuole morto."

"Dio mio, ma chi può volerci così male?" implorò la donna, agitandosi e piangendo ancor più rumorosamente. "Carlo mi ha detto che lo aveva avvisato di un pericolo incombente, ma non pensavamo fino a questo punto..."

"Invece purtroppo le cose stanno così. Per il suo bene le consiglio di non dire a nessuno che suo marito è ricoverato, né di dove si trova... soprattutto con quelli dell'Ilvatom."

"Vuol dire che non devo avvisare dell'incidente neppure dove Carlo lavora? Dovranno pur sapere che non potrà tornare."

"Per ora è meglio che non lo faccia. Se poi dovessero contattarla loro e chiederle se Carlo le ha raccontato qualcosa del suo lavoro, lei dica di non sapere niente... tenga presente che in questa faccenda, meno sa meglio è."

"E poi, cos'altro devo fare?" supplicò spaventata. "Per favore, mi aiuti lei!"

"Signora Iorio, vedrò cosa posso fare, ma al momento anch'io devo guardarmi le spalle e temo che quelli che hanno cercato di far fuori Carlo ora ci proveranno anche con me." Enrico rifletté un attimo su questa preoccupante eventualità, poi chiese: "Mi dica, la Polizia l'ha già interrogata riguardo a suo marito?"

"No. Il poliziotto che mi ha accompagnato all'ospedale ha detto che vogliono ascoltarmi lunedì mattina..."

"Bene" la interruppe Enrico, che si preoccupava di non venire coinvolto. "Se vuole che io sia in grado di aiutarla, eviti di accennare a me o al mio incontro con suo marito. Invece si dica convinta che l'appuntamento è stata una messa in scena per attirare Carlo in una trappola e insista perché verifichino se il camper è stato manomesso."

"Ma lei lo crede veramente?"

"Non c'è altra spiegazione, purtroppo. Comunque vorrei darle un ultimo consiglio, giusto per precauzione."

"Che altro c'è?"

"Insista con la Polizia che piantonino la stanza dov'è ricoverato suo marito, per proteggerlo da eventuali tentativi di fargli ancora del male" spiegò Enrico con un tono di voce che voleva essere rassicurante e che invece mise la donna in ulteriore apprensione. "Se hanno tentato di ucciderlo, sapendo che non ci sono riusciti è probabile che ci riprovino."

"Mio Dio, veramente dice che è possibile?"

"Meglio essere prudenti, non si sa mai. Quindi insista perché mettano un poliziotto di guardia alla stanza."

"D'accordo" sospirò la donna asciugandosi il naso. "C'è altro?"

"Mi telefoni dopo che avrà parlato con la Polizia, e vedremo cos'altro si può fare."

Spento il cellulare, Enrico restò un bel po' a rimuginare sulla situazione.

Quelli giocavano duro e la sua preoccupazione si faceva sempre più pressante. Ora che anche lui conosceva alcuni degli imbarazzanti segreti dell'Ilvatom, come risultava dagli appunti rubati e da quanto poteva aver scoperto negli archivi crittati, non si sarebbero sentiti al sicuro lasciandolo in circolazione. Sull'agenda rubata erano anche annotati i particolari dell'ispezione a bordo della Portoria, fornendo ai suoi fantomatici nemici un'altra buona ragione per volerlo muto per sempre.

Le cose potevano precipitare da un momento all'altro e non c'era tempo da perdere. Inoltre, se non voleva essere costretto a fuggire per il resto della vita dai suoi ignoti inseguitori, doveva adottare opportune contromisure. Aveva già una mezza idea su cosa fare, ma prima doveva raccogliere altre prove.

Nel frattempo, per non tirare troppo la corda con la fortuna e non rischiare spiacevoli incontri, pensò che almeno per qualche giorno sarebbe stato meglio cambiar aria, non si sa mai quelli avessero intenzione di tornare a fargli visita.

Così preparò in fretta la valigia. Fece per sé un'ulteriore copia dai file dell'Ilvatom in cassaforte, prese tutto l'occorrente per continuare il suo lavoro di decifratura degli archivi, insieme al PC portatile che si era salvato dai ladri essendo rimasto nel bagagliaio dell'auto, e partì in auto diretto a Follonica.

# 22

## *L'Ilvatom corre ai ripari*

La telefonata mattiniera di Pluto a Bevilacqua con cui lo informava degli ultimi sviluppi, sortì l'effetto di rassicurarlo da una parte e metterlo nel panico dall'altra.

Il sollievo nell'apprendere che il misterioso finto Lauria altri non era che Enrico Fiorani, il marito della donna morta a Corniano, a casa del quale avevano finalmente recuperato gli archivi rubati, svanì infatti appena venne a sapere cosa era successo a Iorio. Così il suo problema non solo non lo avevano risolto, ma si era anche aggravato. Se Carlo usciva dal coma, non solo poteva svelare i loro scomodi segreti ma probabilmente anche spiegare cosa gli era accaduto sul Turchino, col concreto pericolo di coinvolgerlo in quel maldestro tentativo di omicidio.

Pur ammettendo lo spiacevole imprevisto, che Iorio con incredibile fortuna fosse sopravvissuto a un volo di venti metri, Pluto lo assicurò che avrebbe fatto in modo di portare comunque a termine il lavoro. Nel frattempo aveva pensato di avvisarlo perché fossero comunque pronti a qualsiasi evenienza.

Così allarmato, Bevilacqua convocò gli altri due soci per una riunione fuori programma nella stessa mattinata di domenica.

"Mi sembra che da un po' di tempo non riusciamo a imbroccarne una giusta" protestò Maltese rivolgendosi a Bevilacqua. "Ci mancava anche quest'altro problema!"

"Mi sono lamentato anch'io con Pluto, ma mi ha assicurato che provvederanno a sistemare definitivamente la faccenda al più presto."

"Ti ho già detto che non voglio sapere niente di questo tipo di discorsi" sbottò Maltese, preoccupato per la piega spiacevole presa dagli avvenimenti. "Comunque dobbiamo fare anche noi qualche mossa, se vogliamo evitare il peggio."

"Sarebbe a dire?" chiese sospettoso Boriani. "Io la parte mia l'ho già fatta, spostando tutti quei contenitori di scorie da un bunker all'altro."

"Purtroppo gli avvenimenti sono precipitati e quella precauzione non basta più." ribatté quello di rimando. "Se tornano i carabinieri, come ci ha fatto intendere quel Barbieri, questa volta vengono di sicuro col mandato di perquisizione e un codazzo di gente pronta a ficcare il naso dappertutto."

"Allora cosa proponi?"

"Intanto di far sparire tutti gli archivi informatici compromettenti" disse lanciando un'occhiata ammonitrice a Bevilacqua. "Non si sa mai... nel caso quel Fiorani che si è introdotto nel CED e se li è copiati fosse riuscito a capirci qualcosa."

"Non vedo come le due cose abbiano relazione" commentò perplesso il direttore amministrativo.

"Non lo capisci? Metti che a quel tizio saltasse in testa di spiattellare tutto ai carabinieri. Quelli verrebbero qui con un mandato di perquisizione e stai sicuro che troverebbero gli originali. A questo punto avrebbero già prove sufficienti per sbatterci dentro. Se invece non trovassero niente resterebbero con un pugno di mosche, perché noi potremmo sempre sostenere che si è trattato solo di una montatura a nostro danno."

"D'accordo, Giovanni" acconsentì quello, convinto che era meglio non rischiare. "Dirò a Di Martino di farne una copia e poi cancellare tutto. A scanso di equivoci, depositerò la copia in una cassetta di sicurezza della nostra banca estera."

"Bene, Mauro, vedi di fare alla svelta" concordò Maltese. Dopo una rapida occhiata agli appunti, continuò: "Vito, c'è da risolvere il grosso problema dei sigilli e del recupero del plutonio..."

"Mi pare di aver già detto che abbiamo sospeso il trattamento delle scorie" lo interruppe irritato il direttore tecnico, stufo di sentirsi sempre dire cosa fare. "Abbiamo rimesso tutto a posto e fatta sparire ogni traccia del processo di recupero. Non ti basta?"

"No. Ricorda che nei fusti siglati PL ci sono le palle del plutonio già recuperato" precisò il direttore generale. "Pensa cosa accadrebbe se decidessero di aprirli per controllare il contenuto, magari perché si accorgono dei sigilli contraffatti..."

"Sarebbe un bel guaio!" esclamò Bevilacqua, dando man forte al socio anziano. "Una condanna a molti anni di carcere per contrabbando di materiale radioattivo non ce la leverebbe nessuno, per non parlare di tutto il resto."

"Inoltre c'è l'altro problema dei fusti con i sigilli contraffatti, cioè quelli già sottoposti al trattamento di recupero del plutonio" continuò Maltese. "Hai idea di quanti siano?"

"Dovrebbero essere un centinaio, se non vado errato."

"Non sono certo pochi!" esclamò Maltese. "E con la piega che sta prendendo questa faccenda non possiamo più illuderci che si accontenteranno di un'ispezione superficiale, limitandosi a quelli che hai fatto spostare in prima fila davanti agli altri. Vorranno di sicuro controllarli uno per uno, e allora non ci metteranno molto a scoprire come stanno le cose.

"Quindi cosa dovremmo fare, secondo voi?" ribatté Maltese. "Dove la possiamo ficcare tutta quella roba?"

"L'unica soluzione è anticipare i tempi della prossima spedizione" rispose Maltese, che aveva già il piano in mente. "Mi sono informato e so che la motonave Portoria, attualmente a Genova per delle riparazioni, domani sera salperà per la Somalia. Potremmo chiedere all'armatore di fare una sosta extra a Corniano martedì mattina per imbarcare le scorie. Se ci sbrighiamo, possiamo ancora organizzare le cose in modo da liberarcene prima che ci facciano di nuovo visita."

"Mi pare un'occasione da non perdere e penso anch'io che sia la cosa migliore da fare" concordò Bevilacqua. "Liberiamoci al più presto di tutti i contenitori coi sigilli manomessi, e soprattutto del plutonio. Quando saranno in alto mare potremo finalmente tirare un sospiro di sollievo."

"Bene allora, procediamo così" assentì Maltese. "Vito, pensa tu al trasporto, e assicurati che il carico sia pronto all'imbarco sul molo per martedì mattina."

"Dovrò rivolgermi a qualche ditta esterna per trovare un autista che domani sera porti l'autotreno al porto di Corniano" commentò il direttore tecnico di malavoglia, ritenendo che la sua fosse sempre la parte più onerosa. L'indomani gli sarebbe

164

toccato lavorare l'intera giornata, sia per seguire le operazioni di carico delle scorie, sia per controllare uno per uno tutti i fusti immagazzinati. "Spero di trovare qualcuno disponibile… anche se non sarà tanto facile, con così poco preavviso."

"Prometti all'autista un fuoribusta e vedrai che non sarà neppure così difficile" commentò Bevilacqua, avvezzo a risolvere molti problemi a suon di quattrini. "Intanto io confermerò a Pluto che martedì il bilico sarà all'imbarco di primo mattino, così che possano caricare in giornata e salpare per la Somalia entro sera."

## 23

### *Scovato il berillio a Punta Falconiere*

Nonostante fosse domenica mattina, Caputo fu raggiunto a casa da una telefonata d'emergenza fatta dall'agente di guardia in Commissariato. Dall'ospedale di Corniano Marina avevano appena chiamato per avvisare che c'era un nuovo caso di contaminazione nucleare.

Un ragazzo di sedici anni, ricoverato di prima mattina, manifestava infatti alcuni dei tipici effetti da radiazioni, fra cui una forma di leucemia fulminante e piaghe ulcerose estese sul viso e sugli arti, probabili conseguenze di un contatto con materiali radioattivi. Questa volta l'equipe medica, memore della recente esperienza con Simona Bianchi e temendo si potessero verificare altri casi simili, era pronta all'evenienza e non si era fatta cogliere impreparata. A differenza del commissario Caputo, che portava avanti le indagini partendo dal presupposto che a Corniano Marina di materiale radioattivo non ce ne poteva essere.

Malpigi, avvisato a sua volta dal commissario, rimase anche lui interdetto. Stava ancora aspettando notizie da Saluggia, non appena fossero riusciti a interrogare l'autista dell'Ilvatom, e ora questo nuovo episodio riproponeva l'ipotesi che a Corniano Marina ci fosse davvero qualche fonte di contaminazione.

Così da Grosseto si precipitò a Corniano e prima di mezzogiorno era già con Caputo in ospedale a parlare con Marco, il giovane ricoverato, e con i suoi genitori che l'assistevano con gli occhi arrossati dal pianto, non nutrendo più speranza dopo la recente prognosi.

I medici ipotizzavano che la contaminazione fosse avvenuta uno o al massimo due giorni prima, per cui Malpigi per prima cosa cercò di sapere cosa avesse fatto Marco il venerdì o il sabato. Ricostruendo insieme ai genitori l'attività del giovane non pareva ci fosse niente di anormale. Marco andava ancora a scuola e venerdì aveva fatto il tempo pieno. Il sabato invece era libero ed era andato al mare.

"Ricordi in che posto sei stato al mare?" chiese Malpigi al ragazzo a un certo punto del suo ansimante resoconto, avendo notato un comune denominatore fra i due episodi. "Pensaci bene, Marco, perché la causa della tua malattia potrebbe essere là."

"Ero andato a pescare su una scogliera qui vicino" rispose il giovane con un filo di voce. "A Punta Falconiere."

Malpigi e Caputo si guardarono ammutoliti, una sorpresa che presto si mutò in rammarico ricordando di non aver dato peso all'ipotesi di Fiorani. Se non l'avessero liquidata in modo sbrigativo dopo il fallito sopralluogo a Punta Falconiere, forse avrebbero evitato al giovane di finire anche lui così. Ma ormai era troppo tardi per recriminare.

"Bene, Marco" continuò Malpigi con voce paterna. "Dovresti cercare di descriverci dov'è che sei andato esattamente."

"Sono sceso col motorino lungo uno di quei sentieri che portano alla scogliera" rispose il giovane lentamente, facendo appello alle poche forze rimaste. "Poi ho fatto l'ultimo tratto a piedi... fin giù sugli scogli che stanno di fronte all'isolotto."

"Vuoi dire il Falconcino?"

"Sì."

"Bene. Ora ti chiedo di fare un ultimo sforzo e dirmi se ricordi qualcosa di strano, qualcosa di insolito che puoi aver fatto o visto mentre eri laggiù" continuò Malpigi, convinto di essere prossimo alla soluzione. "Pensaci pure con calma, Marco, perché è molto importante."

Il giovane era stanco, spossato. Chiuse gli occhi e per lunghi attimi sembrò appisolarsi. Invece, con le poche energie sopravvissute al male che lo divorava, riuscì a ricordare.

"C'è una specie di discarica, là sotto, dietro alla scogliera" spiegò ansimando. "C'ero andato a cercare un ferro appuntito per prendere i granchi per pescare... c'è un sacco di roba strana laggiù."

Questa volta non avrebbero ripetuto lo stesso errore.

La mattina successiva, radunata nuovamente la squadra di tecnici fatti urgentemente venire dall'Eneam, Malpigi e Caputo tornarono a Punta Falconiere per una nuova ispezione. Oltre a quanto già sapevano, il giovane Marco aveva fornito un'indicazione che si poteva rivelare determinante.

Scesi sulla stessa spiaggia ciottolosa dove erano stati dieci giorni prima con Enrico, a inseguire la falsa pista dei molluschi contaminati, Malpigi diresse personalmente le ricerche. Non era in mare che dovevano cercare, ma sulla scogliera.

"Burzi, veda di controllare i livelli di radioattività oltre quel contrafforte, sulla scogliera là in fondo" disse Malpigi al tecnico dell'Eneam, indicando l'alta barriera di roccia al delimitare della spiaggia ciottolosa. "L'altra volta abbiamo esaminato la parte qui davanti, ora concentriamoci invece verso l'interno. Secondo il ragazzo, laggiù da qualche parte ci dovrebbe essere una discarica abusiva. Guardi se riesce a trovarla."

Assistito da un collega Burzi cominciò a scalare la scogliera che si ergeva come un muro per alcuni metri. Bardati com'erano, con tuta protettiva e casco che li facevano somigliare a due astronauti, non fu facile arrampicarsi.

Quando finalmente furono in cima il rilevatore di radioattività cominciò a salire di livello. Burzi avanzò cautamente, con il collega che lo seguiva a un paio di metri e appuntava su una tabella i valori che lui leggeva a voce alta.

Superata la cresta rocciosa si trovarono di fronte a una profonda spaccatura nella scogliera, alcuni metri più avanti. Dal lato opposto della stretta voragine, un'alta parete rocciosa dalla sommità del promontorio sprofondava ripida in quella fossa naturale.

Come Burzi tese l'asta del rilevatore verso il ciglio della fossa, il ticchettio del contatore geiger sembrò impazzire mentre la lancetta indicante il livello di radioattività oscillava sul quadrante rosso di pericolo. Facendo affidamento sulla protezione della tuta speciale che indossava, Burzi avanzò un altro poco e si affacciò oltre il ciglio. Quando riuscì a vedere di sotto, capì di aver trovato la discarica di cui parlava il ragazzo.

Sotto di lui, incastrati fra le rocce, c'erano alcuni rottami arrugginiti, insieme a vari tipi di contenitori e barattoli di varie dimensioni, evidentemente scaraventati giù dall'alto del promontorio nel corso degli anni.

Protese più che poté l'asta del rilevatore verso i rottami e subito il ticchettio del contatore geiger divenne un gracidio ininterrotto, segno che la radioattività là sotto era a livelli elevatissimi.

"Abbiamo trovato la discarica" gridò Burzi dall'alto della scogliera, dopo essere tornato sui suoi passi. Rivolgendosi agli altri rimasti ad aspettarlo sulla spiaggia di sotto, spiegò: "La fonte radioattiva proviene da qualcosa che si trova dietro questo contrafforte. Ma per poterci avvicinare e capire cos'è esattamente, dobbiamo prendere qualche altra precauzione. Là sotto i livelli di radioattività sono troppo elevati."

"Allora tornate pure qui" rispose Malpigi da sotto. Poi, rivolgendosi a Caputo, aggiunse: "Commissario, veda di lasciare di sopra un paio di uomini di guardia, con l'ordine di impedire l'accesso a chiunque. Nel frattempo informerò gli organi di controllo della Protezione Civile perché intervengano e ci dicano cosa bisogna fare per mettere in sicurezza la zona."


Per evitare che qualche altro malcapitato ci rimettesse la pelle, si dovette innanzitutto isolare l'intero promontorio.

Fu poi necessario allestire un apposito cantiere per bonificare la scogliera. Meno male che era circoscritta a quella grossa fenditura nella roccia, usata in passato come discarica abusiva e dove qualche scriteriato aveva di recente gettato un contenitore pieno di polveri di berillio irradiato.

Malpigi e Caputo non conoscevano ciò che Enrico aveva già scoperto sulla faccenda, ad esempio che era stato Carlo Iorio a scaraventare là sotto il berillio per liberarsene, ma d'altronde neppure Enrico era al corrente di questi ultimi sviluppi a Corniano Marina, essendo ormai una decina di giorni che i tre non si incontravano.

Venne comunque appurato che il contenitore,

dall'apparenza simile a una latta di pittura da venti litri, era invece uno di quelli schermati contro la radioattività e doveva quindi provenire da qualche industria del settore, sebbene i contrassegni risultavano illeggibili. Il coperchio era stato parzialmente dissaldato e con quel volo dall'alto parte del suo contenuto s'era sparpagliato, contaminando l'intera discarica. L'unica fortuna era che le polveri radioattive erano rimaste in quella spaccatura della scogliera senza finire in mare, così che la contaminazione era rimasta circoscritta e non si era sparsa a macchia d'olio lungo il litorale.

Dopo che la scientifica ebbe effettuato le indagini, gli esperti conclusero che Simona Bianchi si era contaminata utilizzando uno di quei barattoli per cuocervi i famosi mitili, secondo la versione, ora compatibile, propugnata dal marito. Avevano anche rinvenuto il barattolo in questione, con dentro ancora alcuni gusci vuoti frammisti a minuscole quantità delle micidiali polveri di berillio. Evidentemente Simona lo aveva raccolto nei paraggi senza dover scendere fino al fondo della discarica. A differenza del ragazzo, le cui piaghe facevano invece pensare a un contatto più diretto e prolungato con le polveri radioattive, avendo purtroppo rovistato a lungo fra i rottami contaminati.

Bonificare l'intera zona non fu impresa facile, data la particolare conformazione delle rocce piene di anfratti, e richiese diversi giorni.

Per prima cosa dovettero asportare il materiale contaminato, dopo averlo rivestito con una vernice isolante onde evitare che la contaminazione si spargesse durante il trasporto. Poiché le polveri radioattive s'erano insinuate nelle fessure delle rocce, decisero che la soluzione migliore era fare una colata di cemento mista a polvere di piombo, così da isolare e seppellire sotto uno zoccolo spesso due metri ogni residuo di radioattività.

# 24

## *Una telefonata sospetta*

Aveva scelto l'Hotel Miramare perché in qualche modo gli ricordava una nave in partenza per lidi sconosciuti. Situato a metà circa del lungomare, l'albergo era infatti interamente costruito su piloni in mezzo all'acqua e unito alla terraferma solo da un pontile lungo una ventina di metri.

Assorto nei suoi molti pensieri, dal terrazzino della camera 209 che occupava da sabato sera Enrico osservava il mare baluginare in lontananza sotto i raggi del sole di mezza mattina, ignaro delle indagini che Malpigi e Caputo in quegli stessi istanti stavano compiendo a Punta Falconiere. Aveva trascorso la domenica chiuso in camera a decifrare il contenuto degli archivi dell'Ilvatom fino a tarda notte, convincendosi sempre più che quello delle scorie doveva essere un traffico a livello internazionale. Questo lunedì voleva prendersela un po' comoda e dedicarsi alla stesura del memorandum che stava scrivendo sulla vicenda, elemento essenziale nel suo piano di sopravvivenza.

Il rumore della risacca sulla scogliera sottostante e il profumo di salsedine portato dal maestrale, cuore pulsante e respiro del suo mare, alimentavano dolci malinconie, sprazzi di ricordi sfocati che lo rimandavano con la mente ai suoi vent'anni, quando di guardia in plancia, solo fra cielo e mare, per ore scrutava le onde di sotto scorrere veloci lungo la murata. Giorni carichi di aspettative, per lo più disattese, a brancolare per il mondo in cerca della vita che intanto scivolava via insieme a quelle onde.

Irriverente, all'improvviso la musichetta del cellulare giunse a precipitarlo nella concretezza del presente. Davide Cortis s'informava su come stavano andando le sue ricerche.

"Le ho telefonato per sapere se sta facendo progresso con quel berillio radioattivo" spiegò il professore dopo alcuni preamboli. "Dal nostro ultimo incontro ho pensato spesso a lei e alla disgrazia che le è capitata, e mi sono chiesto come posso aiutarla."

"Molto gentile da parte sua, professore, ma non c'è bisogno che si disturbi" rispose Enrico, sorpreso da tanto interesse. "Non mi sono fatto più sentire perché in questi giorni mi sono capitate così tante cose che non ho ancora finito di riordinare le idee."

"Davvero? Cosa le è successo?"

"Intanto ho appurato che il berillio radioattivo che ha contaminato mia moglie era quello dell'Ilvatom, un'azienda di Saluggia in provincia di Vercelli. Anzi, a dir la verità mi è sembrato strano che un esperto del suo calibro non la conoscesse... ma poi mi sono detto che a questo mondo non si può sapere tutto."

"Il mondo del nucleare è molto vasto, e non mi sono mai interessato di berillio irradiato prima d'ora" ribatté l'altro con un certo fastidio, cercando di minimizzare.

"Ma certo, professore... dicevo così tanto per dire."

"E cos'altro ha scoperto d'interessante?"

"Ho parlato con Iorio, che da molti anni fa l'autista all'Ilvatom, e mi ha rivelato alcuni segreti sul conto dell'azienda."

"Segreti?"

"Mi ha parlato di certi contenitori di scorie nucleari che vengono mandati in Africa, e di altri affondati in Mediterraneo..."

"Figuriamoci! E lei crede a queste panzane?"

"Certo che ci credo, e non solo per il racconto dell'autista, ma anche perché ho delle prove."

"Di che genere?"

"Esaminando alcuni archivi informatici dell'Ilvatom, che tengono in gran segreto, ho trovato gli elenchi di quei contenitori. A essere sincero, mi è sorto il dubbio che ci sia sotto qualcosa di ancora più grosso."

"E cosa sarebbe?"

"Contrabbando di plutonio."

"Addirittura!"

"Non ne ho ancora le prove certe, solo alcune sigle sospette aggiunte ai codici di identificazione. Devo ancora finire di analizzare gli archivi perché prima mi ci è voluto un bel po' per decrittare i file. Alla fine però ci sono riuscito e mi sono convinto che le prove si trovino proprio in quelle registrazioni."

"Come ha fatto ad avere i loro archivi?"

"E' una storia lunga, professore, ma per telefono preferisco non parlarne" rispose Enrico, tergiversando. Si rendeva conto di aver commesso un reato, trafugandoli. Poi aggiunse: "Magari gliela racconterò un'altra volta, a quattr'occhi. Purtroppo devono essersene accorti e, chissà come, sono riusciti a risalire fino a me."

"Come fa a saperlo?"

"Perché l'altra sera qualcuno è penetrato in casa mia e si è ripreso le copie che avevo fatto. Si sono portati via anche il disco fisso del mio computer, oltre a tutti i dischetti dove evidentemente pensavano potessi tenerne delle copie. Meno male che non le hanno trovate tutte."

"Allora quegli archivi ce li ha ancora?"

"Fortunatamente sì. Ne avevo una seconda copia di sicurezza che non hanno trovato. Stanotte ho fatto le ore piccole a cercare di capirci qualcosa."

"In questo posso volentieri darle una mano. Potrei venire da lei oggi pomeriggio, così da darci un'occhiata insieme…"

"Apprezzo la sua disponibilità, professore" lo interruppe Enrico con un certo imbarazzo. "Ma al momento non credo sia consigliabile, e poi io non sono a casa."

"No? E dove sta, se non sono troppo curioso?"

"Da quando mi hanno ribaltato casa non me la sono più sentita di restare là. Così ho fatto le valigie e mi sono trasferito in albergo, a Follonica."

"Meglio, dovrò fare meno strada per venire" insistette Cortis. "Basta mi dica dove alloggia e dopo pranzo sono da lei."

"C'è anche dell'altro" proseguì Enrico pazientemente, sebbene quell'insistenza cominciasse a dargli fastidio. "Dopo che ho parlato con Iorio, qualcuno ha cercato di farlo fuori.

Sabato sera mi ha telefonato la moglie, disperata perché il marito è in ospedale a Genova, mezzo morto. Questo significa che quella è gente che non va tanto per il sottile e non voglio che per colpa mia altri ancora corrano rischi del genere. Quindi, almeno finché non avrò un quadro più chiaro di quello che sta succedendo, preferisco far da solo."

"Come vuole, io mi sono offerto. Le ripeto però il consiglio che già le avevo dato, e che mi pare sia avvalorato da quanto mi ha appena raccontato: lasci perdere questa faccenda."

"Ormai è tardi. Anche se volessi ritirarmi, quelli non me lo permetterebbero. Conosco troppe cose e temo che non saranno tranquilli finché non mi avranno chiuso la bocca, come hanno tentato di fare con Iorio. Quindi devo combattere questa battaglia, se voglio salvare la pelle."

A telefonata terminata, Enrico restò pensieroso. Non era la prima volta che gli atteggiamenti del professore lo lasciavano perplesso, ultimo fra tutti questo suo insistere nel voler venire a esaminare gli archivi. Anche per questo, sebbene gli avesse raccontato che era stato sulla Portoria e aveva notato delle coordinate sospette appuntate sui loro carteggi, aveva evitato di accennare alla sua intenzione di ritornare a bordo per fotografare le carte nautiche.

Che doveva tornare sulla nave lo aveva capito quella notte mentre esaminava i tabulati degli archivi dell'Ilvatom. Aveva infatti notato lunghi elenchi di codici e dedotto che dovevano essere le liste di carico e le bolle di consegna relative alla movimentazione delle scorie durante gli ultimi anni.

Aveva notato che alcuni di tali elenchi erano associati alle stesse coordinate geografiche che ricordava aver visto appuntate a matita sulla carta nautica a bordo della Portoria, con latitudine e longitudine corrispondenti a una fossa marina a sud est della penisola italiana. Aveva quindi dedotto che le coordinate dovevano indicare il punto nave dove i contenitori in elenco erano stati affondati.

Il fatto preoccupante era che di queste registrazioni ce n'erano diverse e anche che le coordinate geografiche non erano sempre le stesse, indicando posizioni differenti. Evidentemente la cosa andava avanti da parecchio tempo e i punti nave dove venivano gettati in mare i fusti con le scorie erano più d'uno.

Se questa ipotesi era valida avrebbe dovuto trovarne conferma esaminando le relative carte nautiche. Ma per riuscirci doveva tornare sulla nave, questa volta senza dimenticarsi di portare la macchina fotografica.

Per decidere quando riprovarci doveva sapere per quanto tempo ancora la nave sarebbe rimasta in Darsena. Così telefonò alla redazione dell'Avvisatore Marittimo, il giornale che pubblica i movimenti giornalieri delle navi nel porto di Genova, e venne a sapere che la Portoria stava terminando le riparazioni e sarebbe salpata la sera stessa alla volta di Mogadiscio. Prima però avrebbe fatto un breve scalo il martedì mattina nel porto di Corniano Marina, per imbarcare un carico.

A questo punto non aveva molte scelte: doveva per forza provarci l'indomani, perché un'altra occasione per salire a bordo chissà quando si sarebbe ripresentata. Questa volta sarebbe stato più facile avvicinarsi alla nave, dato che nel porto di Corniano non c'erano praticamente controlli; ma sarebbe stato molto più pericoloso salire a bordo, perché l'equipaggio sarebbe stato al completo.

I preparativi da fare erano pochi, ma essenziali. Per prima cosa analizzò i tabulati e con l'evidenziatore sottolineò tutte le coordinate geografiche che sembravano riferirsi ai punti nave incriminati. Dopo essersene fatta una lista, con l'aiuto di un atlante geografico cercò le zone di mare corrispondenti a quei punti e completò la sua lista con una breve descrizione di ciascuna posizione, così da rintracciare più velocemente le relative carte nautiche una volta a bordo. Verificò che la macchina fotografica digitale avesse le batterie cariche e funzionasse a dovere, quindi ripose tutto quanto nella ventiquattrore. Non fidandosi a lasciare incustodito in camera il computer portatile dove aveva registrato il frutto delle sue faticose indagini, col rischio che in sua assenza qualcuno ci andasse a ficcanasare, lo chiuse nella custodia insieme ai vari CD e al floppy con la bozza del memorandum che stava scrivendo.

Quindi, fattasi l'ora di cena, prima andò a riporre valigetta e computer portatile nell'auto parcheggiata di fronte all'hotel, chiudendo tutto a chiave nel bagagliaio così da non dimenticare qualcosa nella fretta degli ultimi preparativi.

L'indomani non gli sarebbe servito altro, a parte una buona dose di coraggio e un po' di fortuna.

Poi tornò in albergo e andò a cena, nel salone ristorante al piano terra.

Nonostante l'ottima grigliata di pesce, abbondantemente innaffiata con un generoso bianco d'Orvieto classico, Enrico non riusciva a vincere la tensione per ciò che lo aspettava. Mancando pochi minuti alle dieci ed essendo presto per andare a dormire, uscì sulla terrazza e andò a sprofondarsi su un dondolo a farsi cullare dal ritmo incessante della risacca, e dalla triste malinconia suscitata da quella cena solitaria.

Nel buio della notte guardava la volta del cielo in cerca delle costellazioni, col rammarico di chi in passato aveva visto sugli oceani ben altri spettacoli… quando a un tratto alcuni bagliori di torcia provenienti dalla finestra aperta della sua camera al secondo piano lo fecero ripiombare nella realtà. Chi poteva mai essere?

Dall'interno qualcuno stava chiudendo la tenda oscurante, evidentemente per nascondere la sua presenza. Chi era? Di certo non l'addetto alle pulizie, a quell'ora di notte. E poi aveva con sé le chiavi della stanza, e quindi nessuno estraneo sarebbe dovuto entrare senza il suo permesso.

Indeciso sul da farsi, escluse subito l'idea di rivolgersi al personale dell'albergo. Quelli avrebbero chiamato la Polizia, ma lui non voleva interferenze che potevano compromettere i suoi piani. Tuttavia, memore delle recenti esperienze, non poteva neppure azzardarsi a rientrare in camera per vedere chi fosse l'intruso.

Dopo alcune veloci valutazioni Enrico decise che era meglio filarsela. I pochi vestiti rimasti in camera poteva ritirarli in un altro momento. Si affrettò al banco della Reception e chiese di saldare il conto, spiegando al sorpreso portiere che aveva un'emergenza e doveva partire subito.

"Mi ha per caso cercato qualcuno?" chiese Enrico nel frattempo.

"Ma come" ribatté stupito l'altro. "Non è venuto a salutarla quel suo amico?"

"Quale amico?"

"Circa un'ora fa ha telefonato un uomo chiedendo se lei alloggiava da noi" spiegò imbarazzato, nel timore di aver fatto qualcosa che non doveva. "Quando gli ho risposto che era al ristorante non ha voluto che gli passassi l'interno, dicendo che preferiva farle una sorpresa."

"Io non ho visto proprio nessuno" ribatté Enrico. "Comunque, è poi venuto quel tizio?"

"Veramente... non saprei" rispose l'altro, titubante. Quasi a giustificarsi, azzardò: "Potrebbe essere passato mentre io accompagnavo dei clienti alle camere, ma se lei non l'ha visto, vuol dire che non è ancora arrivato."

"Non importa." Enrico propendeva per una diversa spiegazione, ma non ne fece cenno. Pagò con la carta di credito e, allungandogli una banconota extra, disse: "Domattina prima di smontare dal suo turno dovrebbe farmi il favore di andare su in camera mia e mettere in valigia i pochi effetti personali che sono rimasti. Penserò poi io a mandare qualcuno a ritirarla."

Il portiere acconsentì di buon grado, dato che una mancia così capitava di rado, e insieme alla ricevuta fiscale gli restituì la patente di guida che aveva trattenuto per la registrazione.

Enrico notò che l'aveva sfilata dalla rastrelliera dietro il bancone, dove ogni casella numerata corrispondeva alla relativa stanza. Ne dedusse che non ci doveva esser voluto molto al suo ignoto visitatore, approfittando della momentanea assenza del portiere, per sbirciare i documenti nella rastrelliera e, una volta trovato il suo, identificare la stanza dove alloggiava.

L'anonimo visitatore era evidentemente arrivato e in questo momento lo stava aspettando acquattato da qualche parte nella sua stanza, chissà con quali proponimenti. Intenzioni di sicuro non buone, altrimenti non avrebbe chiuso le tende oscuranti.

Per questo Enrico preferì squagliarsela immediatamente: per la sua sorpresa l'ignoto "amico" avrebbe dovuto aspettare un'altra occasione.

Di nuovo in fuga, doveva trovare una sistemazione per la notte. Tuttavia era preferibile restare in zona, almeno fino all'indomani, quando sarebbe arrivata la motonave Portoria.

Così tornò a Corniano Marina e trovò posto all'Esperanto, un albergo sulla scogliera lungo la strada per Punta Falconiere. Era ormai mezzanotte e dovette suonare a lungo, finché riuscì a buttare giù dal letto il portiere che, facendo buon viso a cattivo gioco, lo accompagnò sonnolento all'ultima camera ancora disponibile.

Sdraiato semivestito sul letto, Enrico non riusciva proprio a prender sonno, preso com'era a rimuginare sulla sua ultima disavventura e a chiedersi come avessero fatto i suoi inseguitori a sapere che alloggiava al Miramare.

L'unica possibilità era che fosse stato Davide Cortis a metterli sulle sue tracce. Solo lui infatti sapeva del suo alloggio a Follonica, anche se non gli aveva detto esattamente dove. Ma con qualche telefonata agli alberghi della zona non ci sarebbe voluto molto a scoprirlo.

"Possibile che anche lui sia implicato?" si chiedeva stupito. Più ci pensava, più il sospetto prendeva corpo. Anche le strane sensazioni che talvolta lo avevano turbato durante i loro incontri sembravano confermare questa eventualità. Fino ad ora le aveva attribuite alle differenze etniche e culturali esistenti fra loro, in considerazione del sangue arabo del professore, ma cominciava a chiedersi se non ci fosse un'altra spiegazione.

Poteva d'altra parte essere solo un'impressione, alimentata dal pregiudizio di matrice occidentale citato dal professore secondo cui gli arabi sarebbero tutti potenziali terroristi?

Comunque stessero veramente le cose, fu contento di non avergli accennato alla sua intenzione di tornare sulla Portoria il giorno dopo per esaminare le carte nautiche.

## 25

### *I segreti delle carte nautiche*

Enrico arrivò in vista del molo mentre la nave stava ancora terminando le manovre di attracco. Gli ormeggiatori avevano appena assicurato i cavi alle bitte lungo la banchina e da bordo stavano tesandoli alternativamente con gli argani di prua e di poppa.

Posteggiò all'inizio del piazzale antistante, deserto a quest'ora di mattina, in modo da non dare nell'occhio e al tempo stesso mantenere una buona visuale, e si mise in attesa. Per salire a bordo senza mandare tutto all'aria doveva aspettare il momento propizio.

Terminata la fase di ormeggio iniziarono le operazioni d'imbarco. In coperta furono aperti due dei quattro boccaporti, uno a pruavia e l'altro a poppavia del cassero centrale, mentre sottobordo un mastodontico autotreno stava posizionandosi sotto i bighi di carico a poppavia. Non ci voleva molto a immaginare che si trattava di quello dell'Ilvatom, giunto qui di prima mattina con le scorie da imbarcare. A guidarlo non c'era ovviamente Carlo Iorio, ma un altro autista.

"Questa volta non sarà altrettanto facile salire a bordo" borbottò Enrico notando l'andirivieni in coperta e sul molo. "L'altro giorno a Genova non c'era anima viva, ma oggi l'equipaggio è al completo e non sarà facile passare inosservato."

Se l'avessero colto in flagrante la sua vita avrebbe avuto meno valore di un soldo bucato e tutte le prove che aveva raccolto non sarebbero servite a nulla. Quelli avrebbero continuato a seminare distruzione a orologeria nel cuore del suo mare e, per di più, non avrebbero mai pagato per la morte della sua Simona.

Doveva a tutti i costi impedire che la facessero franca. Ma aveva bisogno di aiuto, soprattutto in caso di emergenza. A chi poteva rivolgersi? A questo punto, l'unica alternativa possibile era telefonare al commissario Caputo, renderlo partecipe di ciò che stava per fare, e chiedere il suo intervento se qualcosa andava storto.

"Ma è diventato matto?" esclamò Caputo al telefono appena sentì che voleva intrufolarsi a bordo. Per convincerlo dei motivi, Enrico raccontò le ultime vicissitudini e quanto aveva scoperto sui traffici dell'Ilvatom e della nave, spiegando che pensava di trovarne ulteriore conferma sulle carte nautiche. Il commissario sulle prime sembrò non capire, anzi, valutando i rischi di una simile operazione, lo ammonì: "Si rende conto che se le cose stanno come dice lei, a salire a bordo rischia la pelle? E poi mi pare di averle già detto che deve lasciare a noi della Polizia il compito di fare le indagini."

"Ormai non fate più in tempo, commissario" ribatté con decisione Enrico, ignorando l'ammonizione. "Fra qualche ora la nave riparte per l'Africa… quindi, o ora, o mai più!"

"Aspetti almeno che mandi qualcuno dei nostri" insisté Caputo, anche se si rendeva conto che, senza prove concrete e senza un mandato di perquisizione, aveva le mani legate.

"A far che, commissario? A chiedere ufficialmente il permesso di ficcanasare fra le loro carte nautiche? Oppure sta pensando di fare un'irruzione a bordo?"

"Senza l'autorizzazione del Magistrato non posso fare irruzione né perquisire una nave battente bandiera straniera, altrimenti rischiamo un incidente diplomatico. Però potrei convincere il comandante a collaborare amichevolmente…"

"Già, così quelli sentono puzza di bruciato e fanno sparire tutte le prove" lo interruppe Enrico, che già aveva scartato questa possibilità. "Il comandante e gli ufficiali sono tutti d'accordo e ognuno prende la sua bella mazzetta. Non vorranno di certo rischiare la galera."

"Cos'ha in mente di fare, allora?"

"Gliel'ho detto: salire a bordo per trovare le prove che sono in combutta con l'Ilvatom nell'affondamento delle scorie nucleari, e forse anche in qualche cosa di peggio."

"Cioè, in che cosa?"

"Plutonio, commissario. Contrabbando di plutonio" rispose Enrico, scandendo la parola. "Ma su questo non sono ancora sicuro... poi le dirò."

"Una brutta faccenda, signor Fiorani" esclamò stupito Caputo, dopo una pausa necessaria a valutare l'enormità del problema. "Purtroppo, in mancanza di prove, non posso agire con la forza nei confronti della Portoria."

"Non le ho telefonato per questo, commissario" rispose Enrico, rassicurato dalla disponibilità dell'interlocutore. "Ora è quasi mezzogiorno... e le operazioni di carico andranno avanti per qualche altra ora. Appena poso il telefono tento di salire a bordo, approfittando dell'ora di pranzo. Lei intanto potrebbe venire qui coi suoi uomini... in incognito mi raccomando, altrimenti quelli rizzano le orecchie. E si procuri l'attrezzatura per la ricezione in radiofrequenza, così da intercettarli nel caso comunicassero via radio."

"Vedrò cosa posso fare... e se dovessero pizzicarla?"

"In tal caso conto su di lei, commissario. Se entro due ore non sono tornato, diciamo al massimo per le tredici e trenta, vuol dire che qualcosa è andato storto. A questo punto, se non intervenite voi prima che la nave levi gli ormeggi, sono un uomo morto... sempre che non mi abbiano già fatto fuori."

"Ma perché vuole correre un rischio del genere?" chiese Caputo, con un tono di voce che mal celava la sua preoccupazione. "Non vale la pena giocarsi la vita in questa maniera."

"E invece sì, e sono convinto che anche lei lo capisce, visto il mestiere che fa. Comunque, commissario, tenga presente una cosa molto importante..."

"Quale sarebbe?"

"Se mi dovesse capitare qualcosa, sul piazzale antistante la banchina dov'è ormeggiata la nave Portoria è posteggiata la mia auto, un'Alfa 156 di colore blu, da dove le sto parlando ora. Nel bagagliaio chiuso a chiave troverà il mio computer portatile, con i CD contenenti gli archivi segreti dell'Ilvatom già decrittati e un floppy disk su cui ho registrato un memorandum incompleto intorno a questi traffici. La chiave del bagagliaio sta dentro lo sportellino del serbatoio per la benzina. Ci dia un'occhiata e vedrà che è roba che scotta... forse con quelle informazioni riuscirà a convincere il dottor Malpigi a emettere un mandato di perquisizione. Comunque, se non dovessimo rivederci, confido che ne farà buon uso."

"D'accordo... però si segni questo mio cellulare e, mi raccomando, non faccia imprudenze" lo esortò Caputo, che aveva cominciato a provare una certa ammirazione per la determinazione e il coraggio di Enrico. "Se dovesse incontrare ostacoli, rinunci all'impresa e mi chiami immediatamente."

"Non si preoccupi, commissario. Anche lei si segni il mio numero, ma è meglio se non lo usa finché sono a bordo, altrimenti rischio di essere scoperto. Penserò io ad avvisarla se qualcosa va storto. Altrimenti, ci vediamo al mio ritorno" disse Enrico, dopo essersi appuntato il numero. Quindi aggiunse: "Ah, un ultimo favore, commissario... Mandi per favore un agente a ritirare la mia valigia al Miramare di Follonica. Io non mi fido a tornarci, casomai fossero ancora nei paraggi ad aspettarmi."

"D'accordo. Manderò qualcuno."

Al termine della telefonata, Enrico ripose il cellulare acceso nella ventiquattrore e si diresse a passo deciso verso il barcarizzo, che dalla banchina saliva lungo la murata fino al portellone dei magazzini di cambusa. Si augurava che lo avrebbero scambiato per uno dei fornitori al seguito delle vettovaglie che venivano imbarcate in previsione del lungo viaggio.

Una volta a bordo, invece di entrare nell'ufficio del cambusiere, tirò dritto facendo finta di niente e imboccò la prima rampa di scale che incontrò. Osservando la nave dalla banchina aveva infatti notato che il portellone di cambusa, sebbene diversi metri più sotto, era più o meno sulla verticale della plancia.

Salì le scale interne ostentando una certa sicurezza, così da scoraggiare eventuali domande indiscrete di qualche curioso. Se poi qualcuno lo avesse fermato, avrebbe detto che stava andando dal comandante.

Dopo la prima rampa e un breve corridoio interno a livello

del ponte di coperta, arrivò in prossimità delle scale che conducevano ai tre ponti superiori. Salendo incrociò un marinaio e, al ponte superiore, il piccolo di camera che stava ultimando i preparativi nella sala da pranzo ufficiali. Ma, come aveva previsto, nessuno si azzardò a fargli domande, scoraggiati dal burbero cipiglio di circostanza che Enrico aveva assunto appositamente.

Proseguire oltre richiedeva particolare cautela: se a questo punto lo avessero intercettato non avrebbe avuto scuse, dato che la zona degli alloggi ufficiali, e quella ancor sopra del ponte di comando, sono strettamente riservate.

Tese l'orecchio per sentire se da sopra provenivano rumori e, non sentendo nulla, salì la prima rampa. Si ritrovò sul pianerottolo di accesso agli alloggi ufficiali, che già conosceva. Questa volta da una delle cabine in fondo al corridoio provenivano dei suoni, segno che qualcuno c'era. Ignorando il pericolo stava per salire l'ultima rampa, quando dal ponte comando soprastante udì delle voci in rapido avvicinamento e, quasi contemporaneamente, dal di sotto qualcuno cominciò a salire. E lui stava nel mezzo!

Diede una veloce occhiata intorno, alla ricerca di un possibile nascondiglio. Rifugiarsi in una delle cabine era da escludere, dato che avrebbe aggravato la sua situazione se l'avessero trovato dentro. Notando all'estremità opposta del corridoio un portellone di mogano che immetteva sul ponte esterno, si precipitò in quella direzione facendo appena in tempo a richiuderselo dietro senza che lo vedessero.

Dall'esterno sbirciò attraverso l'oblò reso opaco dalla salsedine e, dai gradi sulle spalline, riconobbe nei due che erano scesi il primo e il secondo ufficiale di coperta. Li vide fermarsi sul ballatoio intenti a confabulare e pochi attimi dopo salutare un altro secondo ufficiale, probabilmente quello di macchina, che era salito dal ponte inferiore. Poi i tre, dopo alcuni istanti di conversazione che Enrico non riuscì a udire, entrarono nelle rispettive cabine.

Attese alcuni secondi per sincerarsi che tutto fosse tornato tranquillo, quindi rientrò, dirigendosi spedito alla rampa di scale che portava in plancia. Confidava che, essendo quasi mezzogiorno e con la nave all'ormeggio, gli ufficiali stessero preparandosi per andare a pranzo, nella sala mensa al piano di sotto. Non udendo alcun rumore provenire da sopra, si fece coraggio e salì.

Si ritrovò sul pianerottolo rivestito di moquette del ponte di comando. Alla parete il cronometro di bordo segnava le 11 e 53. Dal fondo del corridoio che conduceva all'alloggio del comandante non si udiva alcun rumore, e sperò che fosse un buon segno. Così si diresse verso la sala nautica e da lì in sala carteggio.

Il tavolo questa volta era sgombro. Aprì il cassettone sotto il ripiano e tirò fuori il fascio di carte nautiche riposte una sull'altra. Le scorse velocemente, sfilando dal mucchio quelle relative alla rotta fra l'Italia e il Corno d'Africa nonché un altro paio che avevano annotati a matita alcuni punti nave in corrispondenza di avvallamenti del fondo marino. Tirò fuori dalla ventiquattrore la macchina fotografica e la lista delle coordinate geografiche ricavate dagli archivi dell'Ilvatom, e cominciò a cercare le corrispondenze.

Verificò per prima la carta nautica che già conosceva, riferita alla porzione di Mar Ionio a sud est della penisola italiana, e notò che aveva ancora l'annotazione del punto nave relativo alla Fossa Ionica. Fotografò con la macchina digitale l'intera carta, poi fece uno zoom sulla porzione interessata e scattò una seconda foto più dettagliata.

Già sapeva che quelle prime coordinate geografiche, di latitudine 35° 13' Nord e longitudine 18° 47' Est, corrispondevano ad una coppia di coordinate della lista estratta dal file dell'Ilvatom. Esaminò meglio la carta e vide che il punto nave corrispondeva alla parte più profonda, una fossa marina a circa quattromilatrecento metri. Spuntò sulla sua lista la coppia di coordinate e passò ad esaminare la successiva carta.

Sempre sulla rotta per Suez era annotato un punto nave pari a latitudine 32° 27' Nord e longitudine 26° 12' Est, che corrispondeva a un avvallamento di oltre tremila metri, in acque internazionali in prossimità dell'Egitto. Ritrovò anche questa coppia sulla lista dell'Ilvatom, a dimostrazione che la sua teoria si stava dimostrando corretta: le coordinate registrate negli archivi decifrati indicavano zone di mare particolarmente profonde, dove con ogni probabilità avevano inabissato le scorie nel corso dei vari viaggi. Fece il solito paio di foto e spuntò anche questa sulla lista.

Quindi passò a esaminare le altre due carte su cui aveva trovato annotazioni simili. Anche queste erano in prossimità di fosse marine. La carta nautica a Sud del Peloponneso riportava una latitudine di 35° 58' N ed una longitudine di 21° 43' E relative alla Fossa Ellenica, un punto profondo oltre quattromilaseicento metri. La seconda carta era quella della zona a Sud di Creta e indicava un altro punto della Fossa Ellenica, ovvero 34°18' N e 25°27 E. Entrambe le coppie di coordinate comparivano nella lista dell'Ilvatom. Fece le solite foto e spuntò anche queste.

Terminato l'esame delle carte nautiche, nella lista dell'Ilvatom restavano alcune coppie non spuntate. Osservandole meglio, si accorse che erano coordinate molto simili a quelle già trovate e ne dedusse che dovevano riferirsi ai diversi affondamenti avvenuti in zone limitrofe nel corso del tempo, mentre sulle carte nautiche era rimasto annotato solo il punto nave relativo all'ultimo viaggio, il più recente. A conferma di questa spiegazione, sulla carta nautica della zona di mare a Sud di Creta, trovò infatti un appunto parzialmente cancellato per far posto al nuovo, ma ancora visibile, che corrispondeva proprio a una delle coordinate non ancora spuntate sulla lista, pari a longitudine 25°18' E.

Aveva così la conferma che la lista di coordinate che aveva estratto dagli archivi si riferiva effettivamente ai vari siti dove la Portoria aveva inabissato le scorie dell'Ilvatom. Soddisfatto dei risultati ottenuti, rimise le carte nautiche al loro posto e richiuse tutto nella ventiquattrore.

Dopo quasi mezz'ora in sala carteggio era meglio filarsela alla svelta, se non voleva tirare troppo la corda con la fortuna.

# 26

## *Senza via d'uscita*

All'interno dell'auto civetta, il commissario Caputo sollevò gli occhi dal personal computer di Enrico che teneva aperto sulle ginocchia e guardò pensieroso il brigadiere Mancuso seduto al suo fianco. Il memorandum che aveva appena letto non faceva che accrescere il suo rammarico.

Da quando infatti aveva visto com'era ridotto quel povero ragazzo ricoverato all'ospedale di Corniano, per non parlare della scena straziante dei genitori che al suo capezzale singhiozzavano disperati, non si dava pace, consapevole che se avesse dato maggior peso alle supposizioni di Enrico avrebbe potuto evitare quest'altra tragedia. Il berillio a Punta Falconiere c'era per davvero, anche se non erano stati i molluschi a essere contaminati bensì il barattolo che Simona Fiorani aveva usato per cuocerli.

Purtroppo ne aveva avuto conferma solo il giorno precedente, dopo il ritrovamento a Punta Falconiere della latta contaminata dal berillio e con ancora dentro alcuni gusci vuoti di quei molluschi. Sicuramente era quella usata da Simona Fiorani la quale, dopo essersene servita, nel rispetto dell'ambiente l'aveva poi ributtata dove l'aveva trovata, dietro la scogliera.

Così, anche per colpa della superficialità sua e di Malpigi, ora quel giovane stava morendo in ospedale. E aveva giurato a se stesso che non avrebbe più commesso una leggerezza del genere.

A seguito della telefonata di Enrico si era quindi affrettato a radunare gli uomini necessari e, seguendo le sue indicazioni, aveva rintracciato l'Alfa 156 e trovato il memorandum registrato su floppy. Leggendolo, non gli ci volle molto a capire che si trattava di un documento di fondamentale importanza per inquadrare l'intero contesto della vicenda: non solo chiariva la dinamica della contaminazione di Punta Falconiere, grazie alle ammissioni di Carlo Iorio, ma apriva uno scenario più vasto e inquietante.

Era perciò necessario mettere al corrente di questi nuovi sviluppi il magistrato responsabile delle indagini. Così telefonò subito a Malpigi, in Procura a Grosseto.

"Ma certo dottore, stia tranquillo" lo tranquillizzò Caputo, dopo avergli riassunto la situazione e il contenuto del memorandum. "Non interverrò se non in casi estremi. Però tenga presente che la nave sta caricando un'altra partita di scorie e che prima di sera salperà. Se non la fermiamo ora, quella roba finisce in fondo al mare.

"Vedrò cosa posso fare" rispose Malpigi, consapevole della situazione di urgenza. "Ma il tempo non gioca a nostro favore…"

"Bisogna a tutti i costi impedire che quella nave prenda il mare" insisté il commissario con determinazione. "In ogni caso, se Fiorani non torna prima che levi gli ormeggi, dovrò per forza salire a bordo… altrimenti è un uomo morto."

"Deve aspettare finché non sarò riuscito a parlare col Procuratore, che ora è in riunione. La nave batte bandiera liberiana e non possiamo rischiare un incidente diplomatico" ribatté il sostituto procuratore. "Prima possibile le farò avere via fax un mandato di perquisizione, sulla base delle prove che mi ha appena descritto e che mi auguro siano attendibili."

Al termine della conversazione, Caputo chiuse il computer portatile e guardò ansioso l'orologio da polso: le tredici e trenta erano passate, ma ancora Enrico non si vedeva.

Dal piazzale antistante il molo dove era attraccata la Portoria Caputo non perdeva di vista il barcarizzo, unica via di accesso alla nave. Per non dare nell'occhio lui e Mancuso erano in borghese ma, poco distanti e seminascosti dietro un autotreno in sosta, c'erano anche una volante della Polizia con quattro agenti in divisa pronti ad intervenire al suo segnale e un veicolo furgonato, anonimo e in apparenza innocuo, ma al suo interno attrezzato per ogni tipo di intercettazione ambientale.

In quel mentre squillò il cellulare, quasi a leggergli in testa la preoccupazione crescente: era Enrico.

"Commissario, purtroppo sono bloccato sul ponte comando" spiegò con un filo di voce, tanto che Caputo stentava a capire. "Avevo appena finito di fotografare le carte nautiche e stavo per venir via, quando degli ufficiali sono saliti su e mi hanno bloccato l'unica via d'uscita. Ora sono radunati in sala nautica e stanno discutendo col comandante e con un altro uomo in borghese, che da qui non riesco a vedere. Io sono nascosto in plancia, ma finché non se ne vanno non posso uscire."

"Questa non ci voleva" disse l'altro, incerto. "Io non posso ancora intervenire... devo aspettare che dalla Procura mi facciano avere il mandato. Non può restare nascosto ancora per un po'?"

"Ci proverò, commissario... intanto vedo se riesco a capire di cosa stanno discutendo tanto animatamente. Lei però si sbrighi, perché se a qualcuno di loro salta in mente di entrare in plancia non ho via di scampo."

Terminata la telefonata, Enrico sgusciò da dietro il mobiletto dove s'era rifugiato e si avvicinò carponi alla porta scorrevole che separa la sala nautica dalla plancia.

Con molta cautela la fece scorrere di qualche centimetro, così da aprire uno spiraglio. Acquattato com'era, e per di più con la tenda oscurante tirata, non poteva vedere chi stava parlando, ma ora almeno udiva quello che si dicevano.

"Siamo proprio sicuri che non ci sono problemi?" stava chiedendo qualcuno in tono molto preoccupato. "Tutta questa fretta che ci avete messo addosso puzza di bruciato, o sbaglio?"

"Ma no, stia tranquillo comandante" rispose l'altro, rassicurante. "Sbarazzarci di questi contenitori è solo un'ulteriore precauzione, che prendiamo appunto per evitare eventuali problemi."

Quella voce! Dire che Enrico restò allibito, udendola, non è affatto un'esagerazione. Sulle prime provò a respingere la spiegazione più ovvia che gli era saltata subito in mente, cioè che fosse la voce del professor Cortis. Ma non potevano esserci dubbi: più la udiva, più si convinceva che era proprio lui!

La sorpresa era tale che per togliersi ogni dubbio s'arrischiò a scostare leggermente con un dito la tenda oscurante al di là della porta scorrevole, così da vedere attraverso lo spiraglio.

L'uomo era in piedi di fronte ai tre ufficiali di coperta e al comandante, ma essendo di traverso non riusciva a vederlo in volto. Tuttavia, la statura e la corporatura massiccia non lasciavano dubbi: quello era proprio il professore di Scarlino! Anche se erano passati una decina di giorni dal loro ultimo incontro, ancora era vivido in lui il ricordo di quell'uomo imponente stagliato contro il cielo mentre discutevano in veranda sul far della sera.

Rivederlo ora qui, e rendersi conto che era in combutta con loro, fu per Enrico una vera e propria delusione, nonché un motivo di preoccupazione ancora più grande, visto che appena il giorno prima gli aveva confidato per telefono praticamente tutto quello che era riuscito a scoprire.

"Come ci dobbiamo regolare con i fusti di scorie che stiamo imbarcando?" udì il primo ufficiale chiedergli.

"Come al solito. Ma fate attenzione: fra i novanta fusti che state imbarcando ce ne sono quattro speciali, contrassegnati dai consueti codici alfanumerici che iniziano con PL e che vi ho trascritto qui sopra. Fateli mettere da parte e accertatevi che quando sarete a Mogadiscio siano consegnati al nostro incaricato, insieme ad altri cinque fusti presi a caso dal carico," rispose Cortis porgendogli il foglio. "Il resto non ci interessa e ve ne potrete liberare quando sarete in acque internazionali. Sul foglio sono indicate le coordinate geografiche del punto dove affondarli."

"Per i documenti di stoccaggio in Somalia... è tutto a posto, come al solito?"

"Certo. Qui ci sono mille dollari" disse porgendo al comandante una busta gialla. "All'arrivo a Mogadiscio un nostro incaricato verrà a ritirare i nove fusti di scorie. Gli consegni il denaro e lui in cambio vi darà i documenti di stoccaggio vidimati e corretti, cioè con uno zero aggiunto al nove della quantità realmente consegnata al deposito somalo. Deve controllare che la quantità indicata sulle ricevute che vi restituirà sia pari a novanta fusti, così da corrispondere alle bolle di trasporto dell'Ilvatom e ai documenti d'imbarco. Unica variante è che questa volta deve mandarmi subito i documenti via fax, poi al ritorno mi consegnerà gli originali."

"E per quanto riguarda la nostra parte?"

"Appena il nostro contatto ci confermerà dalla Somalia che la consegna dei fusti è stata effettuata regolarmente, farò accreditare sui vostri conti quanto pattuito."

"D'accordo allora, farò come dice."

"Solo un'altra cosa, comandante" aggiunse il professore in tono conclusivo, cercando di celare il disappunto per questa loro pericolosa leggerezza. "Le suggerisco di togliere di mezzo tutto quello che potrebbe collegarvi all'inabissamento delle scorie durante i vari viaggi."

"Non capisco... che vuol dire?"

"Sono stato informato che mentre eravate a Genova qualcuno è salito a bordo e ha ficcanasato fra le vostre carte nautiche."

"Io non ne so niente" ribatté il comandante, incredulo. "E perché mai lo avrebbe fatto?"

"Proprio per scoprire se, e dove, sono state affondate le scorie. E so per certo che qualche prova al riguardo l'hanno trovata, proprio fra le annotazioni rimaste su una vostra carta nautica. Quindi vi consiglio di dare subito una bella ripulita, eliminando dai carteggi di bordo ogni annotazione del genere."

"Ha fatto bene a dirmelo" disse il comandante, non senza disappunto. Poi, rivolto al terzo ufficiale, disse: "Ci pensi lei, signor Fletcher. Esamini una ad una tutte le carte e cancelli ogni riferimento ai nostri precedenti punti nave."

"Agli ordini, comandante" rispose l'altro. "Provvedo subito."

Detto questo Cortis si girò di lato per prendere la borsa che aveva appoggiato su un ripiano. Nel mentre, quasi avvertendo la sensazione di essere osservato, guardò verso la porta che immetteva in plancia e si accorse che la tenda oscurante si muoveva impercettibilmente.

Attraverso la fessura Enrico incrociò per una frazione di secondo gli occhi del professore il quale, sebbene non potesse vedere chi c'era dietro, si accorse che qualcuno stava spiando.

"C'è qualcuno di là?" chiese allarmato rivolgendosi al

comandante mentre indicava la plancia attigua.

"Nessuno. Chi vuole che ci sia?"

"Eppure qualcuno ci dev'essere e stava origliando" insisté l'altro.

"Controlliamo subito" intervenne il primo ufficiale. Poi, rivolto al secondo, aggiunse: "Venga anche lei."

Enrico si rese conto che stava per essere scoperto e cercò di salvare il salvabile. Contava sul fatto che Caputo sarebbe arrivato da un momento all'altro, o almeno così si augurava, quindi la cosa più urgente era quella di salvare le foto delle carte nautiche. Dopo la pulitura dei carteggi appena ordinata dal comandante, quelle foto sarebbero state fondamentali per collegare Portoria e Ilvatom all'inabissamento delle scorie in Mediterraneo.

Si precipitò verso il mobiletto che gli era servito da riparo e dove aveva lasciato la ventiquattrore, tirò fuori dalla valigetta macchina fotografica e cellulare ancora acceso, e li nascose in una piccola intercapedine a livello del pavimento, fra la base del timone e quella del radar.

Fece appena in tempo a scostarsi di là e a rizzarsi in piedi, quando i due ufficiali entrarono e gli si pararono davanti minacciosi.

"E tu cosa ci fa qui?" lo apostrofò il primo ufficiale. "Cosa sei, ladro o ficcanaso?"

"Nessuno dei due" tentò di giustificarsi Enrico. "È vero, sono andato un po' in giro a curiosare, ma non ho rubato niente... mi piacciono le navi..."

"Raccontala a tua nonna, questa storia" lo interruppe burbero l'altro ufficiale, strattonandolo per un braccio. "Su, andiamo dal comandante."

Enrico fu condotto, o per meglio dire spinto, in sala nautica dove stavano gli altri. Prima che il comandante, arcigno, potesse dire qualcosa, Cortis lo riconobbe ed esclamò: "Guarda un po' chi si vede!" Poi, rivolgendosi al comandante, aggiunse: "Prima stavo parlando proprio di questo signore, comandante. È lui che a Genova è salito a bordo a ficcanasare fra le vostre carte nautiche. E non mi stupirei se ora fosse tornato a finire il lavoro."

"Questa volta però ti è andata a male" lo minacciò il comandante. "Vedrai come trattiamo i ficcanaso sulla mia nave!"

"Ci pensi bene, comandante" ribatté Enrico, tentando di ostentare una certa sicurezza. "Ho già avvisato la Polizia, che sarà qui a momenti: non credo le convenga aggravare la situazione."

La frase di Enrico colpì come un ceffone il comandante, che scambiò un'occhiata di preoccupazione con i due ufficiali che a forza stavano trattenendo Enrico per le braccia.

"Non temete, è solo un bluff" li rassicurò Cortis, accorgendosi dell'espressione allarmata del comandante. "Mettetelo intanto sotto chiave. Quando poi sarete in alto mare potrete fargli fare un bel tuffo, magari abbracciato a uno di quei fusti di scorie a cui tiene tanto. Comunque vi farò avere istruzioni precise, dopo che avrò informato Pluto di questa novità."

"La faccenda sta prendendo una brutta piega ed è necessario partire prima possibile" tagliò corto il comandante, per niente rassicurato. Rivolgendosi ai due che tenevano il prigioniero, poi ordinò: "Intanto chiudete questo clandestino nel deposito, giù in sala macchine. Imparerà a sue spese a non ficcanasare nelle faccende altrui."

"Visto che avevo ragione, Fiorani?" aggiunse il professore con sarcasmo mentre lo conducevano via. "Non faceva meglio ad ascoltarmi quando le dicevo di lasciar perdere?"

"Non crederete mica di passarvela liscia" minacciò a sua volta Enrico mentre i due ufficiali lo strattonavano giù per le scale. "Non v'immaginate neppure quello che vi sta per succedere. Prima di salire a bordo ho preso le mie precauzioni … quindi non pensate di risolvere tutto facendomi sparire."

"Portate via il prigioniero" ordinò il comandante, irritato e intimorito da quelle minacce. "E sbattetelo dentro!"

## 27

### *Sciogliete gli ormeggi!*

Da oltre un'ora erano fermi sul piazzale d'imbarco in attesa che da Malpigi arrivasse finalmente il mandato di perquisizione. Per fortuna la giornata era nuvolosa e non rischiavano di rosolare dentro l'auto sotto il sole di giugno. Caputo e Mancuso osservavano il via vai dei fornitori, ovviamente all'oscuro di come la situazione stava evolvendo a bordo. Per la stessa ragione non potevano sapere che l'individuo alto e massiccio che in quel momento vedevano scendere dalla nave era proprio Davide Cortis, il professore di Scarlino menzionato nel memorandum di Enrico.

L'uomo si fermò a circa metà barcarizzo e, approfittando della posizione elevata in cui si trovava, scrutò le poche auto sparpagliate sul piazzale, in cerca di quella di Enrico.

"Il ficcanaso non sarà di certo venuto a piedi" mormorò fra sé. "Chissà se nell'auto ha lasciato qualcosa di interessante. Meglio darci un'occhiata."

Appena riconobbe la 156 blu, scese dalla traballante passerella e si diresse a passo svelto in quella direzione. Quando però fu abbastanza vicino da scorgere due uomini seduti a bordo di una seconda vettura, ferma a un paio di metri dall'altra, preferì far finta di niente e tirò dritto. Anche se in borghese, quei due puzzavano di sbirro lontano un miglio.

Evidentemente le minacce del Fiorani non erano campate in aria. C'era anche la possibilità che da un momento all'altro gli agenti facessero irruzione a bordo e lui non poteva permettersi di venire coinvolto e far così saltare la sua copertura di rispettabile professore in pensione, rischiando ben di più della prigione. Per quel poco che infatti sapeva di Pluto, che non aveva mai incontrato di persona ma solo via Internet o telefono satellitare, quello non era tipo da lasciare a disposizione dei poliziotti uno come lui, che conosceva molte cose dei suoi traffici. Era quindi meglio cambiar aria. Allungò il passo, finché si dileguò oltre la stazione marittima.

Intanto il commissario contava i minuti che passavano, scalpitando per l'impazienza ogni volta che guardava l'orologio. Erano quasi le due del pomeriggio e non solo Fiorani non s'era fatto vivo, ma anche le operazioni d'imbarco volgevano al termine. In coperta i marinai stavano già manovrando ai verricelli per chiudere i boccaporti, e di lì a poco la nave avrebbe potuto salpare.

Bisognava agire in fretta, o per Enrico non ci sarebbe stato scampo. Così Caputo decise che era giunto il momento di far qualcosa.

Lasciò quindi Mancuso a tener d'occhio la situazione mentre lui, sceso dall'auto, s'avviò a passo spedito alla vicina Capitaneria di Porto, per tentare di convincerli a trattenere la nave in porto.

Spiegò all'ufficiale di turno la situazione, senza entrare troppo nei particolari, precisando che a momenti sarebbe arrivato dalla Procura un mandato di perquisizione e insistendo perché facessero il possibile per ritardare la partenza della Portoria.

"Non è mica così facile" obiettò l'ufficiale, poco avvezzo a richieste del genere. "Il comandante è libero di andarsene quando vuole."

"Ma non ha bisogno del pilota per lasciare il porto?"

"Non necessariamente. Comunque lo hanno appena richiesto e abbiamo già chiamato la pilotina."

"Non potreste inventare qualche scusa?" insisté il commissario, che non aveva intenzione di arrendersi. "Che ne so… potreste dire che la pilotina ha un problema meccanico e ritarderà di poco..."

"Posso tentare, ma non garantisco di riuscire a trattenerli per molto" commentò l'altro, poco convinto. "Se il comandante s'innervosisce, o se sente puzza di bruciato, può decidere di farne a meno e andarsene comunque."

"Ci provi lo stesso."

Senza entusiasmo, l'ufficiale andò al centro comunicazioni radio e avvertì la nave che ci sarebbe stato un piccolo ritardo nell'arrivo del pilota.

Dopo di che Caputo tornò soddisfatto da Mancuso.

"Ci sono novità?" chiese al brigadiere, risalendo in auto. "Di Fiorani si sa niente?"

"Purtroppo no, commissario. Ormai mi pare che siano scesi tutti, a parte l'equipaggio."

"Segno che la nave sta per partire" dedusse Caputo, con voce preoccupata. "Mi pare che quei marinai stiano anche per levare il barcarizzo…"

"Che facciamo, commissario? Restiamo a guardarli andar via sotto il nostro naso, senza far niente?"

"Ho chiesto alla Capitaneria di inventarsi una scusa per trattenerli in porto finché non arriva quella benedetta autorizzazione…"

Nel mentre, la radio d'ordinanza cominciò a gracchiare e una voce femminile irruppe nell'abitacolo: dal Commissariato di Corniano l'operatrice avvertiva che era appena arrivato via fax il mandato di perquisizione e che l'appuntato Petrelli era già partito per venire a consegnarglielo. In meno di dieci minuti sarebbe stato lì.

La soddisfazione di Caputo però durò poco. Stava ancora parlando con la centrale, quando si rese conto che la nave stava per levare gli ormeggi: sul ponte di coperta a pruavia il secondo ufficiale stava facendo allentare le cime, e altrettanto faceva a poppa il terzo ufficiale. Evidentemente il comandante non se l'era bevuta e aveva deciso di fare a meno del pilota.

"Metti in moto e vola a tutto gas verso quegli ormeggiatori, laggiù" ordinò Caputo senza indugio, indicando alcuni portuali vicino alle grosse bitte lungo la banchina.

L'auto s'avviò sgommando, mentre il commissario attaccava la sirena e piazzava sul tetto dell'auto la luce blu a intermittenza. Quello era il segnale anche per la volante in attesa poco distante: i quattro agenti in divisa raggiunsero a sirene spiegate quella guidata da Mancuso, affiancandola.

"Non mollate i cavi fino a mio nuovo ordine!" comandò Caputo agli stupiti ormeggiatori in attesa che le gomene fossero allentate, così da poterne sfilare il cappio dalle bitte. "La nave non deve lasciare il porto."

Dalla Portoria gli ufficiali alla manovra si resero subito conto di quello che stava accadendo in banchina, avendo sentito arrivare la polizia sottobordo e visto gli ormeggiatori arretrare senza aver mollato gli ormeggi. Seguirono a bordo alcuni minuti di concitata incertezza su quello che conveniva fare, durante i quali il comandante e i due ufficiali si parlarono tramite walkie talkie. Il secondo suggerì perfino di tagliare le gomene e prendere il mare, ma l'idea fu accantonata perché avrebbero solo alimentato i sospetti.

Alla fine il comandante North decise di adottare la linea morbida e far finta di collaborare. D'altronde, cosa doveva temere? A parte il ficcanaso che avevano messo sottochiave, per il resto era tutto in regola. Armi, droga e simili a bordo non ne avevano, piano di carico e documenti d'imbarco erano a posto... riguardo poi al clandestino, beh, non c'era bisogno di farne menzione.

Così diede ordine in coperta di rizzare nuovamente i cavi d'ormeggio e riposizionare il barcarizzo, per dare modo agli agenti di salire a bordo.

Appena il comandante ebbe in mano il mandato di perquisizione che Caputo gli porse prima di metter piede in coperta, e lesse che il capo d'accusa era "associazione a delinquere finalizzata al disastro ambientale" in violazione alle norme internazionali sottoscritte nel 1982 dall'Italia, si mostrò esterrefatto.

"Qui ci dev'essere un errore, commissario" disse, affrontandolo all'uscita del barcarizzo con un sorriso d'incredulità e in tono di sfida. "Di quale disastro ambientale state parlando?"

"Ci risulta che trasportate scorie radioattive..." rispose Caputo, per nulla intimorito dal burbero cipiglio del capitano.

"E allora? Il trasporto è autorizzato."

"Il fatto è che le scorie sembra finiscano poi in fondo al mare..."

"Sciocchezze! Chi è che s'inventa accuse del genere?" chiese l'altro di rimando. "E poi, sulla base di quali fatti? Avete forse delle prove?"

"Siamo qui per questo, comandante, per verificare se esistono le prove" ribatté il commissario, tenendogli testa. "Se, come lei dice, si tratta di un'invenzione, ha tutto da guadagnare se collabora. Le chiedo quindi il permesso di salire a bordo coi miei uomini per ispezionare la nave."

"Fate pure, non abbiamo nulla da nascondere. Ma tenga presente che presenterò tramite il mio consolato una protesta ufficiale" minacciò quello, scuro in volto. "Questa nave batte bandiera liberiana... quindi qui sopra siete in territorio straniero."

"Per questo le sto chiedendo cortesemente di collaborare" annuì Caputo. Poi, ricambiando la precisazione e indicando il mandato che l'altro aveva in mano, aggiunse: "Dato che comunque vi trovate in acque territoriali italiane, nel caso lei si opponesse sarei costretto a far mettere la nave sotto sequestro, per rispettare l'ordinanza del magistrato... come è scritto lì sopra."

"Non ce ne sarà bisogno... però pretendo che vi accompagni uno dei miei ufficiali."

"D'accordo, nessun problema" acconsentì il commissario. Poi, rivolto agli agenti in divisa, ordinò: "Due di voi restino qui al barcarizzo, perché nessuno deve lasciare la nave. Voi altri aspettate in banchina l'arrivo dei tecnici dell'Eneam: appena arrivano accompagnateli a bordo e avvisatemi. Nel frattempo noi tre andremo a dare un'occhiata alle carte nautiche."

Mentre Caputo, Mancuso e l'appuntato Petrelli salivano verso la plancia, comandante e primo ufficiale che li precedevano si scambiarono di sott'occhi un'occhiata d'intesa: una vera fortuna che avessero fatto in tempo a cancellare le annotazioni compromettenti dai carteggi... se erano quelle le prove che stavano cercando, gli sbirri avrebbero avuto una bella delusione.

Giunti in sala carteggio il primo ufficiale tirò fuori dal cassettone un fascio di carte nautiche e le poggiò sul tavolo, dicendo: "Ecco, sono tutte quelle che abbiamo."

"Le guardi pure, commissario" aggiunse sarcastico il comandante. "Non capisco cosa stia cercando ma, contento

197

lei..."

"Non si preoccupi, comandante, sappiamo esattamente cosa cercare" lo interruppe l'altro, seccato per il tono di sfida.

Tuttavia, dopo aver esaminato le prime carte e capito che non sarebbe riuscito a districarsi, decise di farsi aiutare da chi era più esperto in materia. Così telefonò alla vicina Capitaneria e chiese di mandargli subito qualcuno che s'intendeva di rotte e punti nave.

"E' questione di poco, comandante" lo rassicurò Caputo appena ebbe conferma che stava arrivando il guardiamarina Ortenzi. "Mentre aspettiamo, è possibile dare un'occhiata in plancia?"

"E' di là, dietro quella porta scorrevole... andiamo pure."

Entrato nell'ampio locale, Caputo diede una rapida occhiata all'intorno e si rese conto che non c'era proprio modo di nascondersi. Se qualcuno era entrato mentre Enrico vi si nascondeva, cosa probabile visto che dopo la telefonata non s'era più fatto vivo, non avrebbe avuto scampo. Il lato leggermente arcuato proteso verso prua era tutto una vetrata, con al centro i comandi di manovra; al lato opposto e addossati alla paratia c'erano varie apparecchiature di comunicazione, oltre a qualche mobiletto; nel mezzo erano allineati i tradizionali strumenti di navigazione: una bussola magnetica e una giroscopica, il timone, un paio di schermi radar. Oltre alla porta da cui erano entrati, le uniche vie d'uscita erano alle due estremità laterali, dove altrettante robuste porte scorrevoli immettevano sui due settori all'aperto della plancia, protesi nel vuoto come ali di un gabbiano a quasi sedici metri sopra il mare.

Dato che l'ultima telefonata di Enrico era stata fatta da qui, Caputo sperava di rinvenire qualche traccia utile a ritrovarlo.

"Comandante, mi risulta che oggi è salito a bordo della sua nave un certo Enrico Fiorani" iniziò il commissario quasi con noncuranza, onde non suonasse come un'accusa. "Ma pare che non sia più ridisceso... lei ha qualche idea di cosa può essergli successo?"

"Mi sembra una cosa impossibile... e poi, questo Fiorani, non so neppure chi sia" fu la pronta risposta del comandante, che non si era fatto cogliere alla sprovvista. Sebbene all'inizio avesse considerato un bluff da parte di Enrico il minacciato intervento della Polizia, alla luce dei fatti si era dovuto ricredere e si era di conseguenza preparato a domande del genere.

"Signor Coker" chiese rivolgendosi al primo ufficiale, lì vicino. "Lei ne sa qualcosa?"

"No, comandante. Mai sentito nominare."

Da buon volpone Caputo si era però accorto dell'espressione imbarazzata di Coker, che evidentemente non sapeva mentire con la stessa sicurezza di North, o non s'era preparato altrettanto bene a dare risposte del genere.

"Allora come spiega la sua sparizione?" lo incalzò Caputo, fissandolo negli occhi.

"Ma di che sparizione sta parlando, commissario!" s'intromise il comandante, per levare l'altro dall'impaccio. "Se quel signore fosse davvero venuto a bordo, lo sapremmo... a meno che non sia salito col gruppo dei fornitori e abbia poi lasciato la nave insieme a tutti gli altri."

"Che sia sceso è da escludere" ribatté Caputo, scuotendo il capo con decisione. "Eravamo in banchina e l'avremmo visto."

"Mi sta allora dicendo che abbiamo un clandestino a bordo?"

"O, magari, una persona sequestrata."

"Ha davvero una bella fantasia, commissario, non c'è che dire."

"Fantasia non direi. Fiorani mi ha telefonato col suo cellulare poco fa... proprio da qui."

La prima cosa che pensarono allarmati comandante e primo ufficiale fu che il cellulare addosso a Enrico non l'avevano trovato, quando lo avevano perquisito prima di metterlo sotto chiave. Dove era finito?

La loro apprensione crebbe ulteriormente quando Caputo tirò fuori dal taschino il proprio telefonino e cominciò a comporre il numero di Enrico, dicendo: "Proviamo allora a telefonargli, non si sa mai si tratti davvero di un equivoco..."

Non aveva ancora finito la frase che, ecco, una musichetta invase la plancia cogliendo tutti di sorpresa: il cellulare di Enrico doveva essere ancora lì da qualche parte!

Fu Mancuso a trovarlo, nascosto in una nicchia alla base del timone.

"Guardi un po' cosa ho trovato, commissario. E ci dev'essere anche qualcos'altro..." esclamò il brigadiere mostrando il cellulare che ancora trillava, mentre infilava nuovamente la mano nell'intercapedine alla base del timone. Estratto il secondo oggetto, aggiunse soddisfatto: "Questa dev'essere la macchina fotografica digitale di cui ci parlava Fiorani!"

Caputo guardò il comandante in modo interrogativo, ma questi insistette a interpretare quel ritrovamento come un'ulteriore conferma alla sua versione dei fatti.

"Sto cominciando a credere che abbiamo davvero un clandestino a bordo!" esclamò North, facendo buon viso a cattivo gioco. "Anche se ancora non riesco a spiegarmi cosa sia venuto a fare sul ponte di comando..."

"Ad ogni modo questi li prendiamo noi" precisò Caputo, indicando i due oggetti nelle mani di Mancuso. Non poteva ancora accusarlo di aver sequestrato Fiorani, ma neppure credeva a tutta la sua manfrina. Comunque aveva almeno avuto la conferma che Enrico qui c'era stato per davvero.

"Commissario, dalla Capitaneria è arrivato il guardiamarina Ortenzi" annunciò l'appuntato rimasto di guardia in sala nautica, affacciandosi in plancia.

In sala carteggio Caputo consegnò al guardiamarina un foglietto spiegandogli il suo compito: esaminare le carte nautiche e vedere se vi trovava annotate le coordinate geografiche indicate, relative ai punti nave che aveva ricopiati dal memorandum di Enrico prima di salire a bordo.

Quindi scese in coperta insieme al comandante, essendo stato avvisato che la squadra dell'Eneam era arrivata e stava salendo a bordo.

Caputo aveva insistito affinché Burzi lasciasse ad altri il compito di seguire i lavori di bonifica in corso a Punta Falconiere e venisse immediatamente qui con un paio di assistenti. Erano quasi le quattro del pomeriggio e bisognava sbrigarsi, se volevano completare la perquisizione della nave prima che facesse buio.

"Burzi, dovrebbe scendere in stiva a controllare i contenitori delle scorie" spiegò Caputo appena la squadra mise piede in coperta. "Dovrebbe verificare se i sigilli sono gli originali dell'Eneam e se ci sono emissioni radioattive."

"Ci dia almeno il tempo di preparare le attrezzature e indossare le tute protettive, prima di andare là sotto" precisò l'altro, infastidito dall'essere continuamente incalzato dal commissario. "Non voglio correre rischi con quella roba. Se qualche fusto è stato manomesso, come è accaduto a Punta Falconiere, è possibile che ci siano livelli di radiazioni piuttosto elevati ed è meglio essere prudenti."

Il nostromo che stava nei pressi e che doveva accompagnarli in stiva, udendoli, cominciò a preoccuparsi. Nessuno gli aveva mai parlato di un pericolo di radiazioni, e precauzioni i marinai addetti al carico non ne avevano mai preso.

Osservando la bardatura dei tecnici dell'Eneam, man mano che indossavano quella specie di scafandro di plastica gialla, si preoccupò non poco: ora capiva perché nessuno degli ufficiali scendeva mai in stiva a controllare il carico di scorie e mandavano regolarmente lui a farlo. Altro che fiducia nelle sue capacità di esperto stivatore, come lo lusingava ogni volta l'ufficiale addetto al carico quando lo spediva giù al posto suo. La verità era ben altra.

Ma dato che il comandante ogni volta che trasportavano quella roba faceva un bel regalo all'equipaggio, sotto forma di ore extra di straordinario pagato e di qualche bottiglia di liquore, era meglio non lamentarsi troppo. Così anche questa volta, con un'alzata di spalle, pensò fosse meglio tenere la bocca chiusa e scortare quei tre mezzi astronauti giù in stiva senza far questioni.

Caputo doveva ora concentrarsi sulla ricerca di Enrico. Al comandante che lo seguiva come la sua ombra chiese le planimetrie della nave, dettagliate ponte per ponte.

"E cosa ci deve fare?" l'apostrofò North, seccato dalla richiesta. "Non le bastano quelle della stiva e della plancia?"

"No, mi spiace" ribatté Caputo. "Sono convinto che Fiorani è ancora a bordo e ho intenzione di trovarlo, ovunque si trovi."

"Ho capito… vedrò di accontentarla. Interessa anche a me verificare se a bordo c'è davvero un clandestino" commentò il comandante continuando nella sua finzione. Quindi ordinò al secondo ufficiale: "Signor Harry, salga nella mia cabina e prenda le planimetrie della nave. Dovrebbe trovarle in una cartellina azzurra, sullo scaffale della libreria."

Passarono diversi minuti, e ancora il secondo ufficiale non tornava con quanto richiesto.

"Si vede che non riesce a trovarle..." commentò a un certo punto il comandante. "Sarà meglio che vada a dare un'occhiata. Lei aspetti pure qui, commissario. Le manderò il signor Harry con le planimetrie e poi l'accompagnerà dove desidera."

Salì in fretta le rampe di scale ed entrò in cabina, mentre il secondo era ancora intento nella sua inutile ricerca. Né l'ufficiale né il commissario avevano infatti immaginato che il comandante aveva di proposito dato un'indicazione errata, così da poter parlare a quattr'occhi col suo secondo.

Chiusa la porta, estrasse da un cassetto della scrivania le planimetrie della nave e le porse all'ufficiale in seconda.

"Scusa per l'inghippo, Harry, ma era l'unico modo per poterti parlare senza quel rompiscatole fra i piedi" si giustificò North, mentre l'espressione dell'altro passava dal corrucciato al perplesso. "La loro insistenza sta cominciando a preoccuparmi. Se quelli passano al setaccio la nave non ci metteranno molto a trovare il prigioniero."

"Cosa proponi di fare?"

"Dobbiamo spostarlo di là."

"Per metterlo dove? Prima o poi lo troveranno comunque e allora..."

"Non è detto" lo interruppe North lanciandogli un'occhiata d'intesa furbesca. "Se è un posto non indicato sulle planimetrie."

"C'è solo la sentina..."

"La sentina potrebbe andar bene" annuì il comandante. Dopo una breve riflessione, aggiunse: "Ma dobbiamo far presto. Chiamami Coker in sala carteggio e digli di venire subito qui da me. Poi porta giù le planimetrie al commissario, ma convincilo a iniziare l'ispezione dai ponti superiori, così da darci il tempo di trasferire il prigioniero di sotto, senza che qualcuno lo veda."

Quando il primo ufficiale entrò dal comandante e richiuse dietro a sé la porta, dal suo sguardo capì subito che le cose non andavano per il verso giusto.

"Coker, abbiamo un problema da risolvere" esordì North in tono preoccupato. "La polizia vuole perquisire la nave e se ispezionano anche la sala macchine temo che troveranno l'intruso."

"Sarebbe proprio un bel pasticcio. Quello ha ascoltato i nostri discorsi col professore... se li racconta alla Polizia, siamo fritti."

"Proprio per questo deve sparire."

"E come si fa, con tutta questa gente in giro? Se fossimo riusciti a salpare, non sarebbe stato un problema liberarcene... ma ora, con tutti quei poliziotti, come facciamo?"

"Potremmo intanto spostarlo in un altro posto, dove non sarà facile trovarlo... con Harry si pensava alla sentina."

"In sentina c'è anche quel ripostiglio camuffato che usavamo in passato per nascondere la droga, potremmo chiuderlo là" suggerì il primo ufficiale. "Il problema è che finché non lo trovano, non se ne vanno. Hai sentito anche tu il commissario dire che dev'essere ancora a bordo, insinuando che lo abbiamo sequestrato noi... e quello non mi sembra il tipo che molla facilmente."

"Ci ho riflettuto, e sono infatti giunto alla conclusione che bisognerà fare in modo che lo trovino prima possibile, ma in condizione da non poter raccontare più niente... non so se mi spiego."

"Ho capito" rispose Coker con titubanza, turbato dalla radicale soluzione sottintesa dal comandante. "E come pensi di fare?"

"Mah... questa notte il clandestino potrebbe farsi un'overdose... e poi magari cadere in mare, dove purtroppo annegherebbe. Quando domani lo ritroveranno, la disgrazia sarebbe da attribuire a un malaugurato incidente sotto l'effetto della droga."

"E pensi che il commissario si berrà la storia del clandestino che cade in mare accidentalmente?"

"Forse no, comunque non avrebbero prove per dimostrare il contrario" ragionò freddamente il comandante.

"Soprattutto, non trovandolo a bordo, non potrebbero dimostrare che noi c'entriamo in qualche modo."

"Vedo che hai afferrato il punto" annuì il comandante. Dopo aver riflettuto alcuni istanti, aggiunse: "A sistemare questa faccenda devi però pensarci tu, insieme ad Harry. Evitiamo di coinvolgere altri. Meno ne sono a conoscenza, meglio è."

# 28

## *L'Ilvatom alla resa dei conti*

Dopo il secondo caso di contaminazione e la scoperta del berillio radioattivo a Punta Falconiere, dal Ministero degli Interni facevano pressione affinché si pervenisse a una veloce conclusione della faccenda. Anche se era stato imposto il silenzio stampa, c'era sempre il pericolo che la notizia trapelasse gettando nel panico la popolazione. Così il procuratore di Grosseto, Iannacci, dopo aver letto il memorandum di Enrico ricevuto via e-mail dal commissario Caputo, aveva concordato con Malpigi di spiccare un mandato di perquisizione sia per la motonave Portoria che per l'Ilvatom.

Di conseguenza, mentre a Corniano Marina il commissario Caputo metteva piede sulla Portoria, quasi in contemporanea i Carabinieri di Saluggia tornavano in forze all'Ilvatom col compito di effettuare la perquisizione dello stabilimento.

Alle quindici e trenta di quello stesso martedì, due auto e un furgone dell'Arma si presentarono a sirene spiegate all'entrata principale e intimarono al custode di alzare la sbarra e farli passare. Una volante prese posizione davanti alla palazzina degli uffici, mentre la seconda e il furgone attraversarono l'ampio piazzale e si diressero alla zona riservata al nucleare.

Alla Reception furono così colti di sorpresa dall'irruzione delle forze dell'ordine che non fecero neppure in tempo ad avvisare qualcuno dei soci, ancora fuori sede dopo la pausa pranzo.

Il brigadiere Barbieri condusse al centro elettronico i colleghi del nucleo operativo informatico e, intimato agli operatori meccanografici di allontanarsi dai terminali e astenersi da ogni intervento non richiesto, li sguinzagliò alla ricerca degli ormai famosi archivi citati nel memorandum.

Quando arrivò Di Martino, rientrato di corsa dopo che la segretaria era riuscita a rintracciarlo al cellulare, il brigadiere ne approfittò per una conversazione a quattr'occhi, prima che ricevesse qualche imbeccata da altri e magari inquinasse le prove.

"Senta, Di Martino, lei è da anni il responsabile del Centro Elettronico dell'Ilvatom e non è possibile che non sappia nulla di certi archivi crittografati tenuti in gran segreto" sbottò a un certo punto Barbieri, irritato dai tentativi dell'altro di eludere le domande.

"Non capisco di quali archivi stia parlando" cercò di temporeggiare l'altro. "Di archivi meccanografici ne abbiamo a migliaia... dovrebbe essere più preciso."

"Allora vedrò di spiegarmi meglio" tagliò corto il brigadiere, sul punto di perdere la pazienza. "Le ho già spiegato che i capi d'accusa per l'Ilvatom sono di associazione a delinquere finalizzata al disastro ambientale e al contrabbando di materiali fissili. Per ora queste imputazioni sono a carico solo dei tre direttori responsabili, che rischiano parecchi anni di galera, ma non è detto che altri non ne condivideranno la sorte. Se ad esempio venisse fuori che lei ci ha nascosto documenti importanti o ha cercato di sviare le indagini, beh... in tal caso non vorrei essere nei suoi panni. Capisce cosa intendo dire?"

"Certo, brigadiere, certo" acconsentì l'altro, sbiancato in volto non appena aveva sentito parlare di galera. "Sarei ben felice di collaborare, ma deve essere più preciso e dirmi cosa state cercando esattamente."

"Le ripeto che c'interessano gli archivi crittografati su cui vengono registrati i trasferimenti all'estero delle scorie radioattive."

"Se intende quelli che gestisce personalmente il nostro direttore amministrativo, il dottor Bevilacqua, allora siete arrivati tardi... non esistono più."

"Come sarebbe a dire?"

"Cancellati. C'erano fino a ieri mattina, quando il dottor Bevilacqua mi ha chiesto di fargli subito una copia su CD di tutti gli archivi crittati e poi cancellarli dal sistema... e così ho fatto."

"Ah! Un bello scherzo davvero!" esclamò interdetto Barbieri. "Sa se ce ne sono altre copie da qualche parte?"

"No, mi spiace. A parte la copia fatta ieri e che ha preso il direttore, non ce ne sono altre in giro. Era proibito duplicarli… e anche leggerne il contenuto. Roba top secret."

"Non mi dica che non ci ha mai dato un'occhiata."

"E invece è proprio così" ribatté l'altro con convinzione. "Deve sapere che, oltre alle password di protezione che conosceva solo lui, aveva fatto installare nel sistema operativo una procedura di controllo che registrava un file di log con i dati degli ultimi accessi ai file crittografati, consultabile dal terminale nel suo ufficio. Era quindi impossibile accedere a quei file riservati senza che Bevilacqua lo venisse subito a sapere… e non mi pareva il caso di mettere a repentaglio la carriera per una semplice curiosità."

"Peccato davvero, signor Di Martino" esclamò il brigadiere. "Temo però che il magistrato lo interpreterà come una volontaria distruzione di prove. C'è quindi la possibilità che anche nei suoi confronti ravvisi gli estremi per un'accusa di associazione a delinquere."

"Ma io non ne sapevo niente! Ho solo eseguito gli ordini di un superiore… che colpa ne ho?"

"Io posso anche crederle, ma sono i giudici che dovrà convincere."

"Cosa posso fare per mostrarvi la mia buona volontà e non correre rischi del genere?"

"Si inventi qualcosa per recuperare quegli archivi, e io mi impegno a sostenere la sua buona fede. Deve pur darmi qualche elemento a riprova della sua sincerità, non le pare?"

"Vediamo… ora che mi ci fa pensare, forse una possibilità ancora ci sarebbe."

"Ne ero certo… e qual è?"

"Potrei tentare di recuperarne la copia immagine dai file temporanei di sistema, generati durante le procedure di copia. Da ieri mattina altre copie su CD non ne abbiamo fatte, quindi i file di appoggio dove il sistema ha allocato quelle degli archivi crittati dovrebbero trovarsi ancora da qualche parte."

"Allora non perdiamo tempo. Lei aiuti i miei colleghi a

recuperare gli archivi e a decrittarli, e io metterò una buona parola perché non affondi con tutta la baracca" ribatté Barbieri, risollevato dalla buona notizia. Poi, mentre si avviavano verso il CED, aggiunse: "Un'ultima avvertenza: non faccia menzione di questa nostra conversazione con nessuno, a cominciare dai suoi superiori."

Una raccomandazione inutile, dato che i tre dirigenti dell'Ilvatom non avevano alcuna intenzione di tornare a farsi vivi.

Quando infatti la segretaria era finalmente riuscita a rintracciare Maltese al cellulare, informandolo della perquisizione in corso, questi aveva a sua volta avvertito i soci affinché non rientrassero in azienda ma s'incontrassero invece altrove, per decidere il da farsi.

I tre soci stavano ancora discutendo quando Cortis, referente di Pluto per l'Italia nel traffico internazionale di materiali fissili, chiamò al cellulare Bevilacqua per avvertirlo della perquisizione in atto sulla Portoria e così metterlo in preallarme.

"La ringrazio della telefonata, professore, ma arriva tardi" spiegò Bevilacqua narrando a sua volta ciò che stava avvenendo nella loro azienda: "Qui da noi ci sono invece i Carabinieri. Sono venuti questo pomeriggio con un mandato di perquisizione e stanno mettendo sotto sopra il CED e gli uffici. Una seconda squadra è ferma davanti all'ingresso della zona nuclearizzata e penso che presto entreranno pure là."

"Bisogna a tutti i costi che facciate sparire qualsiasi cosa riconducibile al traffico delle scorie e alle attività di riprocessamento per estrarre il plutonio, incluse tutte le relative registrazioni elettroniche e cartacee" reagì concitato Cortis alla notizia, rendendosi conto che il cerchio si stava stringendo in maniera allarmante attorno a tutti loro.

"A questo per fortuna abbiamo già provveduto, professore. In azienda non dovrebbe esserci più niente di compromettente."

"Meno male. Allora speriamo solo che sulla Portoria non trovino il plutonio che avete nascosto in quei quattro fusti di scorie, altrimenti sono guai…"

"Dubito che ci riusciranno" lo tranquillizzò Bevilacqua. "Come minimo dovrebbero prima scaricare dalla nave tutti i novanta contenitori e portarli in un centro specializzato. Non è igienico andare a rovistare dentro quei rifiuti radioattivi senza prendere le dovute precauzioni. A bordo della nave non lo possono fare di certo."

"Giusto. Questo significa che abbiamo del tempo" concordò Davide Cortis, rassicurato. Poi aggiunse: "Informerò Pluto e sentirò cosa suggerisce di fare. Nel frattempo, con i Carabinieri lì da voi come la mettiamo?"

"Seguiamo gli sviluppi... poi decideremo" rispose Bevilacqua. Quindi concluse la telefonata dicendo: "Coi miei soci abbiamo comunque pensato che al momento per noi è più prudente non rientrare in azienda."

Cortis fu d'accordo col fatto di rendersi irreperibili fino a nuovo ordine. Ad aggiornarli sull'evolversi della situazione all'Ilvatom ci avrebbe pensato il loro avvocato.


Nel frattempo Barbieri, lasciato Di Martino a guidare i tecnici informatici sulle tracce degli archivi crittati, aveva avviato la seconda fase dell'operazione volta a scovare le prove del contrabbando di materiali fissili.

I tecnici nucleari inviati dal nucleo operativo di Vercelli erano già all'entrata del settore nuclearizzato in attesa di poter accedere alla zona protetta, per cui il brigadiere insistette alla Reception finché riuscirono a rintracciare il responsabile di settore. In mancanza del direttore tecnico Vito Boriani, ancora assente, il capo laboratorio Fulvio Carbone si sarebbe messo a disposizione per guidarli all'interno dei laboratori sotterranei.

"Come potete vedere la zona è ben protetta" disse con una punta d'orgoglio appena furono davanti alla stazione di riconoscimento, additando la robusta recinzione e le telecamere di sorveglianza. "Là sotto non ci sono solo i laboratori, ma anche i bunker di stoccaggio delle scorie…quindi la cautela è d'obbligo."

Detto questo, entrò nella cabina di vetro e attivò la procedura automatica di riconoscimento. Inserì la tessera personale nel lettore magnetico e, dopo alcuni istanti, una voce metallica l'invitò ad appoggiare l'indice della mano destra su uno scanner a raggi infrarossi, per l'esame dell'impronta digitale. Verificata la corrispondenza con i dati d'archivio, il lettore gli restituì la tessera e la stessa voce metallica confermò l'autorizzazione a entrare. Alcuni istanti ancora, poi con uno scatto metallico iniziò la lenta apertura del cancello a scorrimento.

"Entriamo alla svelta" li esortò Carbone. "Il cancello si richiude automaticamente dopo dieci secondi."

Barbieri, l'appuntato Esposito e due tecnici del nucleo operativo di Vercelli specializzati in materiali fissili, lo seguirono dentro una specie di casamatta situata al centro dell'area protetta.

Sulla parete, fra la porta dell'ascensore e quella più grande del montacarichi, una specie di orologio digitale segnava uno strano numero.

"Quello è un contatore Geiger" spiegò l'ingegnere a Barbieri, aggiungendo in tono rassicurante: "Come può vedere, segna 41 microRoentgen per ora, appena il doppio della normale radiazione di fondo. In poche parole, qui non c'è alcun pericolo radioattivo."

Preso l'ascensore, scesero al piano dei laboratori, una decina di metri sotto il livello del suolo. Ciascuno di loro dovette indossare una tuta bianca, delle soprascarpe e un elmetto protettivo rosso, prima di accedere ai laboratori veri e propri. Anche se la radioattività che riusciva a filtrare nonostante le spesse pareti di calcestruzzo al piombo era minima, la prudenza era d'obbligo.

Lasciato il vestibolo, s'inoltrarono lungo un corridoio delimitato da vetrate su entrambi i lati e da cui si poteva accedere a una serie di laboratori dotati di sofisticate strumentazioni, al momento deserti. In fondo il corridoio era sbarrato da una porta corazzata scorrevole ad apertura automatica sui cui spiccava il tipico segnale circolare a settori triangolari, tre gialli e tre neri, che avvertiva del pericolo radiazioni. Una scritta rammentava che l'ingresso era proibito ai non autorizzati e consentito solo al personale munito di un pass specifico. Sulla parete sovrastante la porta risaltava un altro display digitale, simile al precedente.

"Potete notare che questo orologio segna un livello

leggermente superiore al precedente, cioè 87 microRoentgen per ora, circa quattro volte la normale radiazione di fondo" rimarcò il capo laboratorio additandolo. "Ancora un valore tollerabile... ma dall'altra parte è tutto un altro discorso. Dietro quella porta si trovano le scorie e il livello di radioattività è ben più elevato; quindi dobbiamo fermarci qui."

L'ingegner Carbone stava tentando di ridurre l'ispezione a poco più di una visita turistica, ma i due della squadra operativa antinucleare non erano ovviamente dello stesso avviso. Oltre quel corridoio, tirato a lucido e dall'aspetto asettico come la corsia di un moderno ospedale, quasi si percepiva l'odore della morte invisibile.

"Invece noi diciamo di proseguire" ribatté Spiridioni, uno dei due tecnici fino a quel momento rimasti in silenzio. "Tanto per cominciare, ci faccia vedere dov'è che effettuate l'irraggiamento con raggi alfa."

"I trattamenti col materiale fissile vengono eseguiti nel laboratorio oltre questa porta. Ma vi sconsiglio di entrare, perché i livelli di radioattività sono pericolosi e non vorrei..."

"È inutile che insista" ribatté l'altro, interrompendolo. "Vogliamo controllare lo stesso. Come si apre qui?"

"Serve un pass speciale... come questo, da inserire nel lettore" rispose Carbone, tirando fuori il proprio dal taschino del camice e indicando il dispositivo a lettura magnetica posto di fianco alla porta. "Vi ripeto che se entrate lo fate a vostro rischio e pericolo."

Nonostante i ripetuti tentativi dell'ingegnere per indurli a desistere, Barbieri gli intimò di aprire.

Oltre la porta, il corridoio proseguiva per alcuni metri e terminava davanti a due porte al piombo.

Una d'esse immetteva in un secondo vestibolo, simile alla zona doccia di una palestra. Da un lato, una mezza dozzina di tute protettive simili a quelle degli astronauti erano appese ad appositi sostegni lungo la parete.

"Quelli sono rilevatori corporei di radioattività" spiegò Carbone indicando dal lato opposto due apparecchiature ad altezza uomo, simili a quelle per raggi X utilizzate negli ospedali. "Servono per la rilevazione di particelle e devono

211

essere usate dopo essere stati a contatto con materiali radioattivi, per verificare se si ha addosso corpuscoli radioattivi: in caso affermativo, si deve rifare la doccia.

Usciti dal vestibolo e di nuovo nel corridoio cieco, aprirono la seconda e più spessa porta farcita di piombo, e all'occhio esperto dei due tecnici fu subito evidente che in quel locale da guerre stellari si faceva qualcosa di ben più complesso di un semplice processo d'irraggiamento del berillio.

L'ampio laboratorio era diviso in due settori, separati da una vetrata. Il più piccolo, all'ingresso dove ora si trovavano, aveva una lunga consolle piena di spie luminose e interruttori per comandi automatizzati, oltre ad alcune leve di manovra a pantografo. Al di là dello spesso cristallo di separazione che fungeva da schermo protettivo contro le radiazioni, uno spazioso locale ospitava una successione di lustri macchinari di varie dimensioni, alcuni serviti da bracci meccanici robotizzati e altri da quelli manuali a pantografo.

"E cosa ci fate con un'attrezzatura del genere?" domandò non senza stupore Spiridioni, rivolgendosi all'ingegnere dell'Ilvatom in evidente in imbarazzo. "Non mi dica che serve solo per i processi di irraggiamento del berillio…"

"Quelle sono piuttosto attrezzature di tipo meccanico" aggiunse Luca Parenti, il collega del nucleo operativo. "O mi sbaglio?"

"Di tanto in tanto trattiamo partite di scorie di terza categoria, allo scopo di renderle meno pericolose prima di sistemarle nel bunker di stoccaggio. Alcuni tipi di rifiuti radioattivi devono per esempio essere vetrificati, e certi macchinari laggiù servono a questo" spiegò Carbone, sforzandosi di essere convincente. "Altri tipi sono ingombranti, quindi dobbiamo prima tagliarli e frantumarli, per poterli poi sigillare negli appositi contenitori di stoccaggio."

"Quelli laggiù, cosa sono?" chiese Parenti, niente affatto convinto dalle spiegazioni rassicuranti dell'ingegnere. "Mi paiono apparati di centrifugazione."

"Vedo che se ne intende" si sforzò di complimentarsi il funzionario dell'Ilvatom, sempre più imbarazzato. "La usiamo di rado, serve a separare alcuni tipi di scorie."

"Quindi eseguite anche attività di riprocessamento delle scorie" concluse Spiridioni, con un affondo che colpì al cuore l'ingegner Carbone. Nel memorandum di Enrico si accennava al contrabbando di plutonio e lui era stato incaricato di cercarne le eventuali prove all'Ilvatom. L'improvviso pallore sul viso dell'interlocutore lo convinse di aver colpito nel segno, quindi aggiunse il carico da undici: "Praticamente disponete di tutta l'attrezzatura atta all'estrazione di materiali fissili... ad esempio il plutonio."

"In teoria..."

"Altro che teoria, ingegnere. Quegli apparati costano un mucchio di quattrini, e non credo solo per fare della teoria!"

"Ti dispiace spiegare anche a me di cosa state parlando?" chiese Barbieri al collega, interrompendo quel battibecco fra addetti ai lavori. "Cos'è questa storia delle centrifughe e del plutonio?"

"In parole povere il discorso è questo" rispose Spiridioni. "Dal materiale nucleare di scarto proveniente dai reattori nucleari a fissione, mediante un'attività di riprocessamento si possono estrarre materiali fissili speciali. E il primo per importanza e valore commerciale è appunto il plutonio."

"Stai dicendo che è quello che fanno anche là dentro?"

"Direi proprio di sì... hanno quanto occorre per gestire l'intero ciclo di riprocessamento, che si svolge in tre fasi: la prima è quella meccanica, per la frantumazione delle barre di combustibile esausto, e serve quel macchinario che vediamo laggiù a sinistra, sotto il braccio meccanico robotizzato; segue poi una seconda fase di tipo chimico, dove si usa acido nitrico, probabilmente contenuto in quei serbatoi; l'ultima è una fase di tipo fisico, dove è indispensabile una catena di centrifugazione... che sta laggiù, sulla destra."

"Pensate che potrebbero aver estratto plutonio anche qui sotto?" chiese Barbieri ai colleghi, ignorando Carbone che ormai s'era ammutolito del tutto. "Ne siete proprio sicuri?"

"Per poterlo dire con certezza dobbiamo prima ispezionare quei macchinari" precisò Parenti. "Dobbiamo verificare se sono rimaste tracce delle fasi di riprocessamento, soprattutto nella catena di centrifugazione, che è la più importante e serve a stratificare i differenti materiali fissili in base al loro rispettivo peso specifico. Eseguendo successivi cicli di centrifugazione degli strati via via più pesanti, vengono separati i diversi materiali finché, alla fine, si arriva a estrarre il plutonio, quello che si era formato nel nocciolo del reattore durante la fissione nucleare."

"Se ne ricava così una polverina scura, molto pesante e di enorme valore sul mercato clandestino degli armamenti atomici" intervenne Spiridioni. Per spiegare il suo riferimento all'attività bellica, rivolto al brigadiere Barbieri aggiunse: "Pensate che ne bastano solo otto chili per fare un ordigno più devastante della bomba atomica di Hiroshima. Per questo il valore del plutonio è enorme, decine di milioni di euro per ogni chilogrammo… e un chilo è più o meno quanto ne può stare nella tua mano."

"Allora cosa suggerisci di fare?"

"Per prima cosa verificare se nelle centrifughe c'è traccia di isotopi di uranio" rispose Spiridioni. "Ma ci dobbiamo attrezzare meglio. Dobbiamo tornare domani."

"D'accordo allora" concluse il brigadiere. "Procediamo in questo modo."

Rivolgendosi poi al pallido e sempre più preoccupato Carbone, gli intimò: "Ingegnere, ha dieci minuti per far uscire tutto il personale da questo settore: l'intera zona da questo momento è sottoposta a sequestro cautelativo. Metteremo i sigilli e nessuno potrà accedervi senza autorizzazione. Lei però si tenga a disposizione, perché dovrà guidare i nostri tecnici nelle prossime ispezioni."

"Tu resta con l'ingegnere e accertati che tutti escano alla svelta da qua sotto" disse all'appuntato Esposito. "Poi metti i sigilli agli ingressi di sopra. Io intanto torno agli uffici, a vedere se i dirigenti dell'Ilvatom sono rientrati.

# 29

## *Incendio in sala macchine!*

Sotto coperta il rumore dei motori in pressione e le vibrazioni cadenzate delle strutture si facevano sempre più forti, segno che la nave si preparava a salpare. Di pari passo cresceva anche l'apprensione di Enrico, sotto chiave nel magazzino sul ponte di sala macchine: era consapevole che, una volta in alto mare, per lui non ci sarebbe stato più scampo.

I due ufficiali che l'avevano rinchiuso si erano premurati di lasciarlo legato mani e piedi, ma Coker non era stato molto abile a fare i nodi. Quando infatti gli aveva legato i polsi dietro la schiena, non si era accorto che Enrico stava tenendo i pugni in modo tale da aumentare la circonferenza della legatura così che, appena rimasto solo, era riuscito ad allentare la corda, sebbene non abbastanza da potersela sfilare.

L'ordine del comandante di portarlo là sotto, perché a bordo mancava una cella di sicurezza vera e propria, non si sarebbe rivelata una scelta azzeccata.

Infatti Enrico, vedendo i numerosi materiali ammonticchiati un po' ovunque sulle scaffalature, decise di non darsi per vinto e tentare la fuga. Ma finché restava legato come un salame non poteva fare molto. Scorgendo da una parte un secchio mezzo pieno di olio esausto, si trascinò carponi e vi tuffò dentro le mani legate. Poi cominciò a ruotare e tirare i polsi finché, dopo molti tentativi, alla fine riuscì a far scivolare fuori della legatura una mano, dolorante per lo sforzo e piena di escoriazioni nonostante l'olio avesse attenuato l'attrito con la corda. Liberatosi anche le caviglie, si mise quindi alla ricerca di qualcosa che potesse aiutarlo nel suo piano di fuga. Ma di attrezzi utili a scassinare quel robusto portellone di ferro, sprangato dall'esterno, proprio non ce n'erano.

Nel frattempo i motori avevano stranamente rallentato il loro ritmo, segno che la partenza non era più imminente. Aveva perciò un po' di tempo per attuare qualche piano e tentare ancora di salvare la pelle, almeno finché la nave restava in porto.

Rovistando fra i vari materiali, in un angolo in fondo al magazzino trovò delle attrezzature antincendio: alcune vecchie tute, una coperta ignifuga, elmetti, guanti e maschere antigas, incluso un autorespiratore munito di bombola d'ossigeno. E gli venne l'idea di simulare un incendio.

Era un piano azzardato, ma non vedeva altre possibilità per uscire dalla sua prigione. Doveva tentare il tutto per tutto, pur rendendosi conto che avrebbe rischiato di rimanere lui stesso vittima del suo estremo tentativo di fuga. Memore della sua trascorsa vita da marittimo sapeva per esperienza quanto raramente gli equipaggi dei mercantili compiono le raccomandate simulazioni di incendio a bordo, così da essere addestrati a farvi fronte nei casi di reale bisogno. Quindi contava soprattutto sul fattore sorpresa e sulla confusione che ne sarebbe scaturita.

Inoltre si augurava che Caputo fosse nei paraggi e potesse in qualche modo intervenire. Sperava che dopo la telefonata fatta alcune ore prima, non vedendolo tornare, il commissario avesse letto il memorandum registrato sul portatile lasciato nel bagagliaio dell'auto e si fosse finalmente deciso a credergli. Aveva a tutti i costi bisogno della protezione della Polizia quando fosse riuscito a venir fuori di lì.

Continuando a rovistare fra le varie cose trovò nel cassetto di un bancone un accendino a gas, quello che ancora gli mancava per attuare il suo piano. Allora prese tutti gli stracci che riuscì a trovare e li impregnò con l'olio esausto del secchio: alcuni li addossò davanti al portellone di ferro, ma la maggioranza li ammucchiò nell'angolo opposto rispetto a dove si sarebbe nascosto lui. Poi s'infilò una vecchia tuta ignifuga presa dal ripostiglio, mise guanti ed elmetto, indossò l'autorespiratore con la bombola dietro la schiena e sistemò la maschera sul viso, accertandosi che l'erogatore funzionasse a dovere.

Quindi diede fuoco a una vecchia ramazza spelacchiata,

dopo averla intrisa d'olio, che usò a mo' di torcia per dar fuoco ai mucchi di stracci. Quando cominciarono a bruciare un fumo nero, denso e acre, in pochi minuti riempì il magazzino e cominciò a filtrare di sotto il portellone d'ingresso. A questo punto Enrico aprì la valvola dell'autorespiratore e prese a respirare dalla bombola. Visto che i sensori dei sistemi automatici antincendio non erano ancora scattati, per accelerare i tempi avvicinò la ramazza ancora in fiamme al rilevatore di calore sul soffitto. Pochi istanti d'attesa e risuonò per tutta la nave la sirena di allarme incendio a bordo. Erano le diciotto e zero due.

"Fuoco in sala macchine!" fu il grido di allarme che corse lungo la nave prendendo di sorpresa il direttore di macchina Chubby, mentre stava salendo dal comandante in plancia per informarsi su cosa stava succedendo. Voleva infatti conoscere i motivi del repentino contrordine di fermare le macchine, impartito solo pochi minuti dopo aver dato il segnale di macchine pronte alla partenza.

Udendo però la sirena, Chubby si precipitò giù verso la sala macchine per vedere cos'era successo e coordinare le eventuali operazioni di spegnimento. Contemporaneamente, il comandante e gli ufficiali di coperta accorsero in plancia, perplessi e incerti sul da farsi, mentre attendevano che da basso comunicassero con l'interfono la dislocazione esatta e l'entità dell'incendio.

Nel caos generale che ne seguì qualcuno azionò il sistema di spegnimento automatico, e un micidiale getto ignifugo di anidride carbonica irruppe nei locali macchine, sparato dalle varie bocchette antincendio sparse un po' ovunque.

"Chi è quel deficiente che ha azionato il sistema antincendio senza il mio ordine?" urlò Chubby al primo ufficiale di macchine, incrociato per le scale mentre quello stava salendo dal locale motori. "Se lo trovo, lo spello vivo!"

"Non saprei proprio, direttore" rispose l'ufficiale, sfilandosi la maschera antigas. "Ero fuori della sala controllo quando è scattato. Con la squadra antincendio stavo appunto andando al settore 7, dove il pannello ha segnalato il focolaio."

"Ha potuto almeno vedere cos'è che va a fuoco e di che entità è l'incendio?"

"Ancora no, mi spiace. Siamo stati costretti a tornare indietro" si schermì l'ufficiale con un'alzata di spalle. Mostrando la maschera appena tolta, aggiunse: "Da quando è entrato in funzione il sistema di spegnimento ad anidride carbonica queste maschere antigas non bastano più: ora per scendere in sala macchine bisogna indossare l'autorespiratore."

"Allora organizzi alla svelta una squadra e la mandi giù a vedere" ordinò Chubby. "Cerchiamo di non farci scappare anche il morto, in questa disgraziata giornata... Sarebbe proprio la ciliegina sulla torta, visto che abbiamo ancora a bordo la Polizia."

"Agli ordini, provvedo subito."

Durante i lunghi minuti di caos che quel doppio imprevisto aveva prodotto a bordo della Portoria, Enrico si era costretto a mantenere la calma. Avvolto dal fumo sprigionato dagli stracci, si augurava di tutto cuore che la squadra antincendio arrivasse prima di esaurire la scorta di ossigeno dell'autorespiratore: altrimenti avrebbe fatto la fine del salmone affumicato.

Prima che i locali fossero saturi di anidride carbonica la maggior parte degli addetti alla sala macchine aveva fatto in tempo a fuggire, riversandosi in coperta per mettersi in salvo. Tranne due motoristi, recuperati in extremis dalla squadra di soccorso e adagiati in coperta con evidenti sintomi di asfissia: ora si stava attendendo che arrivasse l'autoambulanza per rianimarli.

Erano le diciotto e ventuno. Nessuno seppe mai chi aveva premuto in sala controllo il bottone rosso dell'antincendio.

La squadra antincendio scese una seconda volta in sala macchine per vedere se c'era qualcun altro da soccorrere, e si diresse al settore 7 dov'era stato segnalato l'incendio.

"Guarda laggiù, c'è del fumo che esce da sotto la porta del deposito" gridò uno della squadra, indicando il portellone del locale dove Enrico si trovava prigioniero e di cui ovviamente ignoravano la presenza. "L'incendio è là dentro."

"Strano che sia serrata" aggiunse l'altro, avvicinatosi a toccare con cautela il portellone per sentire quanto era caldo. Poi, facendo forza per sollevare il lungo chiavistello di ferro che non gli riusciva di sfilare, protestò: "Accidenti a loro... l'hanno anche sprangato ben bene... comunque è appena tiepido... non dovrebbe essere pericoloso aprirlo."

"Allora fallo e vediamo di sbrigarci" esortò il primo, impaziente di tornare all'aria aperta. "Di cosa hai paura?"

Non appena Enrico udì il vocio all'esterno e sentì armeggiare sul chiavistello, balzò in piedi e si andò a sistemare di fianco al portellone, in modo che quando si fosse aperto verso l'interno lui rimanesse nascosto dietro il battente.

Le fiamme erano ormai spente per effetto del gas ignifugo sprigionato dalle bocchette antincendio, ma dentro c'era ancora molto fumo. Enrico contava proprio su questa cortina fumogena, oltre che su quella sua bardatura che gli avrebbe permesso di confondersi coi soccorritori, così da non essere smascherato una volta fuori.

Aperto con cautela il portellone per timore di essere investiti da una fiammata, dall'interno uscì invece abbondante solo il fumo, che investì i due della squadra.

"Accidenti, quanto fumo" esclamò uno. "Cos'è mai che brucia qua dentro?"

"Comunque di fuoco non mi pare ce ne sia più" disse l'altro guardingo, affacciandosi oltre la soglia. Accertato che si trattava solo di fumo, entrarono entrambi e avanzarono di qualche passo attraverso l'impalpabile coltre fumosa. "Diamo un'occhiata e vediamo di uscire alla svelta."

Da parte sua, Enrico restava immobile dietro al portellone spalancato, attendendo col cuore in gola il momento propizio per sgattaiolare fuori.

"Ecco cos'è che ha causato tutto questo macello!" esclamò uno dei soccorritori indicando al compagno il fumante mucchio bruciacchiato nell'angolo. "Se la devono piantare questi motoristi di lasciare in giro questa porcheria infiammabile."

"Tanta cagnara solo per qualche straccio sporco" si lamentò l'altro tirando un sospiro di sollievo. "E pensare che a momenti due dei nostri ci lasciavano la pelle."

Nel mentre dicevano questo, Enrico sgusciò fuori senza far rumore, lasciandosi alle spalle i due che non si erano accorti della sua presenza. Uscì alla svelta dal deposito tenendo in bella vista la ramazza bruciacchiata, da usare nell'eventualità qualcuno gli avesse chiesto spiegazioni sull'incendio. L'idea era di spacciarsi per uno dei soccorritori, contando sulla bardatura che lo camuffava e lo faceva assomigliare a uno della squadra antincendio.

Ora il problema principale era quello di uscire di là sotto senza farsi riconoscere, approfittando della confusione che ancora regnava a bordo.

Finché indossava la maschera e tutto il resto il problema era relativo, essendo praticamente irriconoscibile. Ma doveva tenerla indosso il più a lungo possibile, almeno finché non gli si fosse presentata una via d'uscita. Nel frattempo, avrebbe dovuto tenersi alla larga da chi poteva identificarlo.

Dalla sala macchine salì le rampe di scale e sbucò in coperta, a pruavia del cassero centrale, proprio mentre l'autoambulanza a sirene spiegate raggiungeva la banchina dov'era ormeggiata la nave. L'avvenimento catalizzò l'attenzione di buona parte dell'equipaggio affluito sul ponte e molti si affacciarono alla murata di dritta per incitare, con ampi gesti e grida, gli ausiliari del pronto soccorso affinché facessero presto.

Enrico si rincuorò quando più lontano scorse finalmente Caputo con due poliziotti, fermi vicino ai due motoristi stesi sul ponte privi di sensi e in attesa che arrivasse il dottore del pronto soccorso. Rassicurato da quella presenza amica varcò il portello e fece per dirigersi verso di loro, quando incrociò gli occhi del terzo ufficiale che si trovava a pochi passi ed era intento, nella generale confusione, a fare la conta dell'equipaggio onde accertare che di sotto non fosse rimasto qualcuno.

Anche se al momento era irriconoscibile, dietro la maschera dell'autorespiratore e la tuta ignifuga, vide che l'ufficiale lo stava guardando perplesso: probabilmente si stava chiedendo come mai un componente della squadra antincendio appena scesa in sala macchine fosse tornato di sopra. Così, per evitare che gliene chiedesse spiegazione col rischio di venire riconosciuto, mostrò da lontano la ramazza bruciacchiata e, dopo averla gettata in un angolo, senza dir parola rientrò all'interno.

Ora doveva prendere subito una decisione. Gli si

presentavano infatti due possibilità, di cui una non era certo priva di rischi.

La più facile era quella di correre da Caputo e chiedere la protezione della Polizia, accusando formalmente comandante ed ufficiali di averlo sequestrato e minacciato. Ma immaginava che, vedendo la mal parata, quelli non solo avrebbero sicuramente negato affermando che si era inventato tutto, ma lo avrebbero anche accusato di essere un clandestino, e magari anche un ladro. A quel punto la sua parola non sarebbe bastata e avrebbe rischiato di passare dalla parte del torto.

La seconda possibilità era invece quella di accordarsi col commissario per tendere una trappola ai suoi sequestratori e avere così sufficienti prove per farli arrestare. Ma per riuscirci avrebbe dovuto fare da esca, riandandosi a cacciare nella tana del lupo.

E sebbene la prospettiva non lo allettasse, optò per questa alternativa decisamente più rischiosa.

# 30

## *Scatta la trappola*

L'allarme incendio aveva costretto il commissario Caputo a interrompere l'ispezione della nave per seguire gli ordini impartiti dal comandante attraverso gli altoparlanti. Tutte le persone a bordo dovevano radunarsi in coperta a pruavia della murata di dritta, in prossimità del boccaporto numero uno, e seguire le istruzioni del terzo ufficiale Fletcher.

Superato l'iniziale incertezza, Caputo aveva quindi disposto che la squadra dell'Eneam e il guardiamarina Ortenzi sospendessero le operazioni e scendessero in banchina in attesa di nuovi ordini. Aveva lasciato solo due agenti di guardia al barcarizzo, col preciso ordine di non far scendere a terra nessuno dell'equipaggio senza il suo permesso. Poi con Mancuso e l'appuntato Petrelli era andato al punto di raccolta a tentare di capire cosa fosse veramente successo. Il suo sesto senso gli diceva che la concomitanza di avvenimenti non poteva essere casuale e voleva vederci chiaro. Che l'incendio fosse stato simulato per farlo desistere dall'ispezionare la nave? O cos'altro?

Più o meno in quel momento Enrico aveva fatto capolino in coperta dal portellone di dritta del cassero centrale, bardato da uomo della squadra antincendio, e si era trovato nel bel mezzo di quella confusione.

La maggior parte dell'equipaggio era già affluito nel punto di raccolta e rispondeva all'appello di Fletcher, che tentava di fare la conta per capire chi ancora mancava. Caputo e i due agenti, alcuni metri oltre il rumoroso assembramento, stavano invece ascoltando il resoconto di un compagno di squadra dei due motoristi infortunati, che giacevano privi di sensi in attesa del medico.

Enrico doveva a tutti i costi riuscire ad avvicinare Caputo, ma al tempo stesso evitare Fletcher. Per non farsi riconoscere dall'ufficiale fece quindi una manovra di aggiramento. Rientrato nel cassero, lo attraversò lungo il corridoio e uscì in coperta dal lato opposto, dove non c'era praticamente nessuno. Quindi si diresse verso prua lungo la murata di sinistra, nascosto alla vista di Fletcher dalle sovrastrutture longitudinali poste a centro nave.

Girò intorno alla tuga dei bighi di prua, fermandosi prima di sbucare allo scoperto sul lato di dritta, e si ritrovò a pochi passi da Caputo.

"Commissario, può venire qui un attimo?" lo chiamò da sotto la maschera.

Caputo si girò e vide l'uomo, che sulle prime scambiò ovviamente per uno dell'antincendio. Incuriosito fece alcuni passi verso di lui, seguito da Mancuso, mentre Petrelli restava col marinaio presso i due sventurati.

"Che c'è?"

"Venga a vedere una cosa" disse Enrico arretrando di alcuni passi e facendo segno di seguirlo. Una volta al riparo della tuga, si tolse elmetto e maschera, e chiese: "Mi riconosce ora?"

"Fiorani! Lo sa che ci ha fatto preoccupare? Temevo le fosse capitato qualcosa."

"Veramente di cose me ne sono capitate parecchie. L'ultima è che sono scampato per un pelo dal far la fine del salmone affumicato…"

"Mi spiega che ci fa combinato in quel modo?"

A partire dalla conversazione a cui aveva assistito nascosto in plancia, fra il comandante e il professor Cortis in relazione alle scorie da inabissare e al plutonio da consegnare in Somalia, Enrico raccontò del suo imprigionamento e di come era riuscito a fuggire, restando però sul vago circa le modalità dell'incendio che aveva scatenato tanto caos. Infine espose il piano che aveva ideato per incastrare gli ufficiali della nave.

"Per attuarlo mi serve però un trasmettitore radio miniaturizzato, sapete uno di quelli che si possono mettere addosso. Me lo potete rimediare?"

"Dovrebbe essercene uno nella radiostazione mobile, di sotto in banchina… cosa ci deve fare?"

"L'idea è quella di nascondermelo addosso e poi affrontare il comandante. Cercherò di fargli dire qualcosa che dimostri che lui e gli ufficiali sono implicati in questo losco traffico. Dirò loro di aver già raccontato tutto alla Polizia e immagino che vorranno sapere cosa so esattamente. Nel frattempo voi registrerete la conversazione via radio e al momento giusto potrete intervenire."

"Detta così, sembra facile" commentò perplesso Caputo. "Ma si rende conto del pericolo che corre se qualcosa va storto?"

"Mi assumo io tutte le responsabilità, commissario" annuì Enrico. "D'altronde questa è un'occasione che difficilmente si ripresenterà, e non dobbiamo farcela scappare."

"D'accordo, allora" annuì l'altro, dopo averci pensato su. Poi, rivolto a Mancuso, ordinò: "Scendi in banchina e fatti dare dal tecnico radio quello che occorre. Attento però a non insospettire l'ufficiale in coperta. Io resto qui col Petrelli, così che quello non mangi la foglia vedendoci sparire tutti."

"Nel frattempo io vi aspetto nascosto dentro questa tuga" disse Enrico aprendo il portello del locale di prua usato dal nostromo come deposito attrezzi. "Vedete però di fare alla svelta, prima che rientri l'allarme incendio. Dopo sarebbe tutto più difficile."

Nel giro di dieci minuti Mancuso era di ritorno con in tasca un sofisticato trasmettitore radio miniaturizzato, più piccolo di una scatola di cerini. Il tecnico della stazione mobile gli aveva spiegato come indossarlo e l'aveva già sintonizzato sulla frequenza di trasmissione, pronto a partire con la registrazione automatica non appena Enrico avesse iniziato a parlare. Nascosti dentro la tuga, Mancuso gli fissò l'apparecchio al petto con dei cerotti, ben saldi sotto la camicia. Quindi Enrico, indossata di nuovo la bardatura antincendio, uscì e tornò verso il cassero centrale rifacendo a ritroso il percorso lungo la murata di sinistra.

Da parte sua Caputo, visto che nel frattempo quelli del pronto soccorso avevano caricato i due infortunati sull'autoambulanza ed erano partiti a sirene spiegate, diede istruzioni a Mancuso e

Petrelli di avvicinarsi al barcarizzo e organizzarsi per l'imminente irruzione armata, in modo da essere pronti a intervenire con gli altri agenti. Quindi scese dalla nave e andò alla stazione mobile, per seguire via radio gli sviluppi dell'operazione.

Nel frattempo Enrico era salito fino al ponte di comando.

Udendo delle voci provenire dalla sala nautica, si avvicinò in silenzio fermandosi dietro la porta semiaperta e sentì il comandante North che stava discutendo animatamente col suo vice Coker e il secondo Harry.

"Secondo Chubby, il principio d'incendio si è sviluppato nel deposito dove avevamo rinchiuso quel ficcanaso" stava spiegando North ai due ufficiali. "Perciò non c'è dubbio che ad appiccare il fuoco è stato proprio lui."

"Quel maledetto rompiscatole!" esclamò Coker in un moto di rabbia. "Lo sto facendo cercare in lungo e in largo, ma sembra svanito nel nulla."

"Se non fosse stato per un deficiente che ha azionato il sistema automatico di spegnimento a $CO_2$, non sarebbe riuscito a sfuggire così facilmente" commentò il comandante, scrollando il capo in segno di disappunto. "Nel caos che c'era quello sarà sgattaiolato fuori quando la squadra antincendio ha aperto il portello... mi domando però come sia riuscito a dileguarsi senza rimanere soffocato dal gas."

"Comunque dev'essere ancora a bordo" osservò Harry. "Con Fletcher in coperta nei pressi del barcarizzo, non sarà certo riuscito a scendere di nascosto."

"E tu cosa ci fai qui?" chiese a questo punto North, sorpreso nello scorgere l'uomo, irriconoscibile sotto la bardatura antincendio, che faceva capolino da dietro la porta. "Non dovresti essere giù con gli altri della squadra?"

"Mi riconosce, comandante?" chiese quello di rimando mentre, fra lo stupore dei tre, si toglieva elmetto e maschera.

"Guarda chi si rivede... il nostro ficcanaso!" esclamò North, rosso in viso per l'irrefrenabile moto di collera che lo aveva sopraffatto. "Non riusciremo mai a liberarci di te?"

"Questa volta sarà quella buona, comandante, glielo garantisco" assicurò Coker balzando verso Enrico e afferrandolo per un braccio, imitato da Harry accorso per immobilizzarlo dall'altro lato. "Stavolta però gli facciamo fare un bel giretto in sentina…"

"E poi magari in fondo al mare in compagnia delle scorie, visto che ci tiene tanto" aggiunse ironico Harry. "One way, s'intende!"

"Vi ripeto quel che già vi ho detto la prima volta" ribatté Enrico per nulla intimorito. "Ormai alla Polizia sanno tutto dei vostri traffici. Non vi conviene peggiorare la situazione."

"Sta mentendo, comandante" sentenziò Harry. "Non gli dia retta."

"Il fatto che la Polizia sia già a bordo, non vi dice nulla? Non pensa che questa volta fareste meglio a credermi, comandante?"

Il ragionamento non faceva una grinza e North era perplesso. Ma per decidere cosa conveniva fare, doveva sapere esattamente quello che Enrico conosceva e poteva aver raccontato.

"Se sai veramente tante cose, perché non le racconti anche a me?" chiese in tono beffardo il comandante. "Cos'è che avresti riferito alla Polizia di tanto compromettente sul nostro conto?"

"Quanto basta per mandare in galera lei e i suoi accoliti per diversi anni" rispose secco Enrico. "Ormai sanno delle scorie che gettate in mare, per non parlare del contrabbando di plutonio."

"Non farti abbindolare da questo chiacchierone, North" lo esortò Coker. "Al massimo possono avere dei sospetti, ma non hanno uno straccio di prove… altrimenti a quest'ora ci avrebbero già arrestati, non credi?"

"E poi Fletcher ha anche tolto dalle carte i riferimenti ai punti nave dove abbiamo affondato le scorie" aggiunse Harry, rassicurante. "Possono cercare le prove quanto vogliono, ma non ne troveranno."

"Non fatevi illusioni" ribatté Enrico. "Ho fotografato le vostre carte nautiche prima che poteste cancellate le coordinate geografiche dei punti…"

"Maledizione a te!" lo interruppe adirato il comandante, battendo il pugno sul tavolo da carteggio. "E pensare che i poliziotti hanno trovato la macchina fotografica proprio sotto il nostro naso!"

"Comunque del plutonio non sanno niente" intervenne Coker, in un tono che esprimeva più una speranza che una certezza. "Vorrai mica che aprano tutti i fusti delle scorie radioattive per guardarci dentro, no? Quindi, anche se ispezionano la stiva, più di tanto non possono scoprire."

"Anche qui vi sbagliate di grosso" ribatté Enrico, facendo svanire di colpo quel velo di speranza. "Conoscono esattamente le matricole dei fusti con dentro il plutonio... perché hanno le registrazioni dell'Ilvatom. Perciò non illudetevi di farla franca."

"Fate tacere questo menagramo!" sbraitò il comandante, di colpo impallidito. "E sbattetelo in sentina, ben legato s'intende!"

Coker tirò un ceffone a Enrico per azzittirlo, facendogli rintronare le orecchie. Quindi lui e Harry gli legarono i polsi dietro la schiena con una sagola da bandiera e lo strattonarono fuori, affrettandosi giù per la rampa di scale, verso la famigerata sentina.

Senza immaginare che la Polizia, su ordine di Caputo che aveva seguito via radio tutta la conversazione, solo un minuto prima aveva dato il segnale di intervenire. Dei quattro agenti che erano saliti di corsa con tanto di mitragliette imbracciate, uno era rimasto di guardia al barcarizzo mentre gli altri avevano seguito il commissario con l'ordine di trovare e arrestare il comandante e i due ufficiali, al momento con l'accusa di associazione a delinquere finalizzata al contrabbando di materiali fissili speciali.

"Petrelli, voi due salite dal portello di sinistra e bloccate le uscite di là" ordinò concitato il commissario non appena fu a bordo. "Noi entreremo da questa parte."

Indicando Fletcher che, ancora ignaro, una ventina di metri più avanti stava andando verso prua col nostromo, ordinò: "Mancuso, vai a dire a quei due che devono rientrare subito in cabina e restare a disposizione, perché dovremo interrogarli. Non abbiamo ancora sufficienti elementi per incriminarli, ma avvertili che nessuno può lasciare la nave senza il mio consenso."

L'allarme incendio a quel punto era rientrato, dato che gli

aspiratori di ventilazione avevano reso l'aria nei locali sottocoperta di nuovo respirabile. L'equipaggio era pertanto già sfollato dalla coperta per tornare alle proprie mansioni in vista della partenza e, data la velocità con cui fu effettuato il blitz, si accorse dell'irruzione armata della Polizia ormai a cose fatte, così che non ci fu alcun tentativo di resistenza.

Caputo, insieme ai due agenti che lo seguivano mitra in pugno, avevano fatto appena in tempo a salire la prima rampa di scale quando incrociarono i due ufficiali che, con Enrico legato nel mezzo, scendevano dal ponte superiore.

"Fermi, vi dichiaro in arresto" ordinò Caputo in tono minaccioso, spalleggiato da due agenti coi mitra spianati. "Lasciate andare il prigioniero… e senza fare storie."

"Ma commissario, ci dev'essere un equivoco" si scusò Coker come cadendo dalle nuvole. "Questo è il clandestino di cui si stava parlando prima col comandante…"

"Alla fine siamo riusciti a scovarlo" aggiunse serafico Harry per reggergli il gioco. "Stavamo proprio venendo a consegnarvelo… è lui che dovete arrestare."

"Non penserete davvero che me la beva" sorrise sarcastico Caputo, scrollando il capo. "Abbiamo ascoltato via radio la vostra conversazione di poco fa, e sappiamo benissimo quali erano le vostre intenzioni."

"Di quale conversazione sta parlando?" ribatté Coker, interdetto. "Davvero non capisco, commissario."

"Non faccia lo gnorri, Coker" rispose Caputo. "Sappiamo benissimo che stavate per rinchiudere il signor Fiorani in sentina, con intenzioni che non mi pare si possano definire amichevoli."

A tali parole, i due ufficiali ebbero un moto prima di sorpresa, che presto si mutò in preoccupazione, e si scambiarono un'occhiata interrogativa: se sapevano della sentina, allora era probabile che avessero davvero ascoltato anche il resto.

"Ma come accidenti hanno fatto a…?" sbottò stupito il secondo ufficiale.

"Sta' zitto… vuoi peggiorare la situazione?" lo bloccò Coker. Quindi, rivolto al commissario, aggiunse: "Non diremo altro, se non in presenza del nostro avvocato."

"D'accordo, ne avete il diritto. Potrete telefonargli quando sarete in commissariato." Poi, rivolgendosi agli agenti, ordinò: "Ammanettate questi signori e portateli via."

"Quasi non ci speravo più!" esclamò Enrico, tirando un sospiro di sollievo appena liberato dalla presa di quei due. "Temevo che il trasmettitore non avesse funzionato."

"Abbiamo fatto prima possibile" si giustificò Caputo, mentre gli scioglieva i polsi. "Abbiamo preferito aspettare fino all'ultimo, così da registrare l'intera conversazione, ma è andata bene. Abbiamo registrato tutto e ritengo che sia più che sufficiente a motivare l'arresto di questi signori."

"Ma il comandante... sapete dov'è?"

"Non ne ho idea. Dove si trovava, l'ultima volta che l'ha visto?"

"Mentre mi legavano ho visto che usciva dalla sala nautica, ma non so altro. Forse è rientrato nella sua cabina... se saliamo, le faccio vedere qual è."

Caputo seguì Enrico su per le scale, presto raggiunto anche da Mancuso. Arrivati sul pianerottolo del ponte di comando trovarono il Petrelli e l'altro agente i quali, appena sbucati dalla rampa opposta dopo aver ispezionato i locali sottostanti, erano in procinto di irrompere in sala nautica.

"Avete trovato il comandante?" chiese Caputo appena li scorse.

"No commissario" rispose Petrelli. "Comunque dalla scala non può essere sceso."

"Allora dev'essere per forza qui. Date un'occhiata in plancia..."

"Commissario, venga a sentire" chiamò Enrico dal fondo del corridoio, con l'orecchio appoggiato al robusto battente. "Questa è la cabina del comandante. La porta è chiusa, ma sento dei rumori... sicuramente è dentro."

Caputo si affrettò in quella direzione e provò ad aprire, ma la porta era serrata. Bussò con vigore e ripetutamente: nessuna risposta.

"Comandante North, apra la porta!" ordinò perentorio. "Sappiamo che è qui."

Non udendo alcuna risposta, il commissario insistette: "Polizia... apra la porta... non mi costringa a sfondarla!"

Ancora niente. Dopo alcuni istanti d'incertezza, fece cenno a un agente di buttare giù la porta. Questi colpì ripetutamente col calcio del mitra il robusto battente di mogano all'altezza della serratura, che però non cedette. Stava per riprovarci con maggior vigore quando si fermò a mezz'aria, anticipato da un colpo secco di arma da fuoco che si udì sinistro provenire dal didentro e riecheggiare ovattato lungo il corridoio.

Caputo fece segno all'agente di insistere, e finalmente la porta cedette, spalancandosi. North giaceva riverso sul pavimento, dietro la lustra scrivania di mogano, mentre un rivolo si sangue gli sgorgava a fiotti dalla nuca squarciata e inzuppava la moquette.

Caputo e Mancuso si precipitarono verso di lui per soccorrerlo, seguiti da un più titubante Enrico, ma non poterono far altro che constatarne il decesso. North aveva preferito togliersi la vita, la mano era ancora serrata sulla calibro 38 magnum fumante.

"E' mai possibile arrivare a tanto!" esclamò Enrico con rammarico, sentendosi addosso una parte di colpa per averlo smascherato e involontariamente indotto a quel gesto. "Anche se doveva andare in prigione, perché arrivare a uccidersi?"

"La risposta sta qui" rispose il commissario mostrando il foglio raccolto dalla scrivania, dopo averci dato una veloce scorsa.

Il comandante aveva appena scritto poche righe. Un foglietto giallo adesivo, apposto sulla lettera, diceva: "Per favore, da consegnare a mia moglie Susan North."

La lettera conteneva un breve addio alla moglie e ai due figlioletti, ai quali confermava il suo amore. Spiegando il perché di tale gesto, un brano diceva:

*"Cara Susan,*
*Ho preferito questa soluzione estrema solo per il vostro*
*bene. Se avessi scelto la prigione, per garantirsi il mio*
*silenzio quelli se la sarebbero presa con voi.*
*Ora invece i loro segreti scenderanno nella tomba con me*
*e voi, miei cari, sarete salvi."*

"È terribile!" Esclamò Enrico sollevando gli occhi dal foglio. "Che gente è questa, da indurre anche un duro come North a prendere una decisione simile?"

"Non c'è dubbio, Fiorani, che deve aver messo la mano in un covo di serpi velenose" commentò Caputo guardando il cadavere del comandante. "Deve ringraziare il cielo se lei è ancora vivo…"

"E vorrei anche restarci, commissario… ma purtroppo non è ancora finita. In circolazione ci sono altri ben più pericolosi di North."

"A chi sta pensando?"

"A Davide Cortis, per esempio. Nonostante la sua facciata di rispettabilità è stato lui a suggerire al comandante di gettarmi ai pesci insieme alle scorie. Sempre lui ha dato disposizioni su quante inabissarne e ha fornito il denaro per corrompere i funzionari in Africa. Ed è evidentemente lui che coordina il contrabbando del plutonio estratto dall'Ilvatom, in combutta con quel misterioso Pluto che il professore ha menzionato parlandone al comandante. Dovete sbrigarvi ad acchiapparlo, perché penso che non gli ci vorrà molto per venire a conoscenza di quello che è appena successo qui. E allora, secondo me, prenderà il volo."

"Temo che lei abbia ragione" annuì il commissario. Poi, rivolto ai suoi collaboratori, disse: "Io scendo a chiamare la scientifica e torno in commissariato. Petrelli, tu resta qui ad aspettarli e accertati che nessuno tocchi niente. Quando hanno finito e portato via il cadavere, chiudi a chiave e metti i sigilli alla porta. Tu, Mancuso, insieme a un agente vai a interrogare il terzo ufficiale e il nostromo. Fatti raccontare quello che sanno, ma non parlare del comandante. Per ammorbidirli puoi farti scappare che abbiamo già arrestato i due ufficiali, così che capiscano cosa rischiano a non collaborare."

Quando Caputo e Fiorani furono finalmente scesi dalla nave, era quasi buio. Appena giù dal barcarizzo, Enrico calpestò con soddisfazione la banchina strusciando le scarpe sul selciato, osservato dal commissario che non capiva quella specie di rito.

"E' per la malattia del ferro, commissario… magari un'altra volta le racconto la storia."

Caputo, sebbene incuriosito, non fece commenti: per oggi poteva bastare. Infine, raggiunsero le due auto posteggiate in fondo al piazzale.

"Non dimentichi le sue cose" disse Caputo, consegnando la valigia che quel pomeriggio aveva fatto ritirare al Miramare. Restituendogli il computer portatile e il resto del materiale informatico, aggiunse: "Del suo memorandum, ne ho mandato una copia via e-mail sia in Commissariato a Corniano Marina che alle Procure di Grosseto e di Vercelli. Dentro alla valigia ho messo anche la fotocamera digitale e il telefonino che aveva nascosto in plancia… davvero una buona trovata quella di lasciare il cellulare acceso insieme alla macchina fotografica, così da farceli ritrovare sotto il loro naso! Si rammenti però che un CD con le foto che ha fatto sulla Portoria me lo deve far avere, d'accordo?"

"D'accordo, commissario."

"Ora le consiglio di andare a riposarsi… credo ne avrà bisogno. Appena se la sente dovrà venire in commissariato a farci un resoconto particolareggiato di tutta la vicenda."

"Magari fra qualche giorno" precisò Enrico, già soprappensiero per quanto intendeva fare prima d'allora. "Ho alcune cosette da sbrigare con una certa urgenza."

Visto che Caputo aveva parlato di e-mail, ne approfittò per farsi dare il suo indirizzo di posta elettronica in Commissariato, spiegando che gli avrebbe mandato un aggiornamento al memorandum.

"D'accordo, Fiorani" rispose Caputo, ammiccando. "Non c'è fretta… si prenda pure qualche giorno di riposo. D'altronde subito non potrei neppure io… prima dobbiamo organizzare un'improvvisata a quel suo professore di Scarlino."

"Veda di scoprire qualcosa anche sul misterioso Pluto, che

Cortis ha menzionato con tanta deferenza" aggiunse Enrico. "Da come ne ha parlato al comandante, si direbbe un pesce grosso."

"Vedrò cosa si può fare" annuì Caputo. "Le telefonerò nei prossimi giorni per fissare il nostro incontro."

# 31

## *Un comunicato salva vita*

Enrico rientrò all'hotel Esperanto verso le nove di sera, guardato con sospetto dall'addetta alla Reception che lo squadrò da capo a piedi. Reduce com'era dalle recenti disavventure, con gli abiti sgualciti e sporchi di grasso, aveva un aspetto davvero poco rassicurante.

Per di più la donna non l'aveva mai visto prima, dato che quella mattina aveva lasciato l'albergo molto presto, quando il portiere di notte che lo aveva accolto la sera precedente era ancora di turno. Solo quando le mostrò un documento e lei si fu accertata che era annotato sul registro delle presenze, ricevette la chiave della camera 202 e poté finalmente salire a farsi una doccia.

Faticò non poco a ripulire mani e polsi dai residui dell'olio bruciato con cui poche ore prima era riuscito a liberarsi dai legami, durante l'evasione a bordo della nave. Quando finalmente ci fu riuscito, indossò gli abiti puliti recuperati da Caputo al Miramare e scese al ristorante ancora in tempo per la cena, dove si rinfrancò con un piatto di spaghetti allo scoglio e una squisita frittura di calamari e gamberi, il tutto accompagnato da un ottimo bianco di Suvereto.

Frastornato dopo la giornata campale, dopo cena avvertiva i postumi della prolungata tensione. Così, anziché salire subito in camera, uscì in veranda e da lì scese sulla spiaggia sassosa, per fare quattro passi in riva al mare e provare a rilassarsi. Nel buio della notte senza luna l'unica luce era quella che filtrava fioca dalla vetrata soprastante, tuttavia non sufficiente a rischiarargli il cammino tanto da vedere dove metteva i piedi. Così preferì rinunciare all'idea e andò a sistemarsi su una sdraio lì vicino, a pochi metri dal minuscolo porticciolo incassato fra gli scogli, dove alcuni gozzi all'ancora erano sballottati dall'incalzante pulsare del mare.

Respirava la salsedine alitata da un tiepido venticello di Scirocco mentre, con gli occhi alla volta stellata, osservava le costellazioni sue antiche compagne di viaggio. Scorse le Pleiadi, incastonate nella cintura d'Orione, e l'evviva di Cassiopea, che sembrava acclamare all'Artefice di tanta bellezza. All'appello dei ricordi sembrava però mancare la Polare, dato che l'immaginaria direttrice celeste di cinque lunghezze fra Dubhe e Merak, le due stelle al delimitare del Grande Carro, scompariva prematuramente alla vista dietro l'alta facciata dell'Esperanto.

Nonostante le migliori intenzioni di concentrarsi su cose edificanti e liete, non riusciva tuttavia a togliersi dagli occhi la cruda immagine del comandante North riverso in una pozza di sangue. Gli sembrava di sentirne ancora l'effluvio dolciastro, frammisto all'odore acre della polvere da sparo, percepiti quando si era avvicinato al suo cadavere pochi attimi dopo che si era sparato in bocca sfondandosi il cranio.

"Se non voglio rischiare una fine simile, o come minimo passare il resto dei miei giorni a fuggire" borbottò, mentre cercava di scacciare dalla mente il raccapricciante ricordo "devo sbrigarmi, prima che le cose precipitino."

Quello che North aveva lasciato scritto nel suo addio alla moglie, portare nella tomba i segreti che conosceva per salvaguardare la vita dei suoi cari, lo aveva convinto che l'unica via di uscita era di fare in modo che lui stesso non avesse più segreti da nascondere. Aveva escogitato un piano per riuscirci, ma doveva attuarlo prima che Pluto e i suoi emissari riuscissero a trovarlo.

Rassicurato da tale speranza, e intenzionato a concludere tutto l'indomani, salì in camera e si addormentò immediatamente, cullato dal sommesso sciabordio della risacca che di sotto risciacquava la spiaggia ciottolosa.


La mattina seguente fece una veloce colazione e alle otto era già davanti al suo computer portatile, a preparare la prima fase del suo piano.

Innanzitutto completò il memorandum, aggiungendovi le scoperte fatte di recente sulla nave Portoria a sostegno dei principali capi d'accusa: associazione a delinquere finalizzata al disastro ambientale e al contrabbando di materiali fissili speciali.

Circa il primo capo d'accusa, a corollario di date e luoghi dove erano avvenuti gli affondamenti dei materiali radioattivi, accluse una spiegazione sulla strategia dell'Ilvatom per liberarsi di buona parte dei contenitori, indicando il metodo di manipolazione dei documenti di stoccaggio in relazione alle quantità che risultavano inviate in Somalia, a partire dal 1994 in poi.

Dato che il commissario Caputo gli aveva restituito la macchina fotografica, con l'impegno di fargli pervenire una copia delle foto delle carte nautiche, Enrico poté accludere al resoconto anche le mappe delle zone di mare coinvolte. Scaricate le foto digitali direttamente sul PC, scelse quelle più significative e ne incluse i riferimenti cliccabili nel memorandum stesso, a fronte dell'elenco delle coordinate geografiche dei punti nave che risultavano dalle registrazioni dell'Ilvatom.

Circa la motonave Portoria, le zone degli affondamenti riguardavano in prevalenza il Mediterraneo, dal Bacino dello Ionio alla Fossa Ellenica, sebbene alcune registrazioni indicassero anche un punto al largo del porto somalo di Bosaso.

Ma negli archivi segreti dell'Ilvatom c'erano altre registrazioni, alcune riguardanti per esempio alcune fosse marine lungo le rotte per la Guinea Equatoriale e riferite alle navi cargo Cunsky e Jolly Mare, nomi che ricorrevano più volte associate allo stesso traffico.

Si poteva quindi dedurre che, oltre alla Portoria, nel corso degli anni erano state coinvolte diverse navi che transitavano nei porti nazionali, a conferma del fatto che si trattava di un'organizzazione internazionale, con l'Italia come principale crocevia fra Europa ed Africa.

Inserì nel memorandum anche una sintesi della conversazione che aveva ascoltato sul ponte di comando della

Portoria, aggiungendo le sue impressioni su quel Cortis che, nonostante l'apparenza innocua di professore universitario in pensione, era evidentemente un capofila nel coordinamento del traffico clandestino di plutonio e anello di collegamento col misterioso Pluto, oscuro personaggio al vertice di questa specie di ecomafia.

Dopo aver smascherato le modalità seguite per contraffare le ricevute di stoccaggio delle scorie trasferite all'estero, svelò come in alcuni fusti opportunamente contrassegnati veniva nascosto il plutonio di contrabbando recuperato dall'Ilvatom e che poi veniva consegnato in Somalia.

Una volta completato il memorandum lo copiò su CD, insieme a una lettera di accompagnamento e a vari file allegati, contenenti le copie integrali degli archivi decrittati dell'Ilvatom, a disposizione per ulteriori approfondimenti.

Ora aveva un ultimo preparativo da completare, quello relativo agli indirizzi e-mail a cui inviare il materiale.

I destinatari dovevano essere i più numerosi possibile per almeno due buoni motivi: primo, si sarebbe assicurato che la faccenda non venisse insabbiata e fosse fatta giustizia, non rendendo del tutto inutile la morte della sua povera Simona; secondo, in tale maniera avrebbe eliminato alla radice ciò che ora minacciava la sua incolumità. Divenendo infatti la cosa di pubblico dominio, non ci sarebbe stato più alcun segreto da custodire, né motivo per volerlo a tutti i costi con la bocca chiusa.

Enrico possedeva già un archivio informatico contenente molti nominativi di mass media, che di tanto in tanto utilizzava nell'ambito delle proprie attività di internet marketing, e pensò che ora sarebbero tornati utili per portare a temine il suo piano.

Si collegò quindi al sito internet di proprietà ed entrò nella sezione riservata all'amministrazione, accedendo in tal modo al database on line che conteneva migliaia di indirizzi di posta elettronica selezionati per target. Con un paio di comandi estrasse il target che gli interessava, quello appunto relativo ai mass media, e in pochi istanti ebbe a disposizione gli indirizzi e-mail di quotidiani, radio e TV, giornalisti e freelance, agenzie di stampa e simili, novantasette in tutto. Li scaricò via web sull'hard disk del portatile, quindi li copiò sul CD che aveva preparato.

Quindi, subito dopo pranzo, attuò la seconda fase della sua strategia: trovò nella zona vecchia di Corniano Marina un Internet caffè, a quell'ora praticamente deserto, e lo elesse a ufficio postale per una spedizione anonima.

"Una birra, per favore" ordinò rivolgendosi al giovanotto dietro il bancone. "Scura, se ce l'ha. Io intanto vado al terminale."

"Gliela porto subito" rispose quello sorridente, felice di vedere una faccia nuova. "Scelga pure la postazione che preferisce... a quest'ora abbiamo ancora poca gente."

"Vado a quella là in fondo" rispose Enrico con un cenno del capo, dopo essersi dato un'occhiata intorno. Quindi andò a sedersi al terminale internet più lontano, fuori dalla vista di eventuali clienti curiosi.

Prima giocherellò facendo qualche ricerca su Internet non volendo insospettire il barista che, per la novità di questo sconosciuto avventore, di tanto in tanto gli lanciava da lontano occhiate solo in apparenza indifferenti.

Dopo un buon quarto d'ora la curiosità era evidentemente svanita. Inoltre erano entrati altri giovani che si erano messi a scherzare col gestore, loro coetaneo, distraendolo. A questo punto Enrico inserì nel drive il suo CD e con alcuni semplici click copiò su Outlook tutti i novantasette indirizzi di posta elettronica, relativi ai mass media precedentemente copiati. Quindi modificò gli account di posta elettronica.

Per verificare il corretto funzionamento delle nuove impostazioni, fece alcune prove di invio e ricezione a sé stesso, dopo aver recuperato l'indirizzo e-mail dell'internet caffè dal menu delle proprietà del relativo account di posta.

Quando vide che funzionava tutto a dovere, cancellò ogni traccia delle prove che aveva appena fatto e reimpostò gli indirizzi di spedizione. Nel campo destinatario principale inserì l'indirizzo e-mail dell'Internet caffè, mentre nel campo della copia conforme di tipo nascosto riversò dalla rubrica di Outlook i novantasette indirizzi caricati in precedenza.

Una volta impostati i destinatari, doveva predisporre il

contenuto della e-mail. Così dal CD copiò come file allegati sia il memorandum che gli archivi decriptati dell'Ilvatom. Infine dallo stesso CD copiò come corpo della e-mail il testo della lettera di accompagnamento predisposta quella mattina, con la seguente presentazione:

*Egregio Direttore,*

*Immagino sia al corrente della tragica morte di Simona Bianchi, avvenuta il 19 maggio all'ospedale di Corniano Marina a seguito di una contaminazione da polveri di berillio radioattivo.*

*Poiché ho buoni motivi per ritenere che tale avvenimento sia solo la punta dell'iceberg di un problema ben più vasto, in allegato Le invio un Memorandum relativo alla catena di avvenimenti che sono alla base di quella disgrazia, nei quali sono coinvolti sia trafficanti internazionali senza scrupoli che personaggi in apparenza insospettabili.*

*Dalla lettura sorgono domande sconcertanti, che mi permetto di portare alla Sua attenzione:*

*Cosa si nasconde dietro al traffico internazionale di scorie nucleari?*

*Forse anche il contrabbando di plutonio per la costruzione clandestina di testate nucleari?*

*Recenti tragedie rimaste insolute, come la caduta in mare di un aereo passeggeri e la morte di alcuni personaggi di spicco, fra cui un ex ministro, un ufficiale di Marina, un ingegnere nucleare e due giornalisti in Somalia, potrebbero in qualche modo avervi a che fare?*

*E che dire del potenziale di morte in serbo per le future generazioni, disseminato sia in terra che sotto i mari, vere e proprie bombe a orologeria che nessuno è più in grado di disinnescare?*

*Le invio il materiale confidando che ne farà il miglior uso, al servizio dell'informazione e della verità.*

*Un amico.*

Poi, con un semplice click sulla tastiera, spedì lettera e allegati ai novantasette indirizzi della sua mailing list.

Quando dopo alcuni minuti comparve sul monitor la sua

239

copia di ritorno, ebbe la conferma che tutto era filato liscio.

## 32

## *Il filo d'Arianna*

La raffica di e-mail inviate quel mercoledì ai mass media aveva sortito l'effetto sperato, tanto che la notizia della contaminazione nucleare a Punta Falconiere e dei traffici legati alla gestione delle scorie radioattive non poté più essere contenuta. A dispetto del silenzio stampa imposto dalla Magistratura, dalle agenzie di stampa era immediatamente rimbalzata anche all'estero, con grande imbarazzo di chi aveva fatto di tutto per tenerla nascosta. Il problema del contrabbando di materiali nucleari era improvvisamente venuto alla luce ed era ormai di dominio pubblico.

Nei giorni successivi a quel mailing a tappeto, i principali network internazionali, BBC e CNN in testa, si erano accampati a Punta Falconiere con le loro troupe televisive, prendendo d'assedio il cantiere allestito dalla Protezione Civile per bonificare la zona contaminata dal berillio.

Un cronista della CNN aveva indagato all'ospedale di Corniano Marina sulla morte di Simona venendo così a sapere che c'era un secondo caso, un altro malcapitato che stava per fare una fine simile. Aveva quindi intervistato i genitori del ragazzo e, col loro consenso, allestito un servizio in diretta via satellite, trasmesso in tutto il mondo tramite la stazione mobile dislocata sul vicino piazzale.

Il giovane Marco, affetto da una rara forma di leucemia ormai all'ultimo stadio, parlando con un filo di voce aveva commosso milioni di ascoltatori dicendosi consapevole del fatto che stava per morire a causa di una contaminazione nucleare e chiedendo che la sua testimonianza servisse a scuotere le coscienze.

Di conseguenza i movimenti ambientalisti di mezza Europa

erano insorti spingendo diversi parlamentari a presentare interpellanze affinché il Governo si esprimesse sulla vicenda. A questo punto non si poté più impedire che anche giornali e TV nazionali trasmettessero notiziari sull'argomento, così che di fatto l'imposizione del silenzio stampa decadde.

L'ampia pubblicità spinse la Magistratura a dare ulteriore impulso alle indagini. Fu subito formato un pool costituito dai magistrati di Grosseto, Vercelli e Roma, i quali misero sotto sequestro la nave Portoria e confermarono l'arresto dei tre ufficiali di coperta, Fletcher incluso, accusati di disastro ambientale e contrabbando di materiale fissile. Stessa sorte fu riservata ai tre soci dell'Ilvatom, rintracciati e arrestati con la stessa imputazione.


Fu in tale contesto di avvenimenti che Enrico, venerdì all'ora di pranzo, ricevette a casa la telefonata di Caputo.

"Signor Fiorani, che ne dice di venirmi a trovare in commissariato? Vorrei parlare con lei di alcune cosette annotate in quel suo ormai famoso memorandum. Così magari potrà spiegarmi come hanno fatto giornali e TV di mezzo mondo a venirne a conoscenza…"

"Non so se ho capito bene, commissario" rispose Enrico facendo lo gnorri. "Cos'è che dovrei spiegarle?"

"Mah… per esempio come hanno fatto in pochi giorni a conoscere così tanti particolari sull'*Operazione Berillio*" ribatté Caputo, convinto di conoscere già la risposta. "Ha visto le trasmissioni della CNN?"

"Certo… e ho anche pensato a lei, commissario" rispose Enrico con un sorriso, eludendo la domanda e ricambiandola con una velata accusa: "Ad esempio ieri, di quel poveretto che sta facendo la fine della mia Simona: se mi aveste creduto, probabilmente non sarebbe successo. Voglio augurarmi che questa volta avrete preso dei provvedimenti…"

"Su questo devo darle ragione, Fiorani. Purtroppo non avevamo dato credito alla sua ipotesi e mi rendo conto che se l'avessimo fatto forse il povero Marco non si troverebbe in quelle condizioni. Le assicuro che me ne rammarico profondamente."

"Un po' tardi per recriminare, commissario, non trova?"

"Comunque vediamo di incontrarci, signor Fiorani. Non sono cose da trattare per telefono."

"Va bene. Però, se non le dispiace, preferirei farlo fuori dal commissariato... e a quattrocchi."

"E perché mai?"

"Sarò sincero con lei, commissario" rispose Enrico soppesando bene le parole per non compromettersi, casomai la conversazione fosse registrata. "Se vuole convocarmi ufficialmente, non sarò certo io a rifiutarmi. Se però scegliamo un posto meno formale, dove poter parlare liberamente... da buoni amici, mi sarebbe più facile raccontarle certe cose senza timore di venire frainteso, come è accaduto di recente. Non so se mi spiego..."

"Ho capito... d'accordo allora, mi dica lei dove vuole che ci incontriamo."

"Vediamoci stasera verso le sei, in punta al Piazzale della Marina, sotto alla torretta del semaforo. Così uniamo l'utile al dilettevole: mentre guardiamo il mare... intanto parliamo."

"Vada per stasera, allora."

"Mi raccomando, venga da solo... e in borghese, così non diamo troppo nell'occhio."

"Va bene..."

"Un'ultima cosa, commissario... niente registratori, trasmettitori, o marchingegni simili."

"Naturalmente, Fiorani, stia tranquillo. Sarà un incontro da buoni amici."

"Mi fa piacere sentirglielo dire. Nel frattempo ne approfitterò per riordinare le idee e vedere se ho qualcos'altro per lei."


In previsione dell'incontro, quel pomeriggio Enrico predispose il materiale che voleva consegnare al commissario.

Innanzitutto preparò il CD che gli aveva promesso, con le foto digitali delle carte nautiche fatte sulla Portoria, prima che Fletcher le ripulisse cancellando le annotazioni relative agli affondamenti delle scorie.

Poi completò il memorandum, inserendo gli ultimi aggiornamenti e certi particolari che non aveva incluso nella versione inviata ai giornali. Ne rimaneggiò anche la veste grafica per farla sembrare di provenienza diversa. Probabilmente la Polizia conosceva già il contenuto della e-mail inviata in forma anonima alle varie testate giornalistiche, ma non voleva correre il rischio che, da un confronto, avessero la conferma che ne era stato lui l'autore, col rischio che Malpigi attuasse le sue minacce di fargli passare guai giudiziari. Anche se probabilmente quello già se lo immaginava, non voleva di certo fornirgliene le prove.

Dalle registrazioni decrittate dell'Ilvatom, estrasse l'elenco delle coordinate geografiche delle zone di mare dove, nel corso degli anni, varie navi avevano inabissato migliaia di contenitori, e ne fece un prospetto in ordine cronologico.

Quindi, in relazione alla conversazione a cui aveva assistito sulla Portoria fra Davide Cortis e il comandante North, menzionò le modalità per la consegna del plutonio in Africa e descrisse il metodo seguito per manipolare le ricevute di stoccaggio, così da far sparire senza problemi i contenitori che venivano affondati in alto mare.

Al tutto aggiunse alcune osservazioni personali circa il quadro d'insieme che s'era fatto dell'intera faccenda e che, secondo lui, spiegava come mai, proprio in Italia e nello stesso periodo, erano accaduti tanti fatti di sangue rimasti senza una spiegazione convincente.

Un sottile filo d'Arianna sembrava infatti unire misteri tuttora irrisolti, lasciando senza risposta alcune domande sconcertanti, che Enrico volle evidenziare nei commenti finali.

Cosa si nasconde dietro al commercio clandestino di materiali radioattivi e al traffico internazionale di scorie, di cui la penisola italiana sembra essere importante crocevia?

Alcuni fatti tragici tutt'ora insoluti potrebbero in qualche modo avervi a che fare?

Per esempio il DC9 inspiegabilmente precipitato nel mare di Ustica col suo carico di passeggeri, contemporaneamente alla caduta di un Mig libico sui monti della Sila, i cui resti vennero rinvenuti dopo una ventina di giorni con dentro il pilota in avanzato stato di decomposizione: i due velivoli erano caduti accidentalmente, oppure erano stati abbattuti? E in tal caso, perché?

E poi c'era forse un comune denominatore per le morti altrettanto inspiegabili di alcuni personaggi di spicco, fra cui un ex ministro ritrovato sulla sua barca insieme al fratello, un ingegnere nucleare, un ufficiale di marina, due giornalisti, e altri?

Soprattutto, che dire del potenziale di morte, disseminato sia in terra che sotto i mari, in serbo per le future generazioni?

Enrico concluse augurandosi che l'incidente di Punta Falconiere, pur nella disgrazia che lo aveva colpito, fosse almeno servito a sensibilizzare le coscienze.

Enrico registrò tutto su un floppy.

Era il regalo per Caputo.

# 33

## *Tirate le somme*

In punta al Piazzale della Marina un paio di pescatori erano intenti ad attrezzare le canne da lancio, fiduciosi che l'approssimarsi della sera avrebbe portato qualche buon pesce nel carniere. Enrico, pure lui pescatore per hobby, si fermò a scambiare qualche parola. Poi proseguì fino alla torretta e, affacciato al parapetto a picco sulla scogliera, restò in attesa del commissario.

Di fronte, una decina di chilometri al largo, si stagliava l'Isola d'Elba, così nitida nella tramontana fuori stagione da sembrare vicina. Nel mezzo, alcuni scafi colorati rientravano veleggiando di bolina, fendendo veloci le onde spianate dal vento di terra, e rammentarono a Enrico che doveva andare a controllare la sua barca ormeggiata nel porticciolo. La notte aveva piovuto a dirotto e probabilmente aveva bisogno di essere svuotata, prima che affondasse.

Ben presto però i suoi pensieri furono dirottati altrove, ai recenti avvenimenti che in poco tempo gli avevano sconvolto la vita.

Non era trascorso neppure un mese da quel fatidico lunedì a Punta Falconiere con Simona, ma sembrava un'eternità. Aveva la strana sensazione che il tempo si fosse dilatato e che lui stesse vivendo un'esistenza non sua.

I recenti eventi lo avevano in effetti trasformato nell'intimo rendendolo un uomo diverso, forse migliore, e questo perché aveva trovato la forza di reagire a quella terribile perdita anziché limitarsi a piangersi addosso. Per la prima volta sentiva di avere uno scopo che avrebbe dato senso alla sua vita: d'ora in poi non sarebbe più vissuto solo per sé stesso, ma per un ideale più grande e meritorio.

"Salve signor Fiorani, come va?" chiese all'improvviso Caputo alle sue spalle, facendolo sussultare e strappandolo a tali meditazioni. "Sono in ritardo?"

"No... non si preoccupi, commissario" lo rassicurò, sorpreso dall'abbigliamento balneare che lo rendeva quasi irriconoscibile, con quella camiciona sgargiante e gli zoccoli ai piedi. "Quando le ho chiesto di venire in borghese, non pretendevo tanto!"

Sulle prime commentarono gli ultimi notiziari di stampa e TV in relazione ai recenti avvenimenti, poi, quando venne fuori il nome di Iorio, Enrico spiegò a Caputo alcuni importanti dettagli circa il ruolo che l'autista aveva avuto nei fatti di Punta Falconiere.

"Tutto è cominciato ai primi di maggio, con l'ultimo trasporto che Iorio aveva fatto al porto di Corniano Marina. Finite le operazioni di imbarco e con la nave ormai in partenza, si era accorto che gli addetti al carico avevano dimenticato sul camion un piccolo contenitore, quello appunto con le polveri di berillio provenienti dai trattamenti di irraggiamento dell'Ilvatom. Se l'avesse riportato indietro avrebbe dovuto spiegare che si era assentato durante le operazioni di imbarco. Così quell'idiota ha pensato bene di liberarsene e non ha trovato di meglio che gettarlo di notte giù da Punta Falconiere. Era convinto che, finendo in acqua, con la mareggiata in corso sarebbe sparito tutto in poco tempo..."

"Solo che, invece di cadere in mare, quella robaccia è rimasta incastrata nella scogliera" continuò Caputo, che poi concluse: "Da una parte è meglio così: se le scorie fossero finite in mare, la corrente le avrebbe sparse chissà dove..."

"Però in questa maniera mia moglie ci ha rimesso la vita, e la stessa fine sta per farla anche quel povero ragazzo!"

"Una tragedia, mi rendo conto" si affrettò ad ammettere Caputo, cercando di rimediare alla gaffe. "Mi domando come ha fatto Iorio a non immaginare le conseguenze del suo gesto."

"Me lo sono chiesto anch'io, commissario" ribatté Enrico, scuotendo il capo con disgusto. "Ma sarà meglio chiederlo a lui."

"Purtroppo da Iorio non possiamo più aspettarci molto...

ormai è in fin di vita al San Martino di Genova, dov'è ricoverato da quando ha avuto quell'incidente col camper."

"Si era fatto davvero così male?"

"Se fosse solo per il volo giù dalla scarpata, forse ce l'avrebbe fatta. Il problema è che anche lui è rimasto contaminato dalle radiazioni, probabilmente manipolando il contenitore del berillio senza le dovute precauzioni. Ora è in ospedale con un sarcoma galoppante... e gli restano ormai pochi giorni."

"Mi aveva detto di non sentirsi troppo bene dopo i fatti di Punta Falconiere" borbottò Enrico, rimuginando su questa notizia non del tutto inaspettata. "Sinceramente non so se dire che mi dispiace oppure che è quello che si merita..."

"In ogni modo è un peccato che non sia in grado di raccontarci tutto quel che sa sul conto dell'Ilvatom. Ormai non è più in condizioni di sopportare un interrogatorio."

"Questo mi rincresce, ma se penso alle sofferenze che ha causato alla povera Simona... direi che dopotutto sta raccogliendo quello che ha seminato."

"A proposito di sua moglie, lo sa che abbiamo scoperto una cosa interessante su quei molluschi?"

"Non mi dica che avevo ragione io, quando insistevo che erano contaminati!"

"Aveva ragione, ma solo in parte" sorrise di rimando Caputo, che si affrettò a spiegare: "Quando siamo ritornati a Punta Falconiere dopo l'altro caso del ragazzo, abbiamo trovato il posto dove era finito il contenitore scaraventato giù da Iorio..."

"Questo lo so... l'ho sentito dai notiziari."

"Solo che nessuno si spiegava ancora come avesse fatto sua moglie a ingerire le particelle radioattive..."

"E l'avete scoperto?"

"Sì, perché fra gli oggetti rinvenuti nella zona contaminata abbiamo trovato un grosso barattolo che chiarisce il mistero."

"Cosa centra il barattolo?"

"Riteniamo che sia quello con cui sua moglie ha cotto i molluschi sulla spiaggia, come lei stesso ci ha raccontato. Si tratta di un recipiente di metallo più o meno grande così" e indicò con le mani la grandezza approssimativa di una pentola di medie dimensioni. "Ne siamo certi perché conteneva ancora alcuni gusci vuoti cotti... e all'interno era incrostato di polveri radioattive."

"Ora si spiega tutto!" esclamò Enrico, battendo la mano sul cordolo del parapetto di cemento. "Per questo, quando avete raccolto i molluschi in mare, non risultavano contaminati."

"Proprio così" annuì l'altro.

Ma la rivelazione del commissario fu per Enrico causa di ulteriore pena: nell'emozione dei ricordi, al solito groppo che gli saliva in gola si aggiunsero l'angoscia e il profondo rammarico di sentirsi in parte colpevole.

La consapevolezza che non erano stati i molluschi a essere di per sé contaminati, bensì il contenitore utilizzato, accrebbe infatti i suoi sensi di colpa: era stato proprio lui a non volere che li mangiasse crudi... per maggior sicurezza, le aveva anche detto! E aveva insistito che li cuocesse finché lei lo aveva accontentato.

Ironia della sorte, che riesce a trasformare in tragedia anche le migliori intenzioni.

"Che c'è, signor Fiorani?" chiese Caputo vedendolo rabbuiato in volto, sorpreso dal suo improvviso mutismo. "Ho detto forse qualcosa che non va?"

"Lei non c'entra, commissario... stavo solo pensando che se non avessi preteso che Simona cuocesse quei maledetti molluschi, ora sarebbe ancora viva!"

"Fiorani... non si deve sentire responsabile per questo" cercò di consolarlo l'altro, percependone il turbamento. "Come poteva immaginare quello che sarebbe successo? Lei non ha colpa..."

"Per lei è facile a dirsi, commissario, comunque la ringrazio per le buone parole, ne ho proprio bisogno" sospirò Enrico. Riavvertendo crescere dentro l'animo lo sconforto dei primi giorni, sapeva per esperienza che se gli avesse concesso spazio quello si sarebbe impossessato di lui, fino ad annebbiargli le facoltà mentali e svuotarlo di ogni volontà. Così fece uno sforzo per distogliere la mente e riprendere il controllo delle proprie emozioni. "Comunque ha ragione lei, commissario: è inutile recriminare col senno di poi. Le cose sono andate così e non c'è più niente da fare… devo farmi forza e trovare uno scopo per andare avanti."

"Mi fa piacere sentirglielo dire" concordò Caputo. Quindi, per allentare la tensione, lanciò una proposta: "Che ne dice di andarci a sedere e prendere qualcosa, al bar là in fondo?"

"A condizione che offra la Polizia" ribatté Enrico. "Una piccola ricompensa mi pare di meritarla."

"D'accordo, Fiorani, andiamo."

Attraversarono in silenzio l'ampio piazzale, ognuno perso nei propri pensieri. Enrico lanciò un'occhiata al pescatore che, all'altro lato del piazzale, stava recuperando a fatica la lenza. A giudicare da come il cimino della canna si fletteva arrabbiato, doveva aver catturato una preda di tutto rispetto e fu contento per lui.

Giunti al bar, si sistemarono a un tavolino all'aperto l'uno di fronte all'altro e ordinarono una birra alla spina. Quindi ripresero la conversazione.

"Se effettivamente Iorio non è più in grado di parlare" disse Enrico a un certo punto del ragionamento, "molti dei segreti dell'Ilvatom resteranno tali per sempre."

"Comunque diverse cosette ha fatto in tempo a dircele lo stesso, almeno quanto basta per mandare in galera i tre titolari" ribatté Caputo sorseggiando con soddisfazione il boccale schiumoso. "Devo ammettere che quel suo memorandum ci è stato molto utile per sapere dove andare a mettere il naso a colpo sicuro."

"E sul plutonio, cosa avete scoperto?"

"Che effettivamente lo estraevano clandestinamente dalle scorie" rispose il commissario. "La scientifica ne ha trovato tracce nei macchinari usati per il riprocessamento."

"A dirla così, sembra che estrarre plutonio dalle scorie radioattive sia la cosa più facile di questo mondo…"

"Facile non proprio… ma attrezzati come sono all'Ilvatom, non era neppure troppo difficile. Inoltre potevano contare sulla collaborazione di un pezzo grosso dell'Eneam, che mandava loro scorie, diciamo, adatte alla bisogna."

"Quindi, sono coinvolti anche quelli dell'Eneam?"

"Per ora sembra implicato solo il direttore operativo di un

centro di ricerca, un certo Rondelli" rispose Caputo. Rendendosi conto di aver svelato una notizia riservata, nell'imbarazzo si grattò la testa e storse il naso. Quindi si mise il dito alle labbra per indicare che questa era una notizia riservata.

Tuttavia la birra quasi completamente scolata aveva ammorbidito il commissario, che si sentiva in vena di confidenze. "Pare che i tre soci dell'Ilvatom passassero a quel Rondelli una percentuale sui profitti derivanti dalla vendita del plutonio."

"Bella roba... non gli bastavano i soldi che già guadagnava?"

"Comunque ora è agli arresti, in attesa di accertamenti. Anche l'Eneam ha avviato un'inchiesta per vederci chiaro."

"Ben gli sta, così impara che l'avidità alla fine non paga" sentenziò Enrico, che poi domandò: "A chi lo vendevano il plutonio?"

"I nomi dei compratori purtroppo non ci sono noti... sicuramente lo piazzavano sul mercato clandestino delle armi, dove i trafficanti internazionali interessati a questo materiale non mancano di sicuro."

"Avete verificato se in quest'ultimo carico c'è effettivamente anche il plutonio?"

"Certo che c'era. Ieri abbiamo prelevato dalla Portoria i quattro contenitori che lei ci ha evidenziato nel memorandum, quelli con la sigla "PL". Dopo che i tecnici li hanno aperti, in uno hanno trovato una preziosa palla di plutonio del peso di otto chilogrammi, ben nascosta in mezzo alle scorie."

"Quindi le mie deduzioni erano corrette: i fusti con quella sigla non dovevano finire in fondo al mare con gli altri, anche se non tutti evidentemente contenevano il plutonio... forse per confondere eventuali ficcanaso. Poi un loro emissario li ritirava in qualche scalo estero e recuperava il plutonio."

"Proprio così. E lo sa perché confezionavano il plutonio in quella maniera, cioè una sfera di otto chili?"

"Non ne ho idea... è importante?"

"Direi proprio di sì" rispose Caputo in tono grave, per ciò che stava per rivelargli. "I carabinieri del nucleo operativo antinucleare hanno spiegato che in una bomba atomica di media potenza, comunque più devastante di quella di Hiroshima, per raggiungere la massa critica è sufficiente un nocciolo costituito da una sfera perfetta di circa otto chili di plutonio di tipo weapons-grade. Questa viene poi avvolta da uno specchio di uranio-238, con la funzione di intrappolare i neutroni in fuga, e il tutto è poi inserito dentro tre quintali di esplosivo convenzionale. Quando le cariche esplodono simultaneamente liberano l'energia sufficiente a innescare la reazione a catena, l'esplosione atomica."

"Mi sta dicendo che quel plutonio sarebbe servito per costruire una bomba atomica?"

"Non ci sono dubbi. Poteva essere destinata a qualche nazione non allineata che, sottobanco, sta cercando di dotarsi di armi nucleari... oppure, peggio ancora, a qualche gruppo terroristico abbastanza potente da permettersi una spesa del genere. Pensi che sul mercato nero il valore del plutonio si aggira intorno ai sessanta milioni di dollari il chilogrammo! Per questo all'Ilvatom avevano preso tante precauzioni per impedire l'accesso agli estranei dentro i loro laboratori sotterranei. L'irradiamento del berillio ormai serviva solo di facciata..."

"Comunque, per capire veramente perché un tipo come Davide Cortis, un rispettato professore universitario, si sia fatto coinvolgere in questo traffico di morte, ci vuole qualcos'altro" rifletté Enrico, guardando Caputo negli occhi. "Al di là dei soldi, penso che per lui abbia giocato anche la componente ideologica."

"Sarebbe a dire?"

"Con tutti quei ragionamenti che mi ha fatto sullo sciovinismo di noi occidentali, avrà pensato di rimediare a quella che considera un'ingiustizia nei confronti dei popoli arabi, a cui orgogliosamente si sente di appartenere da parte di madre. E pensare che all'inizio era sembrato così disponibile a spiegarmi i retroscena del nucleare... ma evidentemente le sue intenzioni erano altre."

"Probabilmente sperava che lei lo tenesse informato sugli sviluppi delle indagini."

"Ora lo penso anch'io" annuì pensieroso Enrico,

rammentando le velate minacce del professore. "Quando infatti ha saputo che stavo sulle tracce dell'Ilvatom, ha cercato di dissuadermi dal continuare le ricerche... a proposito, siete poi riusciti a prenderlo?"

"No, purtroppo ci è sfuggito" ammise Caputo a malincuore. "Il giorno dopo il blitz a bordo della nave Portoria siamo andati a casa sua, ma avevano già fatto le valige, lui e la moglie."

"Accidenti, ve l'avevo detto di sbrigarvi!"

"Non mi è stato possibile... prima dell'interrogatorio dei tre ufficiali della Portoria non avevo abbastanza prove per incriminarlo."

"Ormai non lo acchiappate più" commentò Enrico con un'alzata di spalle, preoccupato all'idea che fosse ancora in circolazione. "Mi domando solo come abbia potuto abbandonare tutta la sua roba nel giro di una notte..."

"Quale roba? Il casale di Scarlino non era mica suo" spiegò Caputo. "Lo aveva preso in affitto un paio di anni fa, già ammobiliato, da uno di Firenze... abbiamo interrogato il proprietario, ma pare non c'entri nulla con questa faccenda."

"Allora è davvero un bel guaio. Con i soldi e le conoscenze che ha, ormai chissà dov'è..." sentenziò Enrico. "Era l'unico che poteva condurci a quel fantomatico Pluto, sicuramente uno pseudonimo dietro al quale si cela un capo dell'organizzazione internazionale che dirige il contrabbando di plutonio."

"Abbiamo comunque già avvisato l'Interpol e diramato una foto del professore, ottenuta dall'università di Pisa dove ha insegnato... quindi, prima o poi, lo prendiamo."

"Me lo auguro" sospirò Enrico che ne temeva le ritorsioni. "Finché sarà in circolazione non potrò dormire sonni tranquilli."

"Non penso debba preoccuparsi. Ormai la faccenda è di dominio pubblico e non hanno più motivo per volerle chiudere la bocca" lo rassicurò Caputo. "Non è gente che corre rischi inutili."

"Spero proprio che abbia ragione lei, commissario" disse Enrico, non troppo convinto. Dopo una breve pausa, cambiò argomento e chiese: "Non c'è pericolo che all'Ilvatom continuino sottobanco coi loro traffici?"

"Al momento è impossibile. Nello stabilimento il settore

adibito al nucleare è sotto sequestro. Nessuno potrà quindi accedervi, almeno finché le indagini non saranno concluse. E poi i tre dirigenti e l'ingegnere responsabile del settore nucleare sono sotto chiave nella prigione a Vercelli, in attesa di essere processati…"

"Finalmente una buona notizia!" esclamò Enrico, scolando il fondo del bicchiere. "Pare quasi incredibile che li abbiate presi tutti… dopo il blitz sulla nave si saranno pur resi conto che il cappio si stava stringendo intorno al collo…"

"All'inizio avevano provato a rendersi irreperibili, ma la loro latitanza è durata poco. Uno l'abbiamo pescato in un albergo a Torino, gli altri due sono stati bloccati all'aeroporto di Malpensa mentre tentavano di imbarcarsi per il Sud America. Sono stati arrestati con l'accusa di associazione a delinquere finalizzata al disastro ambientale e al contrabbando di materiali fissili speciali… e penso che ne avranno per parecchi anni."

"Spero solo che riuscirete a tenerli dentro. Con i quattrini che hanno possono permettersi uno stuolo di avvocati."

"Non si preoccupi, quelli resteranno in galera almeno per una quindicina d'anni" lo rassicurò Caputo. Poi, ammiccando, quasi a farsi perdonare la precedente ingiunzione a piantarla con le indagini personali, aggiunse: "Devo ammettere che il suo lavoro ci è stato molto utile. Lo dobbiamo anche a lei se siamo riusciti a sgominare questa banda di delinquenti."

"E gli originali degli archivi crittografati li avete poi scovati?" chiese Enrico fingendo di ignorare il complimento.

"Certo, grazie alla collaborazione del responsabile CED dell'Ilvatom, che sta facendo di tutto per evitarsi la galera" sogghignò maliziosamente il commissario. "I carabinieri del gruppo informatico di Vercelli sono riusciti a recuperare gli archivi prima che andassero definitivamente distrutti, e ora sono al vaglio degli esperti."

"Molto bene. Allora penso che questi vi potranno essere utili" disse Enrico porgendo al commissario la busta con quanto aveva preparato quella mattina. "C'è il CD con le foto digitali che ho fatto sulla nave, oltre al mio memorandum aggiornato… veda di farne buon uso, così che altri non debbano soffrire inutilmente."

"Stavo giusto per chiedergliele" sorrise Caputo, sbirciando dentro la busta. "Sono quelle delle carte nautiche?"

"Proprio quelle, scattate prima che cancellassero dalle carte le annotazioni di rotta. Vedrà che i punti nave corrispondono alle coordinate geografiche registrate negli archivi dell'Ilvatom. Oltre che come prova d'accusa, serviranno per identificare i siti dove giacciono le scorie in fondo al mare... anche se non so proprio come qualcuno potrà più porvi rimedio."

"Ottimo lavoro, Fiorani, davvero... peccato solo che ormai sia tutto di dominio pubblico" commentò il commissario, richiudendo la busta. Con un sorrisetto furbesco, strizzò l'occhio a Enrico e aggiunse: "Doveva vederlo ieri Malpigi, appena ha saputo che ne stavano parlando i notiziari di mezzo mondo... era così arrabbiato che voleva aprire un'inchiesta per scoprire chi era stato a diffondere informazioni sottoposte al segreto di Stato! Per fortuna che l'ho convinto a lasciar perdere..."

"In questo caso vale la regola machiavellica che il fine giustifica i mezzi" aggiunse Enrico, ammiccando a sua volta in segno di intesa. "L'importante è che sia stata sgominata questa banda di delinquenti".

"A proposito di notiziari, Fiorani. Ho saputo che domani sera la RAI manderà in onda uno speciale del TG1, proprio sui traffici internazionali della cosiddetta ecomafia, incluso quello delle scorie radioattive. Mi hanno suggerito di seguire il programma perché sarà molto interessante."

"Ha fatto bene a dirmelo, Commissario" rispose sorridendo Enrico mentre si salutavano. "Lo seguirò anch'io."

## 34

### *Una lama d'argento*

Lo Speciale TG1 in programma quella sera affermava che l'affare del secolo era costituito non dalla droga, come molti credevano, bensì dal giro dei rifiuti tossici e radioattivi.

"Il traffico è secondo solo a quello delle armi, a cui del resto è sempre più spesso correlato. Il suo volume d'affari a livello mondiale supera quello della droga" affermava la giornalista nella presentazione. "La cosiddetta ecomafia, la regia operata dai clan mafiosi a livello internazionale, vi ha già allungato i suoi tentacoli."

Al riguardo riproposero un episodio tratto dal precedente programma televisivo "La Piovra 4", dove si vedeva un famoso capo mafia di nome Tano che diceva agli altri boss riuniti: "Nel mondo vi sono circa cinquecentocinquanta centrali nucleari, che rimangono operative mediamente per venticinque anni. Durante il loro arco di vita producono un mare di scorie, e alla fine sono scorie loro stesse..." Tano concludeva esortando gli astanti a non lasciarsi scappare l'opportunità di spartirsi una torta di tali dimensioni.

Lo Speciale presentò poi alcuni reportage da diverse città italiane, dal nord al sud, coinvolte in evidenti episodi di ecomafia, a riprova del fatto che il nostro Paese era effettivamente un crocevia internazionale di notevole importanza.

"Quello che un tempo era il bellissimo Golfo dei Poeti, dove si trova il porto di La Spezia, oggi si potrebbe invece chiamare Golfo dei veleni" spiegò l'inviato parlando dalla vicina discarica di Pitelli, tristemente nota per essere da tempo al centro di un'inchiesta che vede coinvolti politici, faccendieri e ammiragli. "Qui sono stati rinvenuti fusti con iscrizioni in molte lingue provenienti da tutta Europa. Alcuni hanno scritte in cirillico e c'è il timore che possano contenere rifiuti nucleari..."

Da una discarica in provincia di Taranto, dove s'era riscontrato un elevato tasso di radioattività, un altro servizio giornalistico ascriveva al meridione d'Italia il ruolo di pattumiera anche per l'estero. In Sicilia ad esempio erano state rinvenute scorie provenienti da Francia e Germania, in miniere abbandonate della provincia di Enna. E ora tale provincia vantava nell'isola un primato non proprio invidiabile, quello dei tumori.

Poi veniva presentato un resoconto di intere navi affondate col loro carico di morte.

"Legambiente ha denunciato una quarantina di affondamenti sospetti nel Mediterraneo" riferì la conduttrice del programma TV. "Fra Ustica e Trapani, ad esempio, di recente è colata a picco una nave con un carico di ben duecentottantacinque fusti di scorie di uranio. Un'altra inchiesta è in corso da parte della Procura di Reggio, che sta indagando su alcuni affondamenti sospetti di navi partite da La Spezia e affondate al largo delle coste calabre."

Seguiva il lungo elenco delle navi che avevano fatto la stessa fine. Un certo numero d'esse era transitato dal porto di La Spezia, altre sembravano essere coinvolte in un traffico d'armi diretto in Africa. Enrico udì menzionare anche nomi di sua conoscenza, come le navi Cunsky e Jolly Mare, così che non si stupì più di tanto quando la conduttrice annunciò che l'ufficiale di marina che stava indagando sul loro affondamento era improvvisamente morto, per infarto cardiaco si diceva, anche se alcuni nutrivano seri dubbi e la causa non era stata mai completamente accertata.

"Prima o poi la morte invisibile ci ucciderà tutti, in un modo o nell'altro!" borbottò Enrico, mentre spegneva la televisione a conclusione del programma, angustiato dalle conferme alle sue già consistenti preoccupazioni. "Ci aspetta qualche catastrofe senza precedenti, se qualcuno non si sbriga a metterci le mani!"

Mentre era ancora immerso nelle riflessioni sulle peggiori sventure in serbo per le future generazioni, udì lo squillo insistente del cellulare, che faticò non poco a ritrovare in una

257

tasca della giacca.

"Ha visto la TV, Fiorani?" chiese Caputo con voce amichevole. Enrico si sorprese che a quell'ora, quasi le otto di sera, anziché pensare a tornarsene a casa per la cena, il commissario si preoccupasse se lui aveva seguito il programma. "Interessante, vero?"

"Soprattutto preoccupante, direi" ribatté Enrico. "Finché ci saranno in giro non solo i terroristi e gli avidi faccendieri, ma anche politici ambiziosi e industriali senza scrupoli, non ci sarà futuro per i nostri figli... Altro che pace e sicurezza! Qui rischiamo tutti di fare la fine di Simona... o del povero Marco."

"Non sia così pessimista, Fiorani. Le sto telefonando per darle una buona notizia."

"Davvero... e quale sarebbe?"

"Che da oggi, di quella gente che dice lei, ce n'è in circolazione uno di meno."

"Cosa vuol dire? ... non capisco."

"Ieri s'era detto preoccupato che Cortis fosse ancora uccel di bosco, vero?"

"Certo... allora?"

"Da oggi non è più in circolazione."

"Non mi dica che siete finalmente riusciti a beccarlo!"

"E invece sì. Per l'esattezza... l'abbiamo pescato."

"Pescato?"

"Si, cinque metri sott'acqua, lui e la moglie" rispose Caputo facendo poi una breve pausa, per dare all'interlocutore telefonico il tempo di valutare la portata di quella notizia. "Mi hanno appena telefonato i colleghi dell'Interpol per dirmi che il nostro professore questa mattina è volato giù da un dirupo sul mare, mentre guidava l'auto sulla Costa Azzurra."

"Possibile!" esclamò Enrico, stupefatto. "Siete proprio sicuri che sia lui?"

"Confrontando la foto segnaletica che avevamo diramato, con i documenti falsi da lui dati in albergo a Cannes, dove alloggiava da mercoledì, si direbbe che sia proprio lui. Comunque, avremo bisogno del suo aiuto per un'identificazione ufficiale dei due cadaveri."

"D'accordo... mi dica quando."

"Non c'è fretta. Prima faranno l'autopsia per verificare le cause del decesso... magari si è trattato di una disgrazia."

"Non mi dica che crede davvero a una casualità del genere, commissario" ribatté Enrico con una punta di sarcasmo. "Questa storia sa di incidente al pari di quello che ha avuto Carlo Iorio col suo camper."

"Comunque dovranno fare gli accertamenti... anche perché quello di Iorio effettivamente è stato un attentato in piena regola. I colleghi di Genova mi hanno confermato che al camper era stato manomesso il circuito idraulico dei freni."

"Me lo ero immaginato. Lo dica anche ai suoi colleghi francesi di dare un'occhiata ai freni."

"Già fatto, Fiorani. Controlleranno per bene."

"Ma perché l'avrebbero fatto fuori?" chiese Enrico, riflettendo ad alta voce. "Quel Cortis era un pezzo grosso del giro."

"Si, ma ormai era bruciato" sentenziò Caputo, che sapeva come funzionano le catene delle organizzazioni malavitose. "Quando un anello della catena scotta, ad esempio perché è stato smascherato, l'anello sopra di lui è tenuto a eliminarlo. In tal modo evitano che si possa risalire a chi tira le file dall'alto."

"Si riferisce a quel fantomatico Pluto?"

"Probabilmente... comunque ora il cerchio è chiuso."

"Vuol dirmi che d'ora in poi potrò finalmente dormire sonni tranquilli?"

"Penso proprio di sì: a questo punto non hanno più nulla da temere da Enrico Fiorani. Quindi si faccia pure una bella dormita."

Il mattino seguente di buon'ora Enrico preparò le sue cose e, fatta colazione, si accinse a lasciare definitivamente l'albergo che lo aveva ospitato nell'ultima settimana.

Nella hall posò la valigia ai piedi del bancone della Reception e chiese all'addetta di preparargli il conto. Poi, nell'attesa, andò per l'ultima volta in terrazza.

La brezza della notte aveva reso terso il cielo mattutino, dove un tenue spicchio di luna impallidiva a vista d'occhio sotto l'avanzare del giorno. Il sole, ancora basso dietro il promontorio, stava invadendo di luce l'isola d'Elba che, in lontananza, emergeva dalla bruma e pareva galleggiare sull'acqua azzurrina.

Dalla terrazza il mare di sotto sembrava immobile, uno specchio liquido profumato di salsedine. Di tanto in tanto il guizzo di un pesce in caccia ne infrangeva la superficie lucida, che subito si ricomponeva quasi a dispiacersi nel veder turbata tanta quiete.

"Solo noi umani non ci preoccupiamo per lo scempio del nostro nido" borbottò Enrico, ripensando alle ferite inferte alla Terra dall'ottusa avidità dei suoi abitanti. "Anche gli uccelli sanno d'istinto che non bisogna sporcare il proprio nido!"

Tuttavia le ultime vicissitudini gli avevano aperto uno spiraglio di speranza: aveva infatti constatato che, al pari di quell'immutabile legge fisica di causa ed effetto che non faceva presagire nulla di buono, pure esiste una speculare legge morale che reclama giustizia e impone a ciascuno di noi, prima o poi, di raccogliere quello che semina. E finché c'è giustizia, c'è speranza: la speranza di una seconda possibilità.

Enrico inspirò a pieni polmoni il profumo salmastro diluito nell'aria frizzante, pervaso da una dolce malinconia che lentamente gli fluiva nelle vene e si scioglieva nell'anima, e per l'ennesima volta ripensò alla sua sfortunata Simona.

Chissà se, come, quando, avrebbe ancora potuto ridere all'azzurro del cielo... respirare i profumi della vita?

Improvvisa, una lama d'argento infranse lo specchio liquido guizzando sull'acqua immobile, e in quel breve attimo Enrico udì la risposta del mare.

# RINGRAZIAMENTI

Ringrazio coloro che, a vario titolo, mi hanno consentito di raccogliere preziose informazioni sugli argomenti trattati, così da conferire al narrato una sufficiente apparenza di veridicità.
Inoltre ringrazio fin d'ora i lettori che vorranno esprimere le loro osservazioni sul questo social thriller, primo della trilogia "Enrico Fiorani" nel contesto dell'inquinamento nucleare, lasciando una loro recensione su Amazon.

**mauronatt@gmail.com**

## *Altri romanzi dell'autore*

### OPERAZIONE BERILLIO - Sceneggiatura
Dal romanzo omonimo, vincitore del Primo Premio di letteratura inedita "Le Agavi"- città di Reggio Calabria - 2009, è stata preparata dall'autore anche la riduzione cinematografica, disponibile solo in formato cartaceo.

### MEDUSE CONNECTION
*"Quando metti un dito nell'acqua, tocchi tutti i mari del mondo"* recita un antico detto slavo, e a ragione: nel loro insieme i mari costituiscono un organismo unico e interdipendente. Così, quando da un mare dopo l'altro giungono notizie di episodi incomprensibili, inclusa la minacciosa presenza di meduse killer, Enrico Fiorani si impegnerà a dimostrare che ciò è da imputare alle scorie radioattive disseminate sui fondali. Mentre dal Pacifico al Mediterraneo le idrografiche Deneb e Altair proseguono le ricerche fino alle più remote profondità abissali, le loro attività entrano in conflitto con l'organizzazione criminale di Pluto che gestisce il lucroso traffico di materiali radioattivi e non può permettersi che il loro lavoro vada a buon fine.

### SCIARADA PER FIORANI
Chi l'avrebbe mai detto che una trama invisibile unisce una stella nascente della new-economy all'ente nucleare francese accusato di spionaggio? Che relazione potrebbe mai esserci fra il terremoto in Indonesia, le scorie affondate in Oceano Indiano e la pirateria in Somalia? O fra le miniere di uranio in Niger e il traffico di armi nel Corno d'Africa? Un incastro di scatole cinesi orchestrato dall'organizzazione criminale di Pluto, che Enrico Fiorani dovrà fronteggiare per non perdere di nuovo l'amore.

### LA VOCE SILENTE DELLE COSE - Biografia
Davvero le cose non possono parlare, o siamo noi che abbiamo smesso di ascoltarle? La volta stellata in una notte estiva, il mare in tempesta che sfoga la sua furia, un modesto fiore di campo, sanno ancora parlare al nostro cuore, o non ci dicono più niente?
 Anche se nessuno se le augura, a volte sono proprio le traversie della vita a favorire una più attenta valutazione di ciò che va oltre l'apparenza: Marco saprà cogliere gli stimoli che inducono all'ascolto e ne trarrà beneficio. Il racconto, ispirato a una storia vera, vede contrapposti i due valori che è possibile perseguire nella vita: quelli del padre, che si rovinerà rincorrendo un abbaglio di ricchezza, e quelli del figlio Marco, che imparerà la lezione e opterà per dare la precedenza ai valori spirituali. E sarà proprio grazie alla voce silente delle cose e alla sua innata capacità di ascolto, ulteriormente affinata navigando sugli oceani, che Marco costruirà la propria fede e, per coerenza, sarà indotto a fare scelte coraggiose.

263

Mauro Natt

www.ingramcontent.com/pod-product-compliance
Lightning Source LLC
Chambersburg PA
CBHW051857170526
45168CB00001B/141